図説 化石の文化史

神話、装身具、護符、そして薬まで

ケン・マクナマラ
黒木章人 訳

DRAGONS' TEETH and THUNDERSTONES

The Quest for the Meaning of Fossils

by Ken McNamara

原書房

図説 化石の文化史

神話、装身具、護符、そして薬まで

DRAGONS' TEETH AND THUNDERSTONES:
The Quest for the Meaning of Fossils
by
Ken McNamara
was first published by Reaktion Books, London, 2020.

わたしの子どもたち、ジェイミーとケイティ、ティム、
そして非凡なる化石コレクター諸氏に捧げる。

目次

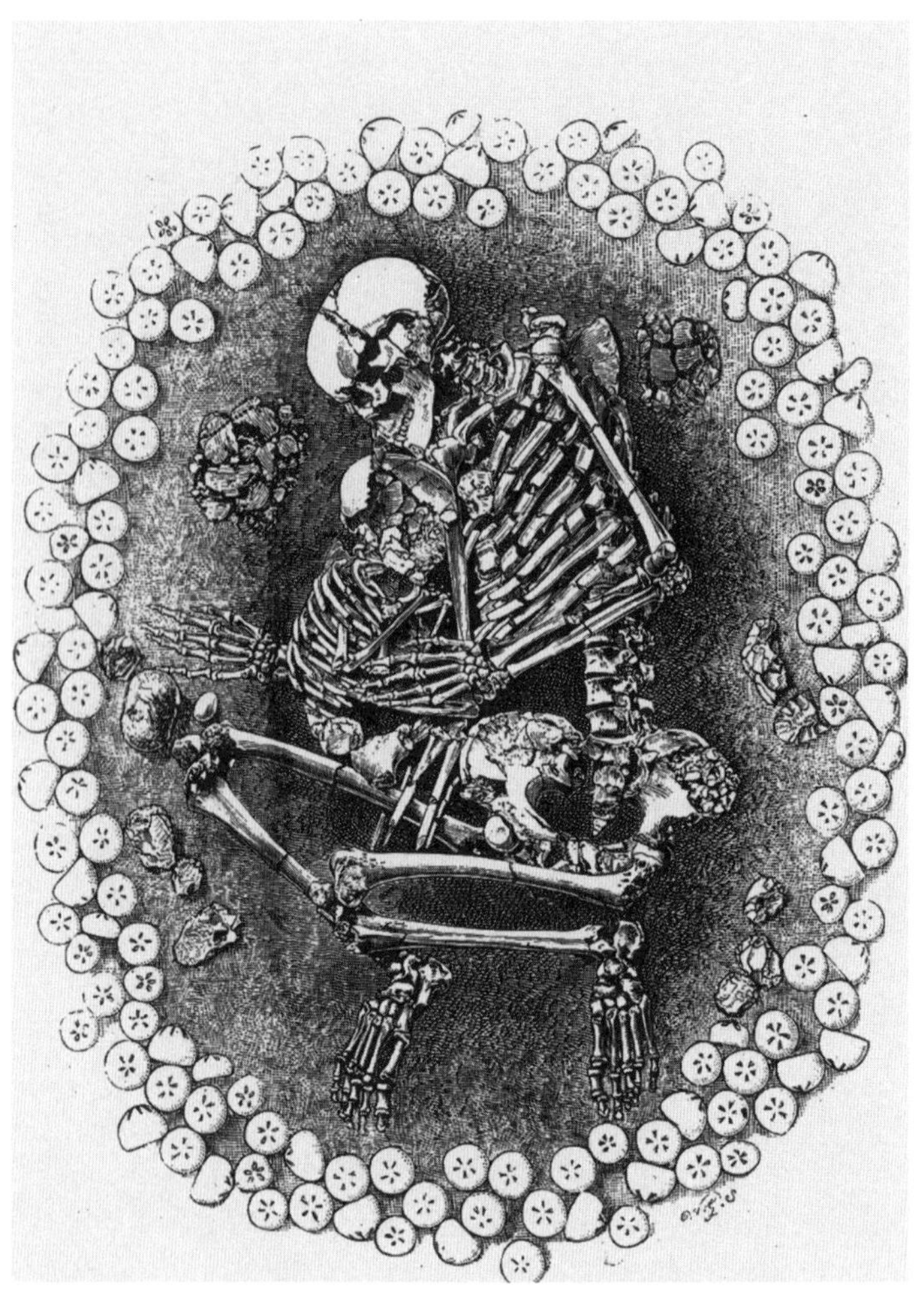

ウォージントン・ジョージ・スミスの1894年の著書『Man, the Primeval Savage（原始人の名残）』の口絵銅版画。1887年に青銅器時代の墓から発掘された女性（スミスは〈モード〉と名づけた）と子どもの人骨、それらを取り囲む無数のウニの化石が描かれている

1章　時を超える執着

人類は、誕生以来さまざまに生まれ、育まれてきたすべての文化において、動物や植物のかたちをしていたり、その姿が浮き出ている石の謎をどうにかして解こうとした。〝近代科学以前〟の文化では神話をこしらえて説明するという手段を取った。化石とは、世界の創造とその見取り図、生命の誕生と死、そして精神世界の神話を容易に生み出すものなのかもしれない。[1]

人類は、数十万年も前から化石を収集してきた。集める理由は挙げたらきりがない。化石はわたしたちの内面を満たし、ものによっては外面を飾ってくれる素敵なアイテムだ。体を護(まも)り――それが生者であっても死者であっても――病(やまい)を癒す力すらあると信じられていた。その一方で、邪悪な存在とされ、悪魔の落とし子であるとか、不幸と災難をもたらすものと信じられていた化石もあった。それでも大抵の社会で化石は収集と崇拝の対象とされ、そして多くの場合、死者の副葬品とされてきた。それでももっぱらわたしたちは、太古の祖先たちの想像力をかき立ててきたこの謎めいた石に、執着と言っていいほどの興味をひたすらに抱いてきた。

発見

一六九〇年一月中旬、イングランド南西部のグロスターシャーは数日にわたってすさまじい嵐に見舞われた。嵐が過ぎ去った同月一三日、シェボーンにあるサー・ロジャー・ダットンのブドウ畑をうろつきまわる人影があった。そのひょろっとした姿の主は若き医師、ジョン・ウッドワードだった。嵐の最中、ウッドワードはサー・ロジャーの大邸宅に閉じ込められていた。二日前の日記に、彼はこう記している。

とにかく尋常ならざる嵐だった。雪交じりの、身も凍るような風が吹き荒れた。嵐は各所で甚大な被害をもたらした。家も木々も吹き飛ばされ、死人も出た。ハリケーンもかくやという嵐は午前二時から五時まで続いた。[2]

邸宅のまわりの根こそぎにされた木々の下をくぐり、折れて落ちた枝が散らばる道を通り、ウッドワードはブドウ畑を目指した。ブドウ畑はどこからどう見ても死に絶えていた。コッツウォルズの石灰質の土壌は、石灰岩の欠片（かけら）だけを残してあらかた洗い流されていた。嵐がもたらした激しい雨は、石灰岩以外の珍しいものをさらけ出していた。

ジョン・ウッドワード（1665もしくは68～1728年）の肖像画。1720年頃の油彩キャンヴァス画、作者不詳

その珍しいものにウッドワードの眼は惹きつけられた。丸い小石のようにも見えるそれを、ウッドワードは手に取ってみた。表面は滑らかだった。凍ったブドウの実かもしれない。肌を刺す真冬の風がうなりをあげるなか、ウッドワードはそんな埒もないことを考えた。荒涼とした凍えるブドウ畑だったらあり得ることじゃないか。かたちにしても大きさにしても、ブドウの実そのものだ。でも、これはどう見ても石でできている。よく見てみると、ブドウの実よりも貝殻に似ているように思えてきた。ウッドワードは手にしたものに興味津々だった。こんなもの、これまでお目にかかったことはない。彼は戸惑ってもいた。これは地元の人たちが言うところの〝パンディブ〟という代物かもしれない。もし貝殻なのだとしたら、昔は海にいたはずだ。海から遠

く離れた土地に、どうやって来たというのだ？　どうやって石に変わったのだろうか？　もしかしたら、聖書にある大洪水の名残なのだろうか。水が引いたあとに取り残された貝が石になったのだろうか？　それともこれは単なる〝自然の戯れ〟であって、粗忽者（そこつもの）に貝殻だと信じ込ませるために創造主がここに置いたのだろうか？　ウッドワードはすっかりわけがわからなくなってしまった。それだけではない。この奇っ怪なものにすっかり心を奪われてもいた。そしてこの奇っ怪なものは彼の人生を一変させてしまった。

その後の生涯のうちに、ジョン・ウッドワードは好奇心にまかせて世界中の化石を何千点も収集した。三五年ほどのちに著した化石コレクションの目録で、彼はシェボーンのブドウ畑で最初に化石を発見してからのことをこう記している。

> このようなものが、原野や耕作地や丘、さらには山の頂（いただき）にも散らばっていることをわたしは知った。いや、そうではない。この石は、この国の多くの耕作地で頻繁に見つかるのだ。そのあまりの多さは、小石も燧石（フリント）をもしのぐ。わたしにとっては新たな発見だった。このときわたしは、王国の僻地を訪れて徹底的に化石を探すという、大きな決断を下した。収集したさまざまな石はつぶさに観察し、これはと思ったものはまとめてロンドンに送った。[3]

ウッドワードはこの言葉通りにイングランド各地を巡り、化石のみならず岩石と鉱物も採集し、

1690年1月13日にグロスターシャーのシェボーンで収集した、ジョン・ウッドワードの化石コレクションの第1号。テレブラトゥリド（Terebratulid）という腕足類の化石だ

当時としては最も大がかりなコレクションを構築するに至った。このコレクションは一八世紀初頭のロンドンで大評判となった。驚いたことに、ウッドワードが集めた化石と岩石と鉱物の数々はほぼ失われることなく、しかも当時の陳列棚に収められた状態でケンブリッジ大学のセジウィック地球科学博物館で保管されている。このコレクションの最大の目玉は、やはり何と言ってもダットンのブドウ畑で見つけた化石だろう。このちっぽけな逸品は、現在でもケースに収められて展示されている。

ウッドワードが生きていたのは、数千年も続いた無知と迷信という闇に〝科学〟の光が射した、胸躍る時代だった。一七世紀末のイングランドでは、ロバート・フックやアイザック・ニュートンやジョン・レイといった面々が、宗教にも迷信にもほとんど頼ることなく自然界の神秘を解き明かすようになっていた。それでもウッドワードが〝パンディブ〟を見つけた一六九〇年当時、イングランドの名だたる博物学者たちの多くはパンディブのような化石は〝大地に備わりし可塑力〟によって形成された〝模様のある石〟にすぎないと考えていた。そのなかのひとりであるマーティン・リスター（一六三九～一七一二年）は、イングランドにおける科学の総本山〈王立協会〉に一六七一年に宛てた手紙でこう述べている。「わたしといたしましては、貝が石に変化するようなことはないと信じております……たしかにトリガイのような形状の石は存在しますが、これらはあくまで〝Lapides sui generis（ラピデス・スイ・ゲネリス）（独特な石）〟であって、まちがっても生物もしくはその一部ではないのです」[4]

リスターの言う〝独特な石〟とは、かつて生息していた生き物のようなかたちをしていたり模様があったりするが、それはただ単に似ているだけで、実際には大地に備わっている形成力によって創造されたもののことだった。こうした石が生物に似ているのはまったくの偶然でしかない。リスターはそう信じていた。リスターのような主流派と考えを異（こと）にする少数派のひとりが、知の大家ロバート・フックだ。一六六五年に著した『ミクログラフィア（顕微鏡図譜）』で、フックは化石について簡潔に触れ、貝のかたちをした石や岩石に見られる〝模様のある石〟は、かつて生きていた生物の名残であることに疑いの余地はないと述べている（フックについては10章で詳しく述べる）[5]。

化石を生物の名残だとする説は、シチリアの画家で博物学者のアゴスティーノ・シッラ（一六二九～一七〇〇年）が一六七〇年に出した『La vana speculazione disingannata dal senso（意味を損

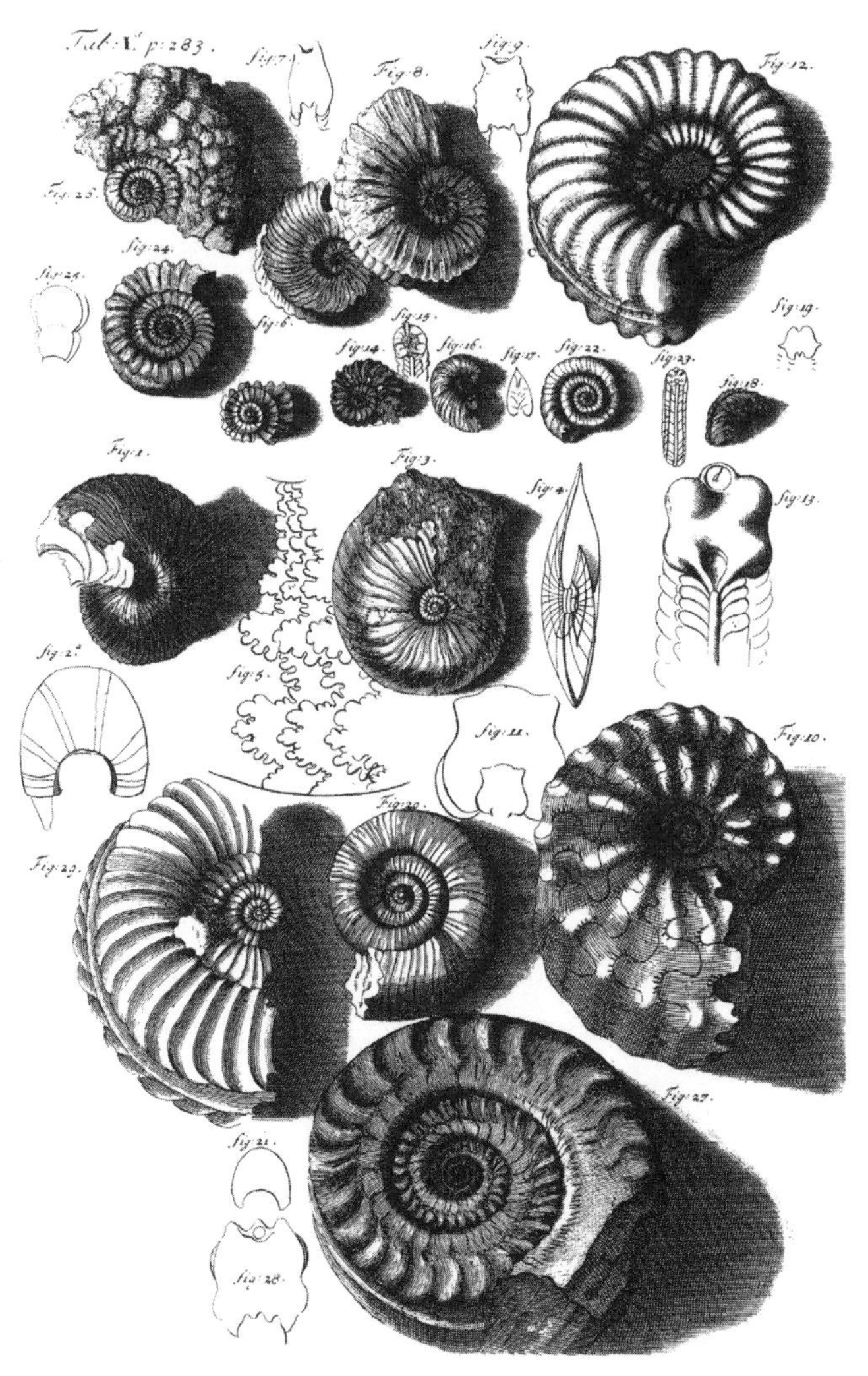

ロバート・フックが描いたアンモナイトの化石。フックの死後、1705年にリチャード・ウォラーが編纂した『The Posthumous Works of Robert Hooke（ロバート・フック遺稿集）』の銅版画

なう空虚な推測』[6]によってイタリアで大いに広まっていた。しかしイングランドではなかなか受け容れられなかった。この説の支持者はフック以外にふたりいた。ひとりは、一六四六年に『Pseudodoxia Epidemica（荒唐世説）』を著したトマス・ブラウン（一六〇五～八二年）だ。もうひとりは、化石は聖書にある大洪水が実際に起こったことを裏づける明白な証拠だとするジョン・ウッドワードだ。水が引くと、かつて地球に生息していた動植物は化石となり大洪水の痕跡が残された。ウッドワードはそう考えていた。

ウッドワードが生きた時代、化石にまつわる迷信はごまんとあった。一七二八年の著書で、彼は〈ブロンティア〉とも〈オンブリア〉とも呼ばれている化石について触れている。どちらも雷雨と共に地上に落ちてきたものだと信じられていた。[7]しかしウッドワードは迷信だと切って捨て、どちらも実際はウニの化石だと身も蓋もなく指摘した。「こうした類いの石のことを、イングランドの人々は〈妖精石（フェアリーストーン）〉と呼ぶこともあるが、一般には〈雷石（サンダーストーン）〉として知られている。この〝おとぎ話〟をドイツの人々も信じており、かの大プリニウスにしても同様だ」[8]つまり、化石は神秘的な過程を経て創造されるという説は、遅くともローマ帝国の昔から広くヨーロッパで信じられていたということだ。その通説をウッドワードは一刀両断した。

が、暗愚の過去のなかで生まれ、何千年ものあいだに世代から世代へと語り継がれてきた信仰や迷信が簡単に消えるはずもなかった。イングランドでは、雷石の伝説は根強く信じられ、とくに田園地帯では二〇世紀に入ってもなおしぶとく生き残っていた。オックスフォードシャーでは一八世

アゴスティーノ・シッラが1670年に著した『意味を損なう空虚な推測』の銅版画扉絵。地面に見える化石は、実は男が手にしているウニのように大昔の生物の名残だという事実を、亡霊のような“空虚な推測”にむなしく説明していることを示す寓意画

紀の末にはまだ信じられていたという確かな記録もある――一七九八年、外科医であり古生物学者であり（本人は鉱物学者と呼ばれたがっていたが）政治活動家であり、さらには『An Essay on the Shaking Palsy（振戦麻痺（しんせんまひ）についての論文）』の著者として知られるジェイムズ・パーキンソンは旅に出ることにした（〝振戦麻痺〟はのちにパーキンソン病と呼ばれることになる）。〝科学的研究と、自らが熱狂的に称賛する自然美〟に没頭する時が来たのだと、パーキンソンは思い立ったのだ。そこで彼は娘と親友のウィルトンを旅の供としてロンドンを発った。この調査旅行の目的は、〝この島で最も興味をかき立てる地の数々〟を訪れることにあった。初日の旅程をまだ終えていない時点で、一行はこんな場面に出くわした。「オックスフォードから一二マイル（約一九キロメートル）も行かないところで、馬車の窓から外を見ていたウィルトンが感嘆の声をあげた。『おいおい、あんな変てこなもので道を補修しているぞ！』」一行の眼を引いたのは、「労働者が大きなハンマーで粉々に砕いている、我々の馬車の前輪の半分ほどの大きさの、きっちりととぐろを巻いたヘビのような円形の石」だった。一行は労働者に、その石は何なのか尋ねた。すると「旦那がた、こいつはヘビ石でさ」という答えが返ってきた。[9]

大いに興味をそそられたパーキンソンらは、この奇妙な石について調べてみることにした。であれば地元の宿屋で話を聞いてみるのが一番だという話になり、一行は馬車を降りて付近をそぞろ歩いた。すると〝生け垣に囲まれた居酒屋〟に行き当たった。居酒屋の入り口のあたり一面に咲き誇るバラとスイカズラに大いに喜んだ一行は「ほぼまったく逡巡することもなく、この店に立ち寄り、

ジェイムズ・パーキンソンが1804年に著した『The Villager's Friend and Physician（村人の友人と医師）』の銅版画口絵。居酒屋を訪れる、ジェイムズ・パーキンソン本人と思しき医師

別荘並みの軽食を取ることにした」軽食が供されるのを待つうちに、ウィルトンの眼はマントルピースの上に整然と飾られている不思議な石に釘づけになった。パーキンソン親子もウィルトンも、それが何なのかまったくわからなかった。彼らが奇妙な石をためつすがめつしていると、「女将がやってきた。彼女の口から、この珍品コレクションは近隣の村で作られたものだということを知らされた」そのひとつを手に取ると、女将は語り始めた。

「これは石になったヘビで、このあたりでたくさん見つかります。元々はこのあたりに棲んでいた妖精だったのですが、罪を犯した罰としてヘビに姿を変えられ、それから石になってしまったのです」次いで女将は円錐形の石を示し、こう言った。「こちらは妖精のナイトキャップでございまして、今はもう石同然になってしまいました」別の石をふたつ手に取り、女将は説明を続けた。「これとこれは、妖精族が死に絶えたのちに移り住んできた巨人たちの骨でございます」巨人の骨と一緒に示したものを、女将は稲妻だと言い、こう語った。「この稲妻の力で、巨人族は滅ぼされたのでございます」

現在のわたしたちからすればおとぎ話のように思える。それでもオックスフォードシャーの居酒屋の女将の解説は、その何千年もの昔から人間が化石に心を奪われてきたことを示す、長い長い歴史のなかで育まれてきた遺産なのだ。一八世紀になると、ジョン・ウッドワードやジェイムズ・パーキンソンのような面々が、化石の由来について新たな説を唱えるようになった。そんな彼らに先立つこと数千年、人類はこの不思議な石を見つけ、収集し、利用し、宝物のように扱ってきた。しかも化石に魅せられた理由は千差万別だということはまちがいない。現在のわたしたちのように、化石を興味をそそる素敵なアイテムで、集めるだけの価値があると考えたものもいたことだろう。それだけにとどまらない意味を見出したものたちもいたかもしれない——魔力が宿り、人間の体を、あるいは心を癒す力があり、持ち主に力を与え、その身を護る。それが現世であれ来世であれ。

古(いにしえ)のコレクターたち

最後の氷期が終わりを迎えた一万五〇〇〇年から一万二〇〇〇年前、ヨーロッパとアフリカとアジアに住んでいた人々は、石がなければ暮らしていけなかった。この時代の人々は流浪(るろう)の民で、季節に応じて移動する動物の群れを追ってかなりの長距離を旅していた。生きていくための糧(かて)と、厳寒を耐え抜くための皮と毛皮を提供してくれる動物を仕留めるためには、その道具となる適切な石を見つけなければならなかった。狩りが空振りに終わった場合に木の根で飢えをしのぐために地面を掘るにも、木の枝を切って木製の道具や仮住まいを作るにも石はなくてはならないものだった。おそらく自分以外の人間を殺すときにも必要だったことだろう。四〇万年前と二五万年前と一二万五〇〇〇年前に訪れた温暖な間氷期に、人々はシカやバイソンの群れを狩り、ときにはゾウのような大型獣も獲物にした。彼らは生きるために石器をこしらえた。斧(おの)を、矢じりを、そして皮を剝(は)ぐナイフを作った。その多くは、砕くとメスのように鋭くなる燧石(フリント)の断面を使ったものだった。そして彼らが見つけた石器になる石のなかには化石が含まれたものがあった。化石そのものを石器にすることとすらあった。

　地球が凍りつき、氷河が巨大なナメクジのようにのろのろと大地を進んでいた氷期でも、石器は毛むくじゃらで巨大なマンモスを狩るために使われた。その肉は食糧となり、毛皮も骨も利用され、巨大な牙は細工を施されて装身具となり、護符となり、楽器となり、ブーメランとなり、住居の建材にすらされた。凍てつく大地から硬い角岩(チャート)とフリントが掘り出され、最も使い勝手がよく最も鋭利な道具の材料となった。そしてこの二種類の石は化石を含んでいることが多い。流浪の民たちは化石になど見向きもしなかったのだろうか？　おそらくそんなことはなかっただろう。のちほどお見せするが、化石が表面に出てくるように細心の注意を払って作られた石器があるのだ。また化石は採集され、個人用の装身具へと姿を変えた。ネックレスになり、ブレスレットになり、さらには衣服に縫いつけられ、富と地位の象徴となった。

今を生きる化石コレクターたちは、化石が入った石を見つけるべく、あちらこちらの地面を掘りまくる。古生物学者であるわたしも、物心がついた頃からそうやって化石を探している。何千年、いや何万年も前の世界を生きていた人々も、わたしとまったく同じことをしていた。化石収集熱にかかってしまった現代のわたしたちは化石だけを探し求めていることが多いが、わたしたちの祖先たちもやはり化石を求めていたのだろうか？　それともたまたま見つけただけなのだろうか？　石器になりそうな石を探しているうちに、その時々の気まぐれでほかの石よりもおかしな見かけの石に興味をそそられることもあったかもしれない。充分あり得ることだ。渦を巻いているものや、表面に曲線が見られるものや、とりわけ星のかたちが浮き出ているものに心を惹かれたのかもしれない。そうした石は往々にして収集されて手元に置かれ、場合によっては細工を施されたり、亡骸(なきがら)と一緒に土に埋められたりした。そうした誰かの手を経た〝中古の〟化石の一部ものちの世代によって発見され、ふたたび彼らの好奇心をかき立てた。

何万年もの昔に生きていた、最初に化石を収集した人々とは一体何者だったのだろうか？　そうした化石コレクターのパイオニアたちの心の内を掘り下げて、彼らを化石収集に駆り立てたものを突き止めることは可能だろうか？　彼らがわたしたちと同じように化石収集に取り憑かれていたとして、両者のあいだには大きなちがいはあるものなのだろうか？　たしかに、いくつかの点で大きく異なるところがある。というのは、これから示すように、化石を見つけるコツを身につけていたのは原初の〝人類〟だけではなかったからだ。化石を集めていたヒト属（ホモ）は、わたしたち現生人類だけではない。ホモ・ネアンデルターレンシス（ネアンデルタール人）も化石収集に長けていて、見つけた化石をさまざまな用途で使っていたことを裏づける興味深い証拠が、考古学の研究により明らかにされている。さらに刮目（かつもく）すべき事実も判明している。五〇万年ほど前のフリント製石器の表面に化石があったことから、ネアンデルタール人よりもさらに古いホモ・ハイデルベルゲンシス（ハイデルベルク人）も化石を収集していたとみられるのだ。さらに興味をそそる事実は、ネアンデルタール人よりもハイデルベルク人よりもさらに古い〝ホモ〟の遺跡から化石が出土していることだ。こうした考古学的発見の数々は、実に興味深い可能性を提示している――ここ一〇〇万年のうちにヨーロッパに住んでいたと思われるさまざまな種の〝ホモ〟たちは、すべからく化石を収集するという、いささか奇妙な習慣を身につけていたのかもしれない。

運命を変える存在

太古の人々は化石をどう捉えていたのだろうか。自分たちの化石観のようなものを示唆する手がかりを、先達たちはさまざまな時代と場所に、さまざまなやり方で残している。化石に手を加えるという手がかりもままある。化石を誇らしげに見せびらかすように加工された石器も手がかりのひとつなのかもしれない。住まいのなかや何かしらの儀式が執り行われたり宗教色を帯びたりしている場所に置かれることも多いが、それよりもさらによく見られるのは墓のなかだ。つまるところ、考古学研究の一環として発掘された化石はすべて、はるか昔に誰かの手によって収集され、誰かの手を経た〝中古の〟化石だということだ。ひょっとしたら、誰かにとってはほんの束の間だけ所有していたものなのかもしれない。別の誰かには何らかの実用性を帯びたものだったのかもしれない。それでも多くの場合、そうした化石は遺跡の玄室や墓などから見つかっているので、それらが収集された理由には畏敬の念などの精神的な側面があったのではないだろうか。そうした化石は大切な持ち物だった。貝殻や動物の歯だと容易にわかる化石だったのかもしれない。石のなかに見つかった巨大な骨は、巨人や怪物の伝説を生み出したのかもしれない[10]。渦を巻いていたり風車状になっていたり、難解な形状の石は天からの授かりものだとされたのかもしれない。

石だらけの墳墓で発掘された化石は、腕足類のものだとかアンモナイトだとか恐竜のものだとか分類され名前をつけられ、箱に収められラベルを貼られ、博物館の陳列用抽斗(ひきだし)に整然と並べられる。わたしたちがそんなことをするはるか以前、人々は膨大な時間をかけて化石を多種多様な方法で収集・保存し、個性豊かな名前をつけてきた。ジェイムズ・パーキンソンが〝生け垣に囲まれた居酒屋〟の女将から教えられたように、片田舎ではごく当たり前に転がっている化石に――つまり〝模様のある石〟に――人々は想像力をたくましくさせ、実に様々な名前を思いつき、つけてきた。一七世紀以前、そうした化石の〝模様〟が何を示しているのかについての合理的な説明は皆無だった。そうした科学が空白の時代であっても、人間の想像力は化石の起源を説く物語を豊富に生み出した。既存の神話に組み込まれて語られることも、独自に伝説が編み出されることもあった。

化石につけられた名前は〈羊飼いの冠〉であるとか〈聖カスバートの数珠(ロザリオ)〉であるとか〈雷石〉であるとか、実に多種多様だ。そうした名前は幾世代にもわたって語り継がれ、一〇〇〇年ほど前からさまざまな文書に記されている。しかし文字の記録が残される以前の、何千何

ミクラステル（Micraster）という棘(きょく)皮(ひ)動物（ウニ）の化石を中心に据えた、新石器時代の手斧。ベルギーのカンパ・カイユ出土、発掘者ローラン・メリス氏

万何十万年も昔の闇の時代をさらにさかのぼるためには、記録ではなく化石そのものを追わなければならない。言ってみれば、考古学の限界を超えなくてはならないのだ。そうすれば、太古の人々が化石のことを何と呼んでいたのかはわからないにしても、化石を手に入れたいという衝動を育んできた理由は調べがつくかもしれない。

ハンマーで石を叩き割れば、運がよければなかから化石が出てくる。その化石が陽の光を浴びるのはおそらく何億年のあいだで初めてのことで、つまりこれまで誰の眼にも手にも触れることはなかったということだ。しかしわたしたちの祖先の化石観は〝新品〟の化石からはうかがい知ることはできない。必要なのは、何万年も前に収集され、その後打ち棄てられたか、もしくは失われてしまったか、ひょっとしたらどこか安全な場所に置かれていた〝中古〟の化石だ。

では、化石の新品と中古の見分け方とは？　一般に傷ものの中古品は好まれないものだが、こと化石に関しては、意図的であれ偶然であれ損なわれた状態のもののほうが、かつての所有者のことを知るうえで役に立つ。大きなフリントを加工して石器を作る過程でたまたま出てくる化石は、太古の人々にとっては思いがけない贈り物だったのだろう。化石の形状を損なわないよう細心の注意を払ってフリントを削っていることから、それがよくわかる。その一方で、何らかのかたちで化石に手を加えることもあったのかもしれない。皮剝ぎ用の小さくて鋭いナイフにしたいときは、化石部分を少し削り落としたのかもしれない。胸元を飾るネックレスにする場合は、撚(よ)り糸を通す穴をあけたのかもしれない。

中古の化石が発掘された場所は、元々の所有者たちにとって化石がどのような意味を持っていたのかを探るうえで大きなヒントをもたらしてくれる。中古の化石はほかの遺物と一緒に発掘されたり、住居やそれ以外の建造物の内部もしくはその周囲の特定の場所で見つかることがある。わたしたちの祖先の化石観を知るうえで最も役立つのは、墓のなかから亡骸や火葬後の遺骨と一緒に出てくる化石だ。もちろん埋葬中にうっかり墓穴に落としてしまったということもあり得るだろう。それでも副葬品として発掘される頻度と、亡骸をしっかりと取り囲むようにして置かれていたり、さらにはその手でぎゅっと握られていたりする例も見られるという事実から、化石が太古の社会で重要な位置を占めていたことがありありと見て取れる。〝あり得ない〟場所から発掘される化石は、古代人の活動と行動様式を示してくれる極上の情報源だ。つまり花崗岩質の土地の墳墓から、フリントのなかにある化石や白亜紀の石灰層から見つかるはずの化石が出土すれば、それは古代人が化石の輸送もしくは交易に従事していて、はるか彼方にある地の化石を取引していたこともあるということになる。

先史時代の遺跡から化石が出土したという記録はそれこそごまんとあるが、その研究はそれほど進んでいない。そして先ほど述べた通り、化石を収集していたのはわたしたち現生人類だけではなかったようだ。出土した化石の多くにはっきりとした実用的な用途や目的がうかがえないことから、そもそもどうして化石を収集するようになったのか、という疑問が湧いてくる。化石が薬として使われていたことを示す証拠は、比較的新しい時代（と言っても中世だが）のものならそれこそ山ほどある。[11] こうした化石の実際的な利用法にしても、おそらく何千年もの昔に起源を見ることができるだろう。一万年前の遺跡で見つかった最初期の紡績には化石が使われていたことが判明している。[12] が、古代の人々の多くは、ただ単に化石の見た目が好みだから集めたのだと思われる。つまり現代のわたしたちと同じなのだ。最も重要なのは古代人たちの美的センスだということだ。

すべての〝ホモ〟の長い長い歴史を見ると、古代人の化石観にさまざまなパターンがあることがわかってくる。古人類学者のケネス・オークリーは、人間と化石の関係には包括的なパターンが見られると主張した。[13] 最初に化石に注目したのは、三三〇万年前から始まった前期旧石器時代の担い手だった〝ホモ〟だ。おそらく彼らの眼は、いびつなかたちの石だらけのなかにあって、左右対称形や放射状やらせん状の模様がある、目立つかたちの石に惹きつけられたのだろう。そして興味をかき立てられた。それらを見て心地よさを覚えた。ここに美的感性の萌芽を見ることができる。

オークリーによれば、化石は持ち主に何らかのかたちで幸運をもたらすものとされたのかもしれないという。時代を下り（一万年から五〇〇〇年前だ）人々は狩猟と採集の移動生活を捨てて一カ所に定住して農業を営むようになった。すると化石は人々の想像力をさらに刺激するようになった。化石はより大きな意味を持たされるようになり、魔力であるとか、さらには霊力を有する偉大なシンボルとされた。化石は〝運命を変える存在〟となったのだ。やがて信仰や宗教が生まれると化石の役割は後退し、邪気を祓（はら）い幸運を呼び込むものとされた。そしてついには大昔の文化や風習を偲ばせるものにまで格下げされた。収集された化石は、〝誰でもやっている〟からという理由で窓台や玄関ドアの脇に置かれるようになった。
人間は、さまざまな時代を通じて世界中で化石を収集してきた。その動機を探るツールとなるのが神話と民間伝承と考古学だ。既存の神話に取り込まれ、その起源は何千年も昔の神話の時代にあることにされた化石も多い。伝説の一要素となり、各地の言い伝えのなかで語り継がれている化石もある。言葉と文字の記録である神話と民間伝承に加えて、考古学は太古の社会が化石をどう捉え、どう使っていたのかを理解するうえで極めて重要な手がかりをもたらしてくれる。が、収集されることのない化石も存在した。それらは、神話や伝説に現れては消えていく英雄や悪党たちの来し方行く末を記した石や岩だった。足跡や卵といった、現在では恐竜やほ乳類やは虫類、そして人間たちの生態や活動を示すものだと判明している化石を、有史以前の人々は神話の担い手たちの足跡（そくせき）や伝説の名残だと見なしていた。[14]
中世ヨーロッパの人々も、二〇〇〇年前のローマ時代の中東に暮らしていた人々も、ヴァイキングたちも、七〇〇〇～四〇〇〇年前の新石器時代から二八〇〇年前の青銅器時代にかけてのヨーロッパと・アジア・アフリカに暮らしていた人々も、すべからく化石を収集していた。北ヨーロッパでは一万一〇〇〇年から七〇〇〇年前、地中海沿岸では一万三〇〇〇年から七〇〇〇年前の、狩猟と採集で暮らしていた中石器時代の人々にしても同様だ。地球が最後の大氷期から脱しつつあった時代に農耕を始めた新石器時代の人々も取り憑かれたように化石を集めた。しかし人間の化石収集熱は旧石器時代にまでさかのぼる。何十万年も昔のこの時代の人々こそが最初の化石コレクターだ。

彼らはわたしたちとは似ても似つかなかった。何しろネアンデルタール人ともハイデルベルク人とも、そして現生人類とも別種の〝ホモ〟だったのだから。それでも彼らは化石を集めていた。

　しかしながら、人々が化石を集め、化石から多種多様な神話と伝説を紡ぎ出したり、そのなかに化石を取り込んだりしていた時代から長い長い時を経ると、化石の意味は著しく変化した。新たに生まれた化石観は、古い化石観を無数の迷信と一緒くたにして粉砕した。奇妙で魅力のある、そして大抵の場合は見る者を虜（とりこ）にする模様のある石は大昔に生きていた動植物のなれの果てで、永遠とも思えるほど長いあいだ石のなかに封じ込められていたことに学者たちが気づいたのだ。この発見は、人類が進化していく過程で育んでいったありとあらゆる神話や伝説よりも、いくつかの点で驚くべき考え方だった。が、こうした化石の〝本当の姿〟は本書では語らない。語るのは、神からの授かりものである石に対して、人々が時を超えて抱いてきた執着についての物語だ。

　この物語を始めるにあたって、伝説の存在である龍以上にふさわしいものはない。

2章 神話の時代

近代科学以前の社会の人々にとって、今を生きるわたしたちが化石と呼んでいるものの本当の姿を理解する一番簡単な方法は、彼らの世界の根幹をなす神話のなかに取り込むことだった。中国では、ほ乳類をはじめとした脊椎動物の化石は龍を中心とした神話のなかに据えられた。ヨーロッパでは、ウニの化石と、イカやタコと同類の軟体動物の殻の化石が勇ましい北欧神話の小道具となった。このふたつの地域の人々にとって、化石は龍もしくは神から力を授かった崇拝の対象だった。

龍の骨

トーマス・キングスミルは粗末なずた袋を床にどっかと下ろした。芋を入れたほうがいいような袋だった。キングスミルは袋の口を開け、手を差し入れた。ゆっくりと抜き出された手には、珍獣の口から抜き取ったような大きな歯が握られていた。その歯は、いささか当惑気味のロバート・スウィンホーに手渡された。まるでマジシャンのように、キングスミルは袋のなかから歯をまたひとつまたひとつと取り出していった。じきに机に溢れんばかりに広げられた、かたちにしても大きさにしてもてんでばらばらな二一個の歯に、スウィンホーは顔をほころばせた。時は一八六八年五月、場所は中国の上海でのことだ。

「これは何だね？」スウィンホーは尋ねた。

「龍歯（ロンシー）ですよ。ドラゴンの歯です」

イギリス外務省の在台湾領事である三二歳のスウィンホーは興味津々だった。香港から北京へと向かう道中で上海に立ち寄ったのは、技師で建築家で地質学者で、上海に長年暮らしていた友人のキングスミルを訪ねるためだった。しかし一番の目的は、この市（まち）の鳥市場を漁ることにあった。それなりの地位の外交官だったスウィンホーは、博物学者であり鳥類学者でもあった。公務で中国奥地を何度も旅してきた彼は、空いた時間はすべて鳥の収集に費やしてきた。集めた鳥たちは標本にして本国にいるジョン・グールドといった鳥類学者に送ることもあれば、自分の手で目録を記すこともあった。四一歳という短い生涯を梅毒で終えるまでのあいだに、スウィンホーは中国に生息する九三種の鳥類と一七種のほ乳類を記録に残した。[1] 驚くべき数だ。

キングスミルが持ってきた歯はどこからどう見てもほ乳類のもので、龍の歯ではなかった。それでも手に取ると、スウィンホーは興味のほどを隠そうともしなかった。これまで見たこともない歯もいくつかあった。ドラゴンの歯とされるのも無理もないと思えるほど大きな歯もあったし、まちがいなくサイのものと思われる歯もあった。これらの歯はキングスミルが収集したものではなく、中国の伝統医療に用いられる動物の遺骸を専門に商う店で買ってきたものだった。しかしどれも動物から採取された歯ではなかった。全部化石だったのだ。

キングスミルは、ドラゴンの歯にまつわる中国の神話をスウィンホーに説明した。

> 人間が誕生し、国を切り拓いて畑を耕し、平和な国をつくる以前の大昔の世界では、怪物どもが絶え間なく戦い、互いに殺し合っていた。巨大で獰猛な怪物たちの歯と骨には力が備わっていて、それらを砕いて粉にして服用すれば、病弱な者でも必ず元気になる。[2]

中国には龍にまつわる神話が数多く残っている。龍という架空の怪物は、何千年もの昔から中国人の心の奥底に根づいている。龍はこの国の支配者である皇帝、そして何よりも雨、とりわけ雷雨と結びついているからだ。

龍に与えられた役割のひとつが皇帝の守護者だ。たとえば高祖（漢の初代皇帝劉邦）の場合、その父親の太公は、ある日、湖畔でまどろむ后妃劉媼の元に龍が近づくところを目撃した。そのとき劉媼もまた龍神に迎えられる夢を見ていた。彼女は懐妊し、高祖を産んだ。こんな数奇な夢のお告げで生を享けた高祖は長じて大酒呑みになったが、酔っ払っても常に龍神の加護を受け、過ちを犯すことはなかったという。龍と同一視された皇帝は〝真龍〟として崇められ、その玉座は龍座と呼ばれ、黒絹に金糸銀糸の龍の刺繍が施された襟の着物を身にまとった。[3]

龍が重要視されたのは海と河川と雨を統べる存在とされていたからだ。夏の雨季になると、龍たちは雲のなかで暮らす。雨が降ったり雷が落ちたりするのは、雲のなかで龍たちが喧嘩をしているからだとされた。後漢の文人で思想家の王充（紀元二七～一〇〇年頃）が著した天文と気象についての書には、龍が天候を左右しているとされる説を鮮明に描写している箇所がある。

夏の盛りには太陽が君臨し、雲と雨がそれに逆らう。太陽は火であり、雲と雨は水である。水とぶつかると、火は弾けて轟音を発する。これが雷鳴である。雷鳴が轟くと、龍は空に上がる。龍が空に上がると雲が生じ、龍は雲に乗る。龍は雨と雲にその力を及ぼし、そして雲に乗って天を目指す。天ははるか彼方まで広がり、雷鳴ははるかな高みで轟く。雲が霧散してしまうと、龍はふたたび地上に舞い降りてくる。雲に乗る龍を見た人々は、龍は天に昇るのだと信じ、天が雷鳴と稲光を放つさまを眼にし、天が龍を摑んだのだと想像する。[4]

空にいる龍は渇きを覚えると海の水を吸い上げるのだが、それが人間の眼には竜巻に見える。秋になり雨が少なくなると龍は空から水底に戻る。春が訪れると龍がふたたび天に昇る。なので秋と春には〝彼岸風〟が起こる。[5] キングスミルがスウィンホーに語って聞かせたように、巨大な龍は全能である。龍に備わる強大な力は死しても失われず、その亡骸を食した者には龍の力が伝わるとされていた。

中国の歴史と芸術のなかで、龍はかなり早い段階から登場する。最も古いものでは、山西省にある紀元前五〇〇〇年から前三〇〇〇年の新石器文化である仰韶（ぎょうしょう）文化の遺跡から陶器製の龍の像が出土している。中国の神話でも聖書同様の大洪水とその後の世界の再生が描かれているが、そこで龍とその歯は重要な役割を与えられている。中国学の権威だったエディンバラ大学のジョン・チネリー博士は〈伏羲（ふっき）〉の神話と、世界の再生に龍の歯が果たした役割を自著で詳細に語っている[6]——嵐が吹き荒れた日に、雷が龍の姿となって地上に降りてきた。ところがその龍はある農夫に捕らえられてしまった。農夫は作物を台無しにしてしまう雷龍を檻（おり）に閉じ込め、息子と娘にその世話を任せた。農夫はふたりに、水をやらなければ龍は暴れることはないと言った。ところが父親が留守のあいだに、妹が龍に数滴の水を与えてしまった。龍はたちまちのうちに檻を打ち破

龍の姿が彫り込まれた中国の石板の拓本。時代不詳

って身を解き放った。龍は兄と妹を食べずに、自分の歯をひとつずつ与え、こう言った。「この歯を地面に蒔き、生えてきたものを収穫せよ」

父親は戻ってくると龍が檻から逃げてしまったことを知り、これから大洪水が襲ってくると悟った。あとはもう舟を作るしかなかった。一方、兄と妹が蒔いた龍の歯は、まるで嘘のように一日で蔓を生やし、大きな瓢箪を実らせた。瓢箪のてっぺんを切り落とすと、なかには鋭い龍の歯がびっしりと詰まっていた。歯をほじくり出すと、都合がいいことに瓢箪は嵐のさなかに小舟となった。水位はどんどん上昇し、農夫と兄妹を乗せた小舟は雷龍と神々が住まう第九の天に達した。なかに入るべく天界の扉を叩くという無礼をはたらいた農夫に水の精霊は激怒し、水を瞬時に引かせた。小舟は地上に落ち、農夫は命を落とした。

子どもたちのほうは瓢箪のおかげで助かった。兄は伏羲、妹は女媧と名乗り、ふたりは夫婦となった。やがて女媧は妊娠したが、生まれてきたのは赤子ではなく肉塊だった。ふたりは肉塊を切り刻み、紙で包んだ。と、そこに一陣の風が吹き、肉塊を吹き飛ばした。地上にまき散らされた細切れの肉塊は人間となった。かくして大洪水で壊滅した地上界は再生を果たした。それもこれも龍の歯のおかげだった。

神話はさておき、キングスミルの龍の歯はその後どうなったのだろうか？　伏羲と女媧のように海を渡り、スウィンホーによって一八六九年の九月にイングランドにもたらされた。大英博物館のリチャード・オーウェンは、その一一年前の論文で中国からもたらされたほ乳類の歯の化石につい

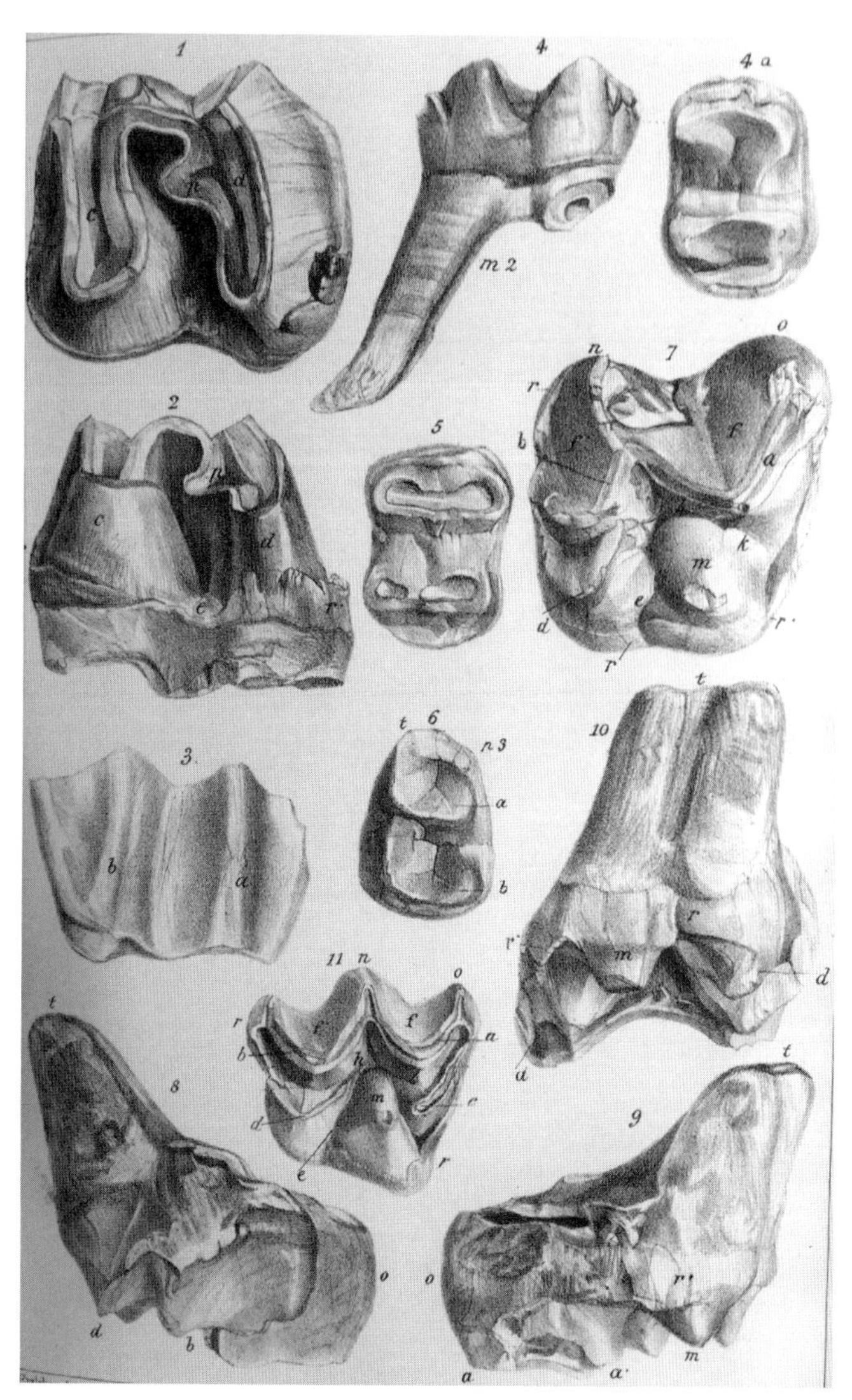

1870年に刊行されたロンドン地質学会の季刊誌に掲載された、リチャード・オーウェンの論文の“龍歯”の銅版画。1から3は〈中国サイ〉、4から6は〈中国バク〉、7から10は絶滅した奇蹄目の動物カリコテリウム、11は絶滅した有蹄動物ノプロテリウムの歯

て触れていた。偉大な解剖学者かつ生物学者が化石に興味を抱いていることを知っていたスウィンホーは、龍の歯をオーウェンに寄贈した。そのわずか数カ月後にオーウェンがロンドン地質学会の季刊誌で発表した龍の歯についての論文は、脊椎古生物研究を大きく前進させた。[7] 中国からもたらされた二一個の龍の歯のうち、八個はサイ、七個はバク、三個はハイエナの歯だとオーウェンは判定した。そして二個は絶滅したゾウ目のステゴドン、一個はやはり絶滅した巨大な奇蹄類のカリコテリウムの歯だとした。つまりこの画期的な論文は、それほど遠くない昔の中国の地に暮らしていた人々はサイやハイエナといった現生動物だけでなく、巨大で奇妙な、今はもう絶滅してしまった動物と共生していたことを示したのだ。カリコテリウムは龍ではないが、体重一トン、体高二メートル程度という体格は龍のようでもある。しかし龍と比べたらかなりおとなしい動物だったらしい。キングスミルがスウィンホーに見せた歯は元々は龍のものとされ、その神秘的な力を宿しているとされていたから収集されたものだった。ところが実際には皮肉なことに、中国における近代的な脊椎古生物研究の始まりを告げるものだった。

歯が見つかる場所では骨も見つかる。脊椎動物は歯よりも骨のほうが多いので、中国の伝統医療（つまり漢方）では龍の骨のほうが歯よりもかなり多く使われている。龍骨(ロンクー)の最初の記述は、班固(はんこ)（紀元三二～九二年）が著した『漢書』に見られる。[8] 班固は、運河の掘削現場で龍骨が発見された様子を記録している。その運河は〈龍首渠(りゅうしゅきょ)〉と名づけられた。

龍骨がいつの時代から医療目的で使われるようになったのかはわからないが、この伝統はおそらく何千年も昔から受け継がれてきたのだろう。薬としての龍骨の記述は、紀元一世紀に書かれたと思われる医方書『武威漢代医簡』から始まる。[9] 面白いことに、粉末にした龍骨は〝腸（はらわた）がはみ出るほどの刀傷〟を治すために処方されている。発酵させた豆に龍骨の粉を加えたものを日に二回か三回服用すると、腸の体内への復帰を促すという。ハチミツに加えたものは赤痢の治療薬とされた。この時代の医療で龍骨はかなり頻繁に登場する。

キングスミルが入手したものもそうだが、龍骨と龍歯が見つかるのは、大抵は洞穴内の堆積物のなかからだった。それらは洞穴で死んだ龍のものだとする向きもあった。龍歯は定期的に生え替わるのだと唱える者たちもいた。[10] そうした説を、明代の医師で本草学者の李時珍（りじちん）（一五一八〜九三年）は自著『本草綱目』でつぶさに反論した。そして龍には殺されたり、なかには食べられた形跡が見られるので、おそらく龍歯も龍骨も龍を食べた人間の亡骸に残っていたものだろうと結論づけた。

さまざまな病気に対して龍骨がどれほど効くかは、その色が大きな決め手になると考えられていた。黒い龍骨（絶滅したゾウもしくはサイの場合のものが多い）は一番効き目が弱く、したがって価値も低い。それに比べると、白と黄色の龍歯と龍骨（ウマの化石と考えられる）はずっと高い医療的価値があった。最も珍重されたのは複数の色を帯びたもので、なかには五つの色がついたものもあった。こうしたカラフルな龍骨は一番価値が高い。それぞれの色は個別の臓器に結びついている。つまり色の数が多ければ多いほど、その龍骨の薬効は高いということだ。龍骨の需要は中国本土に限ったものではなく、国外の中国人社会も求めていた。一八八四年から八五年にかけてのあいだだけで二トンもの龍歯と龍骨が輸出されたという記録を見れば、こうした化石の交易の規模のほどがうかがい知れる。[11]

キングスミルの龍歯についてのオーウェンの論文が中国における脊椎古生物研究の道を拓いたように、龍骨探しはからずも中国における古生人類の最初の発見につながった。スウィンホーは龍歯の研究を促進する役割を果たしたが、ほ乳類の骨の研究と、さらには中国初の化石化した人間の遺骸の発見においてスウィンホーと似た役回りを演じたのは、やはり博物学者で医師のカール・ハーバラーだった。

一九〇三年、ミュンヘン大学の動物学者で古生物学者、とくに霊長類とイヌ亜目の研究で大きな足跡を残したマキシミリアン・シュロッサーは、中国のほ乳類の化石について、この時代において最も広範で詳細な論文を発表した。この論文のもとになった化石をシュロッサーにもたらしたのがハーバラーだった。博物標本を手に入れるべく、ハーバラーは一八九九年に中国に到着した。この年に中国を訪れることにしたのは、ヨーロッパ人である彼にとっては最悪の選択だった。その翌年、国外勢力、とくに欧米諸国の排除を叫ぶ義和団の乱が勃発したからだ。そのあおりを喰らったハーバラーは、薬種店巡りをしようにも上海や寧波(ニンポー)や宜昌(ぎしょう)といった条約港(不平等条約によって開港を規定された港湾で、欧米列強の半植民地的支配の拠点となった)と北京だけに限られてしまった。[12]ハーバラーとしては、儲かるなら何でも売買する商人たちの手から重要な科学的資料を解き放ってやりたいという思いがあった。

上海で極めて大がかりな化石の供給拠点を見つけた……しかしながら、そこは薬種店ではなかった……ぼろ同然のいくつかの骨が仰々しく組み合わされているだけの代物に、眼玉が飛び出るような値札がつけられている。薬を手広く扱う上海の商人たちは、名前こそ明かさないが大体こんなところしかない。藁葺(わらぶ)き屋根の家が並ぶ狭い路地という、いかにも中国ならではという街区に、そうした店が五〇軒ほどひしめき合っている。同じ薬種を商う店でもヨーロッパのそれとはおよそ趣が異なる。

化石そのものは筵(むしろ)をロープで縛って丸めた俵のなかにまとめられている。白と黒の龍の歯は念入りに小分けされ、特別に梱包される。化石を検分する際は、俵の中身を浅めの籠に注ぎ入れ、丹念に調べる。大量の小石や骨の欠片、そして土もいくらか交ざっているからだ。とくに龍の歯はウマや水牛などの大量の新しめの歯と交ざっているので、最も価値の高いものの選別は玄人に任せなければならない。新しめの歯が交ぜられているのは、明らかに衆人の眼を欺くためである。中国人からすると、石化が著しい歯だけに薬効があるからだ。それゆえ、石と骨と新しめの骨や歯だらけの混沌をくまなく探すわたしは、中国の薬種商から煙たがられ、拒まれることもあった。もっぱらわたしは高い金を払って何とかしていた。そうでもしなければ苦労して選り分けた化石は持ち去られ、まさしく無駄骨に終わってしまうのだ。[13]

こうした努力を通じて、ハーバラーは八〇種以上のほ乳類からなる大規模な化石コレクションを作り上げた。オーウェンと同じように、ハーバラーもハイエナやサイの化石を見つけた。しかしそれ以外にも絶滅したラクダやキリン、ブタ、カバ、レイヨウ、そしてゾウの化石化した遺骸も発見した。一番多かったのは、やはり絶滅した三指馬(さんしば)の一種ヒッパリオン(Hipparion richtofeni)の歯の化石で、六七〇個もあった。[14] こうした風変わりで多種多様なほ乳類の化石のなかに、ひときわシュロッサーの興味を惹いた化石があった。それは人間の骨と極めてよく似ていた。人間のものか、それとも未知の類人猿のものにちがいない。シュロッサーはそう判断した。

この人間に似た動物の化石はほとんど顧みられることはなかった。しかし一九一七年、設立間もない中国地質研究所に派遣されていたスウェーデンの地質学者ユハン・グンナール・アンデショーンらは漢方薬種店で普通に売られている龍歯と龍骨が実際にどこからもたらされるのか調べることにした。[15] 簡単な調査ではなかった。なぜなら大抵の場合、化石は仲買人たちの手をいくつも経たのちに店頭に並ぶからだ。当然のことながら、そうした仲買人たちは化石の入手経路をなかなか明かしてくれなかった。アンデショーンたちは数え切れないほどの薬種店を巡るだけでなく、宣教師や在留欧米人たちに〝龍骨の採掘場〟探しの協力を求めた。[16]

この手はすぐに功を奏し、アンデショーンたちは湖南省の最深部で〝ドラゴンクエスト〟を繰り広げることになった。現地に着くなり、彼らはスウェーデン人宣教師たちの手を借りて赤黄土の粘土層を掘り起こし、龍歯のみならず歯と顎の骨が完全に揃っているサイとハイエナの化石を発見した。北隣の湖北省の採掘地も訪れ、多くの化石を収集した。しばらくすると、アンデショーンはごまんと出てきた龍歯と龍骨で身動きが取れなくなってしまった。その分類と記録に猫の手も借りたいほどだった彼は、ウプサラ大学の古生物学教授カール・ヴィマンに声をかけ、化石の判定とさらなる収集を手伝ってもらうことにした。

ウィマンが若手のオーストラリア人古生物学者オットー・ズダンスキーを伴って中国にやってきたのは一九二一年のことだった。当初、彼らは北京の南西五〇キロほどのところにある周口店での発掘作業に専念していた。この地に大昔からある石灰岩洞穴のなかには、大量の骨と歯を含んだ堆積物があった。アメリカ人古生物学者ウォルター・グレンジャーも合流し、アンデショーンたちは鶏骨山（鳥の骨の化石が数多く出てくることからそう呼ばれていた）で発掘を続けた。あるとき、地元民からこんな話を聞かされた。「龍骨なら、ここからそう遠くないところでもっと大きくて質のいいやつが見つかるぞ[17]」教えられた場所を掘ると、たしかにほ乳類の骨がごまんと出てきたが、人間の骨はひとつもなかった。それでもアンデショーンは、堆積物のなかには石英の鋭利な断片がいくつも埋もれていることに気づいた。おそらく太古の道具にちがいない。彼はそう考えた。しかし歯がゆいことに人間の骨も歯もひとつも見つからなかった。ズダンスキーはウプサラ大学に戻り、採集した骨と歯の研究に取り組んだ。そのなかに人間のものに似ている臼歯（きゅうし）と小臼歯を見つけたという一報がアンデショーンに届けられたのは一九二六年のことだった。この発見は、その年のうちに『ネイチャー』誌で発表されたが、いささか微妙な反応で迎えられた。もっとインパクトのある証拠が必要だった。

当然ながら、さらに多くの標本の採集が行われた。発掘作業はさらに続けられた。一九二七年にはウィマンの同僚のビルエル・ブリーンが加わり、中国地質研究所のためにさらなる発掘が続けられた。発見された人間のものと思しき化石は、北京協和医学院で教鞭を執っていたカナダ人古人類学者デイヴィッドソン・ブラックの手ですべて記録された。同年一〇月、ブリーンは人間の歯に似た化石を発見した。ブラックは人間の祖先のものだと確信し、その祖先を〈シナントロプス・ペキネンシス〉と命名し、のちに〈北京原人〉として知られるようになった。現在ではホモ・エレクトゥスの亜種だと見なされている。発掘はなおも続けられ、ほぼ完璧に保たれた頭蓋骨を含めた、さらなる北京原人の化石が発見された。一九四一年の時点で、中国地質研究所は四〇点以上の北京原人の化石を収集していた。折しも日中戦争が激化し、ヨーロッパに続いてアジアでも大戦が勃発しかねない状況だった。北京原人の化石はアメリカに移送されて保管されることになった。輸送前の化石は北京に駐在していた海兵隊に託された。ところがその過程で化石は忽然と消えてしまった。

北京原人の化石のその後の行く末については、さまざまな陰謀説が唱えられている。日本軍が本国に持ち帰ったのではないか？　その価値をまったくわからない日本兵が海に棄ててしまったのではないか？　それとも中国のどこかに埋めたのだろうか？　ひょっとしたら、漢方薬種店の店先に行き着いて龍骨として売られてしまうという皮肉な末路を迎えたのかもしれない。

雷石の伝説

雷や雨と結びつけて語られていた化石は中国の龍歯と龍骨だけではない。デンマークの民俗学者のクレスチャン・ブリンゲンベアは、一九一一年にイギリスで刊行した自著『The Thunderweapon in Religion and Folklore: A Study in Comparative Archaeology（信仰と民間伝承に見る〈雷の神器〉についての比較考古学的研究）』で、雷と化石の伝説はデンマーク全土に見られると述べている（本国デンマークではその二年前に出版されている）。ブリンゲンベアは、古代ギリシアとその周辺の文明で何度も登場する〈雷の神器〉と呼ばれるものの歴史的関係に興味を抱いていた。紀元前二〇〇〇年の青銅器時代に栄えたミノア文明では、雷の神器は〈ラブリュス〉と呼ばれる青銅製の両刃の斧だった。時代が下ると、雷の神器はギリシア神話の主神であるゼウスが振るう武具〈ケラウノス（雷霆（らいてい））〉となった。さらに新しい時代になると、地中から掘り出された古代の石斧が雷の神器とされることもあった。スカンジナビア半島では、北欧神話の中核をなす雷神トールと不可分のものとされ、ギリシアとはまったく異なる意味を与えられた。

デンマークの田園地帯では〈雷石〉と呼ばれるものがよく見つかっていて、ブリンゲンベアもその特異なかたちをした石のことをよく知っていた。おそらく数千年前からそう呼ばれていたのだろう。しかし自然界に存在するさまざまな形状の石が雷石と名づけられた理由と、その背景を解明する体系的な研究はほとんどなされていなかった。ブリンゲンベアは、雷石そのものだけでなく人々がその石に託した力にも興味を惹かれた。目的を達成するべく、ブリンゲンベアはさまざまな研究プランを練った。まずは田舎の村々や田園を巡り、そこに暮らす人々に取材をする方法が頭に浮かんだ。その一方で、メディアを使うという極めて近代的な調査手法も選択肢のひとつだった。結局、後者が選ばれた。一九〇八年から一一年までの三年間、ブリンゲンベアは定期的に新聞広告を出し、雷石にまつわる昔話を知っているのなら、その内容を手紙で教えてほしいと全国の人々に呼びかけた。

ブリンゲンベアは新聞広告の効き目に快哉を叫んだにちがいない。何しろデンマーク全土から七〇〇通を超える手紙が寄せられ、その多くに興味深い情報がしたためられていたのだから。民間伝承がいまだに息づいていたということだ。ひとくくりに雷石と呼ばれる石は、実にさまざまに異なるものだということがすぐに明らかになった――天然のものもあれば、人の手が加えられたものもあった。そこまではブリンゲンベアの読み通りだったが、雷石のありようについては明確な地域差があったことは予想外だった。手紙の約半分は北ユラン地域（ユトランド半島北端部）とシェラン島、フュン島、ランゲラン島から寄せられたものだった。これらの地に暮らす人々の圧倒的多数は、五〇〇〇年以上前の新石器時代の燧石（フリント）製の斧を雷石と呼んでいた。ところが南部のファルスター島とロラン島とボーンホルム島の雷石は、それとはまったく異なっていた。この島々の人々の言う雷石

雷石（ベレムナイトの化石）と悪魔の足の爪（牡蠣の一種の化石）と
ヘビ石（アンモナイトの化石）

は、どこからどう見ても銃弾のような代物だった。しかしそれは奇妙極まる銃弾だった。何しろ酢に浸したら溶けてなくなってしまう、炭酸カルシウムでできているのだから。なぜなら、この雷石はイカに似た軟体動物〈ベレムナイト〉の化石なのだ。

ベレムナイトの化石は、銃弾っぽい形状ゆえに最も異彩を放つ化石のひとつだ。この化石は軟体動物である頭足類の仲間で、タコやスルメイカやコウイカを含む鞘形亜綱（しょうけい）の絶滅した種の内部構造が石化したものだ。この銃弾のようなかたちの硬い構造物は鞘（さや）と呼ばれるもので、海中で浮力を調整する管が内部にある。この管の片側から水を吸い込んで反対側から噴出することで鞘はジェットエンジンの役割を果たし、ベレムナイトは海中を勢いよく泳ぐことができた。そしててんでばらばらな方向に飛び散る花火のように海中を泳ぎまわるのではなく、安定してまっすぐ泳ぐことができた。ベレムナイトは化石としてはごくごくありふれたもので、おびただしい数が一カ所でまとまって見つかることもある。それほどまでに集中して見つかる場所は〝ベレムナイトの戦場〟と呼ばれているが、おそらく集団産卵ののちにそのまま命を終えたのではないかと思われる。

しかし南ユラン地域の人々にとって、雷石は石斧ともベレムナイトの化石ともまったく異なるものだった。やはり化石ではあったが銃弾とは似ても似つかないかたちで、むしろ石でできたホットクロスバン（イギリスで好まれている、小さくて丸いレーズンパン）に似ている。しかしてっぺんに十字（ホットクロス）の筋はない。ぐったりとしたヒトデが石にへばりついているように、五芒星のようなかたちが細い筋で描かれているのだ。この雷石はウニの化石だ。

〈ウニ〉と聞いてとっさに頭に浮かぶのは、浅瀬の岩場に潜む、長くて毒々しいトゲがずらりと並んだ、使い古しの針刺しに似た生き物ではないだろうか。このタイプのウニは正形類と呼ばれている。正形類のウニの化石については、のちに考古学的な文脈で論じる。しかし〝正統派〟のウニと比べたらはるかに引っ込み思案なマイナーなウニもいる。この種のウニは、砂や泥といった海底の堆積物のなかに潜り込む能力を数億年かけて進化させてきた。その見かけは、正形類の仲間のように大きな目立つトゲではなく、かなり細かいトゲを桁外れなほど多く身にまとった、さながらハリネズミといった感じだ。まさしくトマス・ブラウンも自著『荒唐世説』でこの化石を〝海のハリネズミ〟と呼んでいる。不正形類と呼ばれるこのウニの多くは、その一生を砂や泥のなかで過ごし、そのまま死んでい

〈雷石〉とも〈羊飼いの冠〉とも呼ばれていた、不正形類のウニのエキノコリス・スクタトゥス（Echinocorys scutatus）の化石。ハンプシャー州リンケンホルトでアラン・スミス氏が収集したもの

く。墓のなかで生まれ、墓のなかで過ごし、墓のなかで亡くなるようなものだ。誰の眼に触れることもなく、捕らえられることもなく、化石となっていく。だから〝海のハリネズミ〟の化石はたくさん見つかるのだ。気が遠くなるほどの大昔からうろつきまわって地表を探し、食べ物や石やいろいろなものを手に入れてきた人間たちの眼に留まった理由もそこにある。こうした化石を今を生きるわたしたちが見つけたら、これは大昔のウニが化石化したものだと訳知り顔で言い当てることができる。しかし五〇〇万年にも及ぶ人間の歴史のなかで、それがウニだとわかるだけの贅沢な知性を得たのはたかだか三〇〇年前のことだ。それほど長いあいだ、人間たちはこの特異な化石を集めてきたのだ。

雷石は古代ギリシアとローマでも知られていた。ローマ時代には〈ブロンティア〉とも〈オンブリア〉とも呼ばれ、天からもたらされたものとされていた。大プリニウス（紀元二三〜七九年）は、自然界の解説書としてルネサンス期まで人気のあった『博物誌』でこう論じている。

> オンブリア〈雨石〉、あるいはノティア〈南風石〉としても知られている石は、ケラウニアやブロンティアと同様、豪雨と雷電とともに降ってくるもので、これらの石と同じ性質をもつということだ。[18]

〝鉱山学の父〟とされるドイツのゲオルク・アグリコラ（一四九四〜一五五五年）は、一五四六年刊行の『De natura fossilium（発掘物の本性について）』でこう述べている。「無知蒙昧な人間たちは、ブロンティアは雷とともに落ちてくると信じている。彼らは、雨とともに落ちてくるものはオンブリアと呼んでいる。ドイツでは、ブロンティアは〈Donnerkeil〉、オンブリアは〈Regensteine〉として知られている」[19] 一七世紀に入っても、たとえばイングランドの博物学者ロバート・プロット（一六四〇～九六年）は雷石の起源については曖昧な態度を取っていた。一六七七年の『The Natural History of Oxfordshire（オックスフォードシャーの博物誌）』で、プロットは雷石についてこう論じている。

> （少なくとも民衆たちによって）雷石は天から我々のもとに遣わされ、雲のなかで生成され、雷や激しいにわか雨とともに放出されると考えられている。そこで古代の博物学者たちは雷とともに落ちてきたものを〈Brontiae〉、驟雨とともに落ちてきたものを〈Ombriae〉と命名した。それ以外の名前はない。博物学者たちはこれらの石を〝星の徴がついた石〟になぞらえているが、しかしそれは雲や海のウニからできたものというよりも、見かけとしては五芒星に似ているものが表面にあるからではなかろうか。ウリッセ・アルドロヴァンディ（イタリアの博物学者、一五二二～一六〇五年）らは、ウニの殻からトゲを取り去ったものと比較して〈Echinites（ウニ石）〉と名づけている。しかしながら、わたしとしては古来の名前を残しておくほうがいいと思っているが、その理由は新しい名前を考えることが煩わしいからというわけではなく、この石の

本質にうまく当てはまらないからである。[20]

雷石は北欧神話、とくに雷神トールの神話に深く根ざしている。燃えるような赤毛と赤髭のトールは、雷と天候と農耕を司る強力な神だ。片手にミョルニルというハンマーを握り、もう片方の手で地上界に雷を放つ。ミョルニルにはとてつもない力がさまざまに秘められていて、生命を再生する力もそのひとつだ。北欧神話のなかに、トールがある農夫の家に客人として泊まった夜の話が出てくる。晩餐の食材を提供するべく、トールは自分が大事にしている二匹の山羊を屠る。しかしタングリスニとタングニョーストというこの二匹は天空を駆けながら雷を放つトールの戦車を曳く山羊だった。しかも農夫の家は食料が不足していたわけではなかったので、このトールの所業は無礼なものだった。トールとしては農夫にミョルニルの力を見せつけたかったのだ。焼いた山羊を堪能したのちに、トールは二匹の骨をその皮の上に置いた。そしてミョルニルを骨に振りかざすと、山羊はまるで手品のように甦った。しかし万事がうまくいったわけではなかった。トールは農夫に、山羊の脚の骨を折って骨髄を取ってはならないとしっかりと言っていた。が、その言いつけを農夫の息子のひとりが守らなかった。かわいそうなことに、脚の骨を折られた山羊は足を引きずりながら天空を駆けるようになった。当然ながらトールは怒った。

天空からのべつくまなしに雷を放つ好戦的な神としながらも、北欧の人々はトールを愛し、最高の神と見なした。そこまで好かれたのは、害をなすさまざまな怪物たちをミョルニルを使って成敗

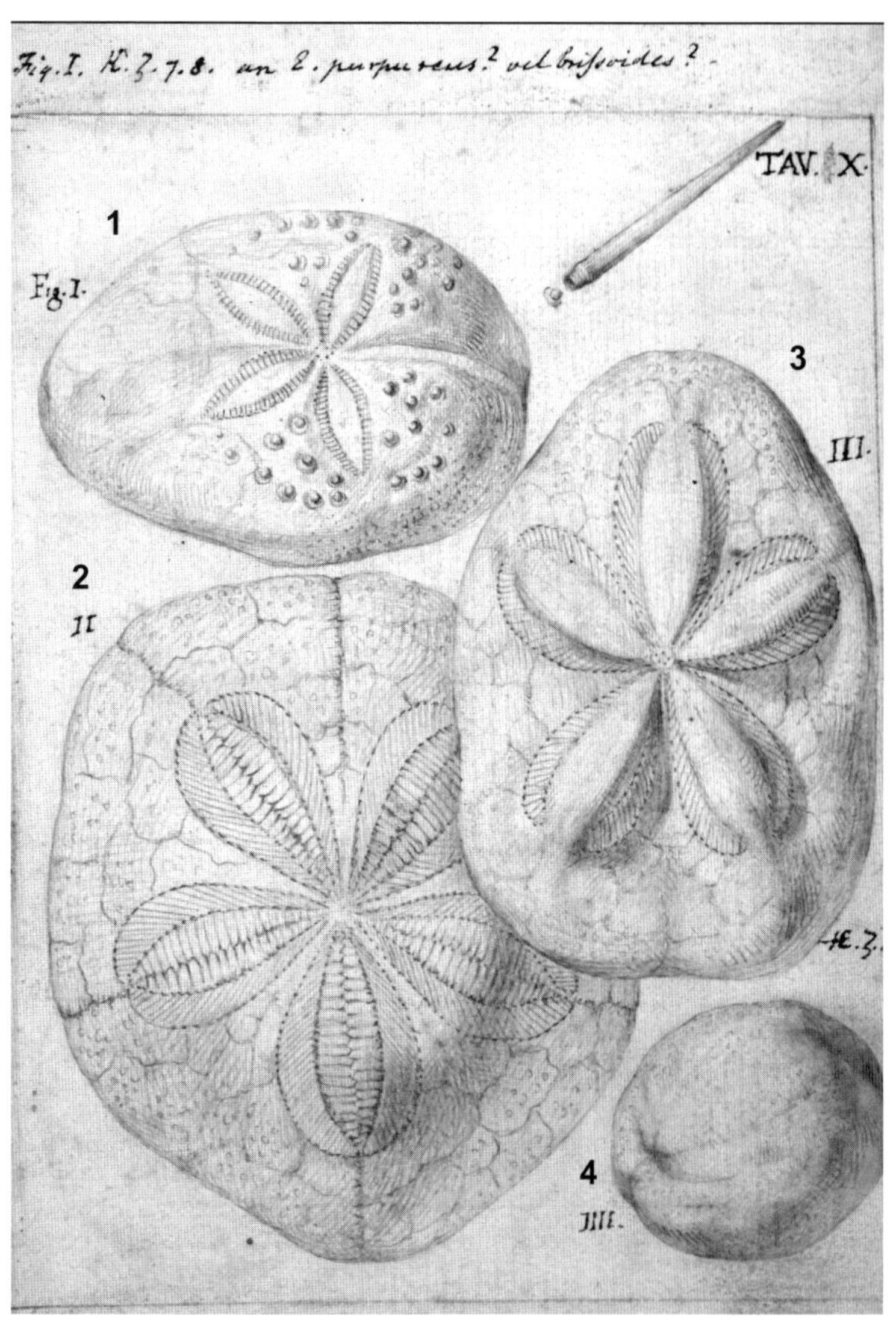

アゴスティーノ・シッラが『意味を損なう空虚な推測』（1670年）のために描いた、不正形類のウニの鉛筆原画。1と4はスパタンゴイド（spatangoid)、2と3はクリピーステロイド（clypeasteroid）

し、人々を護ったからでもある。トールは毒蛇のヨルムンガンドや巨人たちを退治した。農夫たちは、天候を統べる力があるがゆえにトールを愛し崇拝した。たしかにトールの放つ雷は恐ろしく、人間や怪物を滅ぼし、家屋を破壊することもある。が、トールは人間やその他の動物に豊饒（ほうじょう）をもたらす神でもある。トールは豊作と四季の訪れを確かなものにする。トールが降らせる雨は肥沃（ひよく）で実り豊かな畑を作る。実に便利な神通力だ。さらには旅人を護り災害を防ぐ力もある。おまけに墓の下に眠る死者すらも護る。[21]

トールほど獅子奮迅（ししふんじん）の戦いを繰り広げ、邪悪なものから世界を護った神はいない。トールは農夫たちの神だった。正義と世の理（ことわり）を護る、頼りになる神でもあった。嵐が去ったのちに野原で見つけた奇妙なものは――それが実際には古い石斧であろうがベレムナイトやウニの化石であろうが――トールが落としたものだ。それ以外にあり得ないじゃないか。であれば幸運の種にちがいない。偉大な守護者であるトールがもたらしたものには、すべてその力が込められているのだ。そうしたものは、ポケットに入れておいてもいいし、首から吊り下げてもいいし、玄関の脇や窓台に置いてもいい。どこに置いても、雷石は邪気と不幸を追い払ってくれる。それはそうだろう。何しろ全能の神トールから授かったものなのだから――北欧の人々はそう考えたのだろう。[22]

人間（とその祖先）は、何十万年も前から硬い地面をほじくり返してさまざまな化石を集めてきた。のちの章で示す考古学的記録が信じるに足るものであるならば、人間が集めてきた千差万別の化石のなかで最も人気があったのは、どこからどう見てもウニの化石、すなわち雷石だろう。一番人気だったことは最も多くの名前をつけられていたことからもうかがえる。この推測を裏づけるものとしては、ブリンゲンベアが行なったユトランド半島奥地での調査結果ほど強力な証拠はない。何しろ、雷石を表す言葉がこんなに見つかったのだ――〈sebedai（セベダイ）〉〈Sebadeje（セバダイ）〉〈spadæje（スペレイ）〉〈spadejesten（スペイダイエステン）〉〈pariko（パリコ）〉〈paradisko（パーディスコ）〉〈paddeko（パディコ）〉〈pallikoer（パリオワ）〉〈marmorsko（マーモスコ）〉〈marrimusko（マリムスコ）〉〈smördie（スモーディ）〉〈smörsten（スモーステン）〉〈smörlykke（スモールイキ）〉。驚くべき多彩ぶりだ。これらの名前の意味については、ブリンゲンベアは一切わからなかった。

しかし最近になって、オーフス大学コミュニケーション文化学科のヴィゴ・サアアンスン准教授がこれらの名前の意味を解き明かした。ユラン地域中央部と東部で使われている〈スペイダイエステン〉と〈スペレイ〉は、本来は〝ゼベダイ石〟だということが判明したのだ。この名前にしても遠くで雷鳴が聞こえてくるようだ。太古の昔にこの地で信じられていた宗教は、二〇〇〇年近く昔にキリスト教に吸収されてしまった。護符や魔除けとしての化石は、そうした異教徒の信仰に根ざした民間伝承にぴたりと当てはまる。異教の名残はイースター（復活祭）やクリスマス（降誕祭）に見られるが、雷石にしても同様だ。ゼベダイとは使徒ヤコブとヨハネの父親のことだが、ヤコブとヨハネは〝雷の子ら〟と呼ばれることもある。だからゼベダイ石が雷石となるのだ。[23]

〈パーディスコ〉と〈パディコ〉と〈パリクワ〉は北ユラン地域のみで使われていて、その意味は直訳で〝天国の牝牛〟だ。どう見ても雷とはかけ離れた名前だが、〝天国〟ということは雷雨のさなかに天から落ちてきた牝牛とも解釈できる。〈スモーディ〉と〈スモーステン〉と〈スモールイキ〉は、雷石には牛乳とバターが腐るのを防ぐ力があるとされていたことに由来している。[24]

デンマークの人々が雷石と呼んでいた化石は白亜質石灰岩から得られたものが多かった。もしくは白亜紀よりもずっと時代の新しい氷河期のもので、氷河に侵食される過程で削り取られた白亜質石灰岩の堆積層のなかに含まれていた、氷河の圧力でも砕けないほど硬い化石だ。こうした白亜質の堆積層で、デンマークとドイツ、オランダ、フランス北部、そしてイングランド南西に見られるものはウニの化石を豊富に含んでいる。ウニの殻が炭酸カルシウムに置換されて鉱物である方解石になることもある。こうした化石の〝卵〟の内部に満たされたきめの細かい石灰岩は、長きにわたって特異な薬効があると考えられていた。が、白亜紀の寒冷期の海には二酸化ケイ素（シリカ）が大量に溶け出していた。沈殿したシリカはケイ酸カルシウム（フリント石灰）の層や団塊（ノジュール）となった。そしてシリカはウニの化石のなかに入ってから硬化することも多かった。時を経るにつれてウニの殻は消えてなくなったが、その内側のシリカは硬い岩石であるフリントに変化して残った。フリントとなった化石は風化で破壊されたり失われたりすることもなく、犂（すき）で畑を耕しても、まさしく石のように硬いジャガイモとなって割れずに地面に顔を出す。

後述するが、人々はこうした化石を何十万年もの昔から収集してきた。であれば、紀元八〇〇年から九〇〇年にかけて西方への移動を開始したデンマークのヴァイキングたちが北海を渡ってグレートブリテン島に定着したときに、故国から持ち込んだ数多くの伝統や習慣のひとつに雷石もあったとは考えられないだろうか？　この一〇〇年のあいだにデーン人（デンマークのヴァイキングたちのこと）がグレートブリテン島の南部と東部に移住したことは広く知られている。しかし近年、現在のブリテン諸島に暮らす人々の数千人のＤＮＡを分析した結果、〝デーン人たちがイングランドの大半を支配していたという明確な遺伝的証拠はない〟ことが判明した。[25]

この調査結果にすべての考古学者が納得しているわけではない。この時代に三万五〇〇〇人を超える大量のデーン人が北海を越えてグレートブリテン島に移り住んだとする強固な反論も出ている。[26]この反論の根拠は考古学と言語学の両方の研究に基づいたものだが、ブリンゲンベアが雷石の地域別の呼び方を調べたように、特定の自然物に〝一般の人々〟がつけた名前のヴァリエーションを調べると、知見はさらに広がるかもしれない。

イングランドの各地方でも北欧神話を彷彿とさせる名前がウニとベレムナイトの化石につけられているという事実も、デーン人がグレートブリテン島に広く移住していたという説を裏づけている。民俗学者のエドワード・ロヴェットは、ウィルトシャーとグロスターシャーの家屋の窓台にウニの化石がきちんと並べられていたと一八六〇年代に記している。これはデンマークの習慣と酷似している。[27]そのウニの化石は雷除けだとロヴェットは教えられたが、これもまたデンマークと同じだ。一九二〇年代から三〇年代にかけての記録では、ウニの化石はドーセットとノース・ハンプシャー、サセックス、ハンプシャーの一部で〈雷電（サンダーボルト）〉と呼ばれていた。[28]サセックスの別の地域では〈雷石〉とも呼ばれていた。そしてデンマークと同様に、イングランド各地の人々は化石をポケットに入れて持ち歩くこともあれば、窓台やマントルピースの上に置くこともあり、その理由にしてもデンマークとまったく同じで雷除けだった。

雷石の神話のなかで、ウニの化石と石器の手斧の関係には長い歴史があることを示す考古学的証拠がある。一九一〇年、ケント州サウスボローの鉄器時代（紀元前五世紀から紀元一世紀まで）のものと思しき遺跡から、骨壺と一緒に小さな壺が発掘された。[29]小さな壺には、ウニの化石と砕かれた磨製石器の手斧が収められていた。どちらもデンマークでは雷石と呼ばれていた。火葬の一環として埋葬してあったというところから、当時の人々にとってウニの化石も石の手斧も単なる雷除けではなく、精神面でより深い結びつきがあったことがうかがえる。つまり雷石の神話には長い長い歴史があるということだ。この遺跡では同じ壺に入れられていたが、手斧とウニの化石は別々に埋められることもあった。一緒でなくても問題なかったと見える。デンマークでは近代になっても、地中から新石器時代の手斧が見つかると豊作祈願として種蒔きのときに埋め戻されていたという。

イングランド南部と東部で〝雷石〟という言葉が使われている事実は、デンマークの民間信仰が北海を渡ってグレートブリテン島にもたらされたという説を裏づけている。そしてデンマークと同様に、イングランドでもウニの化石の呼び名は雷石だけではない。しかしイングランドでは呼び名の種類はデンマークよりもかなり多く、この化石にまつわる神話は北欧神話由来のもの以外にもあることが考えられる。また、デンマークよりもはるかに幅が広いのは呼び名のヴァリエーションだけではない。名前の意味的なちがい、つまり言語的範囲もかなり広いのだ。分類するのであれば〈羊飼い〉と〈妖精〉にまつわる名前に分けることができるのだが、そのふたつ以外にも〈主教(ビショップ)〉

の名が冠せられたものもある。たとえば〈主教の膝〉であるとか〈主教の冠(ミトラ)〉だ。[30]ウニの化石を指す言葉としてイングランド南部で最も広く使われているのは〈羊飼いの冠〉だが、〈羊飼いの帽子〉や〈羊飼いの心臓〉、さらには〈羊の心臓〉といった変種も見られる。

ウニの化石を考古学的見地から見ると、こうした名前の起源ははるか昔の青銅器時代や新石器時代にまでさかのぼると思われる。そして出土した場所が住居の遺跡なのか、それとも墳墓なのかで意味合いがちがってくる。ウニの化石につけられた名前はデンマークよりもイングランドのほうがはるかに多種多彩だということは、この地の人々の化石に対する興味は非常に長い歴史があり、しかも太古の社会を生きた人々は

ケント州サウスボローの鉄器時代の火葬墓から出土した、2つの雷石。ミクラステルという白亜紀のウニの化石（**左**）と、磨製石器の手斧の一片（**右**）

化石に精神面と信仰面の意味を見出していたのではないかと考えられる。

中国では、ほ乳類の化石が龍の歯や骨だと見なされていた。ヨーロッパの民間伝承は、ベレムナイトおよびウニの化石と雷神トールを結びつけて語られている。両者に共通するのは、特定の化石を神話に取り込んで、自分たちが生きる世界を説明しようとしたことだ。龍もトールも雷鳴と稲妻、そして農耕に必要不可欠な雨をもたらすとされている点で共通している。しかし化石のなかには伝説を喚起したり既存の神話に入り込んだり、自らの物語を紡ぎ出していったものもある。

3章　伝説の成り立ち

土地を耕したり石器になりそうな石を探したりしているあいだに見つかったのは、ほ乳類やウニやベレムナイトの化石だけではなかったはずだ。ほかにはどんな化石が出てきたのだろうか？　チョウチンガイなどの腕足類やアンモナイトやウミユリの化石が出てくることも珍しくなく、それらも人々の興味を惹いた。こうした化石は既存の神話に取り込まれるのではなく、独自の伝説を築き上げていった。こうした化石にまつわる伝説は比較的新しい時代である中世初期の文献や言い伝えのなかに見られる。だからといって、こうした伝説は一〇〇〇年ぐらい前に生まれたというわけではない。おそらく、すでに数千年も昔の先史時代の人々の記憶のなかにしっかりと刻み込まれていたのだろう。というのも、これらの化石は古代の埋葬地で頻繁に出土しているのだ――新石器時代の羨道墓（せんどうぼ）にアンモナイトの化石が建材として使われ、青銅器時代の塚からは腕足類の化石が大量に見つかり、同じく青銅器時代の別の墓にはウミユリの小さな欠片が置かれていた。この時代に伝説が育まれていったのだ。

ブラティングスボーのコイン

「ツバメに似たかたちの石の牡蠣(かき)が採れる山がある。ゆえにこの山は石燕山(せきえんざん)と呼ばれている。この石燕は大きいものと小さいものの二種類があり、まるで親子のように見える。雷雨が訪れると、この石燕はあたかも本物のツバメのように空に羽ばたいていく」[1] これは北魏の酈道元(れきどうげん)が六世紀の初めに著したとされる地理書『水経注』の一節だ。

中国の文人たちを魅了した石燕は、その美しさと価値から皇帝への貢物とされた。翼を広げたツバメのような形状のこの石は、腕足類という貝の化石だということがわかっている。

五億年前のカンブリア紀に出現した腕足類は二対の硬い殻を持つ海生生物で、アサリなどの二枚貝に似ている。しかし二枚貝が軟体動物なのに対して、腕足類は触手冠動物に分類される。腕足類はらせん状のリボンのような触手冠を殻の隙間から伸ばし、そこに生えている繊毛で餌の粒子を捕まえ、水流を作って口まで運ぶ。

近代科学以前の時代、同じ腕足類の化石のなかでもほかの仲間たちより多くの注目を集め、より多くの名前と伝説を生み出したものがあった。その差はおそらく認知度のちがいによるものだろう。アマチュア収集家たちは、ツバメやチョウもかくやという優雅で美しい化石に心惹かれたことだろう。丸い小石のようなかたちのものに魅せられたのは、真冬の風が吹きすさぶブドウ畑をほっつき歩いて〝パンディブ〟を見つけたジョン・ウッドワードぐらいだ。この種の腕足類の化石は、世界中のジュラ紀と白亜紀の岩石のなかから本当によく見つかる。特別な存在として伝説で語られることもなく、パンディブという変な名前にしても、たぶんコッツウォルズの一部でしか使われていなかったのだろう。何か取り柄があるとすれば、形状がローマ時代のオイルランプに似ていることから腕足類の俗称〈ランプシェル（和名はチョウチンガイ）〉を広めたということぐらいだ。どう見てもそれほど古い名前ではない。

　中国の石燕は古生代腕足類に分類されているものの化石で、その名の通りカンブリア紀を含む五億年前の古生代の岩に多く見られる。形状にしても大きさにしてもチョウに似ていて、デヴォン州ではこの化石がよく見つかる採石場のある土地にちなんで〈デラボールのチョウ〉と呼ばれている。小さなものばかりで、ごくわずかな大型の種でもせいぜい握り拳ほどだ。殻に放射状の筋が走っているリンコネリッド（rhynchonellid）も古代の人々の好奇心を刺激したらしく、地中海地域にある後期旧石器時代のマドレーヌ文化（一万七〇〇〇～一万二〇〇〇年前）の遺跡からかなり頻繁に出土している。[2] 新しい時代の例となると、ドイツ南部のシュヴァーベンジュラ山脈では〈täubli（タウブリ）（仔バト）〉と呼ばれている。[3]

　腕足類のなかには殻は平らで輪郭はほぼ円形、大きさにしても指の

オーストラリア西部のペルム紀の岩石から発見された、プンクトシルテラ・アウストラリス（Punctocyrtella australis）という古生代腕足類の化石。この化石は中国では〈石燕〉と呼ばれている

爪ほどに小さいものが存在する。この少し他とは異なる腕足類は頭殻目（クラニア）と呼ばれている。そんなに小さいのなら誰の眼にも留まらないようにも思えるが、実は多くの伝説を生み出してきている。その理由は、片方の殻はどうしても顔のように見えるので、この化石を見ていると逆に見返されているように感じるからではないだろうか。

腕足類は二対の筋肉を使って二枚の殻を開閉する。片方の筋肉が収縮すると殻は開き、もう片方が収縮すると閉じる。大抵の腕足類の殻の化石の内側には、筋肉がついていた部分に独特の痕跡がある。頭殻目の場合、この痕跡のせいで顔のように見える。片方の殻の痕跡は見つめる両眼、片側のほうの痕跡の間隔は狭いので鼻の穴に見えるのだ。一八世紀のスウェーデンの植物学者で昆虫学者のアンデシュ・ヤハン・レチウスが〈Crania（クラニア）（頭蓋骨）〉と名づけたのもむべなるかなだ。

底生動物である腕足類の多くの種は肉茎で海底の石や岩などに付着するが、肉茎を持たない頭殻目はどこにも付着せず海底にいるか、石や岩、さらには大型の貝の殻に直接固定する。大半の頭殻目の化石はほとんど平らな円形であるうえに、表面に目に見えてわかる浮き彫りのような模様があるので、かなり昔から小さなコインに似ているとされてきた。とくに七〇〇〇万年前の岩石のなかからこの化石が見つかるスウェーデン南部ではそう思われていた。

頭殻目の最初の記述は、中世スウェーデンの〈brattingsborgpenningar（ブラティングスボーペニニャー）（ブラティングスボーのコイン）〉についてのものだ。最南部のスコーネ地方にあるイヴォ湖に浮かぶイヴォ島にブラティングスボー城がある。この城には、頭殻目の化石の起源にまつわるさまざまな伝説が存在する。そ

オランダのマーストリヒト人の白亜紀の石灰岩から見つかった、腕足類頭殻目のイソクラニア・コスタータ（Isocrania costata）の化石。この種の腕足類の化石は、スウェーデンでは〈ブラティングスボーのコイン〉の名で知られている

のうちのふたつには、アッテ・イーヴァショーンという、王とされることもある悪役が登場する。ブラティングスボー城に住まうイーヴァショーンは、病人や老人からさえ税を取り立てる強欲で悪辣な男として知られていた。その悪行はついに神の怒りに触れ、城は破壊されて湖に呑み込まれた。城に貯め込んであった金貨は全部石灰質の小さな円盤に変わってしまった。その円盤には、どれも薄ら笑いを浮かべる顔が浮かんでいた。

もうひとつの伝説は近親婚に関わるものだ。イーヴァショーンとその妻には息子と娘がいたが、これ以上ふさわしい相手はほかにいないとして、ふたりを結婚させることにした。しかし神々はこの縁組を良しとせず、結婚の宴（うたげ）の最中に地滑りを起こさせ、城を湖に沈めた。ひとり生き残ったイーヴァショーンは馬小屋に駆けて愛馬に飛び乗り、はるか彼方の地に逃げた。しかし結局は愛馬もろとも滅ぼされてしまった。イヴォ島の砂浜で今でも見つかる顔のかたちをした白い〝コイン〟は、罰を受けて死んでしまった哀れな新婚夫婦の悲劇の記憶をとどめるものだとされている。[4]

イヴォ島に残る〈ブラティングスボーのコイン〉の伝説をもうひとつ紹介しよう。一三世紀、アナス・スーネスンというデンマークの大司教がハンセン病にかかり、ブラティングスボー城の地下室に隠遁（いんとん）していた。ある日、城にやってきた兵士たちが酒と賭け事に興じた挙げ句に大量の金貨を盗んで逃げた。すぐさま大司教は盗まれた金貨に呪いをかけた。明くる朝に二日酔いで目覚めた兵士たちは、金が全部白くて平べったい小石に変わってしまっていることに気づいた。そのひとつひとつに、せせら笑う死者の顔が刻まれていた。[5]

ヘビ石の伝説

一八九六年のクリスマス、汽船コーンウォール号はロンドンから静かに出港し、オーストラリアへの処女航海に旅立った。その船倉の奥底には前代未聞のクリスマスプレゼントが積まれていた——〝イングランドの地層別に陳列した、史上最高に完璧かつコンパクトな化石コレクション〟なるものが収められた、八つの箱だ。[6]

コーンウォール号が西オーストラリア準州のフリーマントル港に到着したとき、クリスマスプレゼントは不運に見舞われた。八〇〇〇個ほどの化石が入った八つの箱は艀（はしけ）に移され、港から川をさかのぼってパース中央部の桟橋まで運ばれた。ところがこの短い航海のうちに艀は浸水を起こしてしまい、化石コレクションは三六時間ものあいだ船底の汚水（ビルジ）に浸かってしまった。さらに悪いことに、西オーストラリア州立博物館の館長で主任学芸員のバーナード・ウッドワードがびしょ濡れの箱を開けると、木製の陳列棚に糊づけしてあった化石がほとんど外れていた。きちんと箱詰めされていなかったことが原因だった。しかも残念なことに、それぞれの化石の解説はすべて陳列棚に記されていた。[7]

台無しになってしまった化石コレクションは、ロンドンの地質学標本を扱う大手業者で、キングス・カレッジの地質学教授だったジェイムズ・テナント（一八〇八～八一年）が遺した収蔵品だった。イギリスの地質学会と地質学マニアたちのあいだで広くその名が知られていたテナントだが、そのコレクションのうち自らが収集してきた標本はわずかしかなかった。むしろ収集家たちと交換したりコレクションを購入したり、もしくは人を雇って収集させたものが大半だった。彼に雇われた人間のひとりがエドワード・シンプソンで、一八五二年から二年間、テナントのために動いた。シンプソンのおもな仕事は化石の収集で、もっぱら貨物船の脚荷（バラスト）（当時は海水ではなく砂利などをバラストとして使っていた）や砂利置き場から化石を見つけ、テナントの売り物である地質学標本の在庫を増やすことにあった。ベテラン収集家のシンプソンは長年にわたってイングランド北部で化石はもちろん、フリント製の石斧や矢じりといった遺物を集めていた。[8] ふたりのつき合いは、一八四七年か四八年にシンプソンがヨークシャーを中心に収集した化石標本をテナントのところに持ち込んだことから始まった。

が、シンプソンにはテナントの知らないもうひとつの顔があった——長きにわたって〝贋作（がんさく）づくり〟を生業にしていた男だったのだ。かなり腕の立つ贋造者だったシンプソンは、化石をはじめとして石斧や矢じりや陶器といった遺物を巧みに偽造していた。国中を巡って贋作づくりに精を出していた彼には〝フリント・ジャック〟だとか〝化石（フォッシル）のビリー〟だとか〝ガリガリ男（ボーンズ）〟だとか〝くそ野郎（シャッレス）〟だとか〝スネーク・ビリー〟だとかのあだ名がつけられていた。偽名もいくつか使っていた。この事実をテナントが知ったのは、シンプソンが自分の収集仕事をやめて、それから一〇年後にロンドンに戻ってきたときのことだった。

〝フリント・ジャック〟の手を借りてまとめられたテナントの化石コレクションには、イングランドとウェールズの各地でよく見つかる化石が全部揃っていた——二枚貝や腹足類（巻き貝）やウニの化石、そしてとりわけアンモナイトの化石が数多くあった。アンモナイトは二枚貝や腹足類と同じ軟体動物で、イカやタコやオウム貝などの頭足類のなかの菊石目に属する化石動物だ。ジェイムズ・テナントのコレクションのアンモナイトのなかに、ほかと比べてひときわ目立つ化石がある。テナントなら見破れたはずの、どこからどう見ても化石に手を加えたまがいものだ。

問題のアンモナイトは、ノース・ヨークシャーの北海に面するウィットビーにあるジュラ紀前期（リアス）の堆積層から採取されたダクティリオセラス・コミューネ（Dactylioceras commune）の見事な標

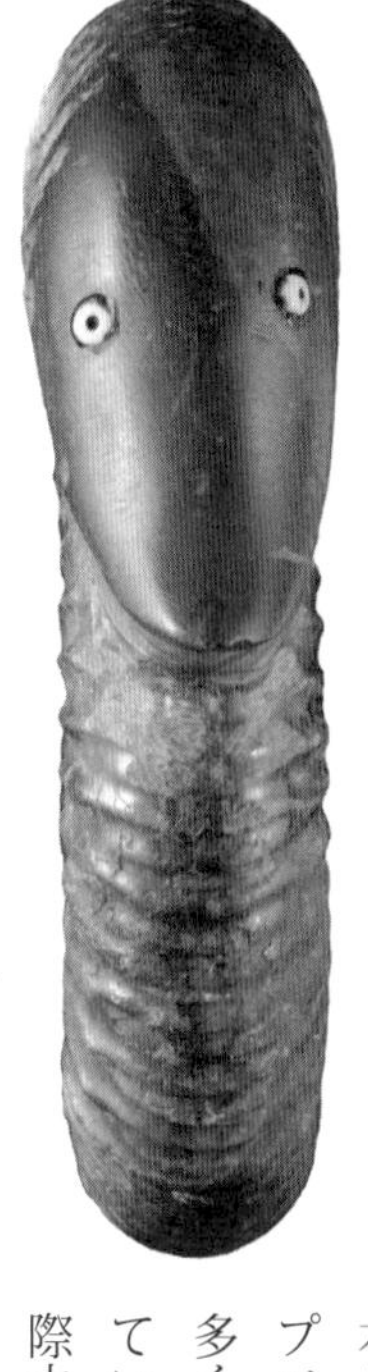
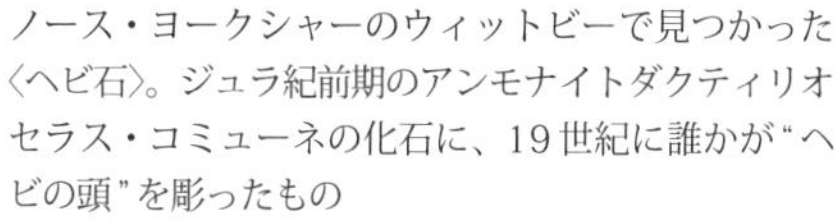
ノース・ヨークシャーのウィットビーで見つかった〈ヘビ石〉。ジュラ紀前期のアンモナイトダクティリオセラス・コミューネの化石に、19世紀に誰かが“ヘビの頭”を彫ったもの

本だ。この港町の近くの出身のシンプソンは、勝手知ったるこの化石を多く含む地層で化石を見つけて売っていた。このアンモナイトをかなり際立ったものにしているのは、きっちりと巻かれた殻の化石の片端にある、かなり精巧なヘビの頭だ。もちろん本物ではないが、それでも繊細な彫刻に仕上がっている。おそらくはフリント・ジャックことエドワード・シンプソンの手によるものだろう。が、こうやってアンモナイトの化石に手を加えて〝ヘビ石〟を作っていたのはシンプソンだけではなかった。一九世紀のイングランドでは、アンモナイトの化石を加工してヘビの頭をつけることは、わりと普通の

〝産業〟だった。人々は誘われるようにウィットビーくんだりまでやってきては、化石の伝説に金を払った。イングランドのあちこちで語られていたヘビ石の伝説は、ノース・ヨークシャーのウィットビーやサマセットのケインシャムといったアンモナイトの化石がよく採れる地と結びついている。同様の伝説はドイツ南西部にも見られる。イングランドにおけるヘビ石の最初期の記述は、一六世紀後半から一七世紀初頭にかけて活躍した歴史家で古物収集家のウィリアム・キャムデンが一五八六年に著した地誌『Britannia; or, A Chorographical Description of Great Britain and Ireland, Together with the Adjacent Islands（ブリタニア――グレート・ブリテンとアイルランド、およびそれらに近接する島々の地勢状況）』のものだ。

この地では、花冠またはとぐろを巻いたヘビに似た形状の石がよく見つかる。母なる自然が艱難辛苦の末にこの地を創造したのちに、気晴らしとして浮かれ気分でつくった石だと言う者もいる。またある者は、石の表面にへばりついたまま硬化したヘビだと信じている。聖ヒルダが、その祈りの力でヘビを石に変えたものだと言う人間もいる。

さらにキャムデンはこう記している。「その地からもたらされた、とぐろを巻くヘビのような石を見たことがある。その頭は不完全ではあるが渦の外周から突き出ており、尾は中心にあった」ヘビを石に変えたとキャムデンが述べている聖ヒルダとは、六一四年に生まれ六八〇年に没した実在の人物だ。聖ヒルダには、未来を見る力とともに自分のいるウィットビー修道院に近づくヘビを石に変えてしまう力が授けられていると され、地元の人々から崇められていた。キャムデンが述べているとおり、岩のなかから見つかった段階のヘビ石は頭を欠いていた。頭がないのは、地域によっては聖カスバート（六三四頃～六七年）が切り落としたからだとされている。聖カスバートについては、ウミユリの化石と交えて本章の後半で説明する。ヴィクトリア朝時代にウィットビーを訪れた観光客たちは、聖ヒルダの御業（みわざ）の徴（しるし）を土産に求めた。であれば、ヘビ石に頭をつけたほうが喜ばれるのではないか。地元民のなかで、フリント・ジャックのような商魂たくましい人々はそう考えた。彼らはとぐろを巻いたヘビのような石の片側の端を慎重に彫った。かくしてヘビ石の伝説は地元の民間伝承にするりと入り込んでいった。

しかし時代をさらにさかのぼると、アンモナイトの化石はまったく別の見方をされていた。魔力を宿した石だとされていたのだ。大プリニウスは『博物誌』でこう述べている。「ハンモニス・コルヌ〈ハンモンの角〉はエティオピアのもっとも神聖な石のひとつで、金のような黄色をしており、雄ヒツジの角の形をしている。この石はかならず実現する夢をもたらすこと請け合いだという」[10]〈ハンモニス・コルヌ〉とは古代エジプトの神アモン（アメン）の角という意味だ。おそらくプリニウスの説を借用したのだろうが、三世紀ローマの著述家で文法家のガイウス・ユリウス・ソリヌスも金色のアンモナイトについて触れている。「ハンモニス・コルヌを頭の下に敷いて寝ると、天にも昇るような最高の夢を見せてくれるという」[11]

エチオピアはアンモナイトの名産地ではないが――金色のものであろうがなかろうが――イングランド南部などではこの化石はよく見つかる。そして殻の組織に黄鉄鉱（硫化鉄）が入り込んで結晶化したものには金属のような光沢がある。残念ながら、硫化鉄は空気にさらされると急速に分解されて、硫黄の粉末になってしまうことが多い。

アンモナイトが伝説を生み出しているのはヨーロッパとアフリカだけではない。ネパールのヒマラヤ山脈の標高の高い土地でも、急流にさらされつづけている岩からアンモナイトの化石が見つかることがある。海抜何千メートルもの高所を流れるカリ・ガンダキ川の岸に露出している黒くて硬い石灰岩や泥岩は、一億五〇〇〇万年前に存在したテチス海という温暖で浅い海の堆積物でできている。ゴンドワナ大陸から切り離されて誕生したインド亜大陸は、五〇〇〇万年前にユーラシア大陸と衝突した。インド亜大陸はラグビーのスクラムのように不動のユーラシア大陸を押しつづけ、両大陸の境目の表面は隆起し、広大なヒマラヤ山脈となった。アンモナイトなどの生物の死骸を含んだまま硬化して岩となったテチス海の堆積物も一緒に押し上げられた。こうした化石が入った石は、ネパールでは〈サリグラム〉と呼ばれている。

サリグラムはヒンドゥー教の主神のひとりであるヴィシュヌ神の化身とされていて、〝トゥラシすなわち聖なるバジル（カミメボウキ）〟という植物と密接に関係していて、毎年〝婚礼〟の儀式が執り行われるという。社会人類学者のサー・ジェイムズ・フレーザーは一八九〇年の自著『金枝篇』で、トゥラシとアンモナイトの婚礼の模様について記している。この結婚式は、新しい果樹園の果実が食べられる前に執り行われる。儀式の最中、トゥラシを持った男が花嫁を、サリグラムを持った男が花婿の役目をする。祝祭を催す領主(ラジャ)は金に糸目をつけない。ある祝祭には一〇万人が参列したという。その行列は圧巻で、八頭の象と一二〇〇頭のラクダ、そして四〇〇〇頭の馬が先導した。最もきらびやかに飾り立てられた象は、アンモナイトの化石を運ぶという栄誉に浴した。[12]

ねじの回転

イングランド北部からスコットランド南部にかけて延びるペナイン山脈のそこかしこにある岩にも、コッツウォルズのマスタード色の石灰岩にも、西オーストラリア州のケネディ・レンジ国立公園にある紅茶色のシルト岩にも、小さな円盤が埋もれていることが多い。小人用のCDのようにも見えるその円盤は円柱状に積み重なっていることもあるが、大抵はひとつひとつばらばらになっている。円柱であろうが単独であろうが、いずれにせよ、そのうち岩が風化してぽろっと落ちる。この化石が何なのかを調べようとした一七世紀の博物学者たちは、円柱のほうを〈entrochi(エントローキ)〉と名づけた。単独の円盤のほうは、ゲオルク・アグリコラの『発掘物の本性について』に書かれているとおりに〈trochi(トローチ)〉とした。トローチとは車輪のことだ。

指の爪ほどにも小さなこの円盤の真ん中には穴があいていることが多く、それがCDというイメージを際立たせている。この謎の化石を最初に研究したのは一七世紀後半の博物学者マーティン・リスターだ。円柱のほうは茎のようにも見えるので、リスターは案にたがわず植物の化石だと推測した。同じ岩のなかから〝グルミほどの大きさの粗雑な石〟もよく見つかることを知っていたリスターは、それも同じ植物の一部だと考えた。現在は判明しているその〝植物〟の形態からして、筋の通った推論だと言える。[13]

硬い石灰質の円盤は、ウミユリという海の生き物の茎のような支持体を構成する小管という部分の化石だ。ウミユリは奇妙極まる動物だ。移動することも泳ぐこともできず、岩や貝にくっついたり、植物のように砂に根づいて生きている。小管が連なった〝茎〟の先には球形の〝頭部〟がある（これがリスターの言うところの〝グルミ〟だ）。そこから伸びる、花びらのような何本もの腕でプランクトンなどの微細な餌を捕らえて食べる。四億五〇〇〇万年前に登場して今も海に生息しているウミユリを、リスターは動物ではなく植物だと考えた。見た目がチューリップに似ている種もいるが、それでも現在はウミユリの名で広く知られている。

すべての種類のウミユリの小管が円盤のかたちをしているわけではない。小さな五芒星のかたちのものもある。ウミユリはヒトデやウニなどを含む棘皮動物の一種なので、むしろ五芒星のほうが形状的にはしっくりくる。スイスの博物学者コンラート・ゲスナーは一五六五年に刊行した『De rerum fossilium, lapidum et gemmarum maxime, figuris et similitudinibus liber（石化した物体、おもに石と貴石の形状と外見）』で、ウミユリの小管の形状は天体の影響を受けたものではないかという自説を述べ、〈Asterias separatus（アステリアス・セパラトゥス）（ばらばらになった星々）〉と名づけた。これらの化石には強力な回復力があると信じられていた。

一七世紀のイングランドで貴石および宝石を研究していたトマス・ニコルズは、一六五二年に執筆した『A Lapidary; or, The History of Pretious Stones（宝石・貴石の歴史および加工術）』でこう述べている。「星のかたちをした石はクラウン銀貨二枚の価値がある。なぜならば敵に打ち勝つ力をもたらし、卒中の特効薬にもなるからだ。さらには虫の発生を防ぐこともできる」[14] まさしく万能薬だ。

ウミユリの円盤状の化石は、中世ドイツでは多種多彩な名前で呼ばれていた。低ザクセン地方では〈Sonnenräder（ゾネンレーダー）（太陽の歯

シュロップシャー州マッチ・ウェンロックの石灰岩層で見つかった、4億5000万年前のシルリア紀のウミユリの化石。小管が連なった茎とチューリップの花のような萼（がく）が確認できる

車)〉と呼ばれていた一方、チューリンゲンとヘッセンでは〈Bonifatinspfennige（ボニファティンズ・フィナジ）（聖ボニファティウスの金貨)〉と呼ばれ、ドイツの守護聖人である聖ボニファティウスが異教徒の金貨を石に変えたものだと信じられていた。別の地方では〈Hexengeld（ヘクセンゲルト）（魔女の金貨)〉とも呼ばれていた。[15]

　中世イングランドの人々の眼には数珠（ロザリオ）と映ったらしい。マーティン・リスターは〈聖カスバートのロザリオ〉として知られていると書いているが、これはおそらくジョン・レイからの引用だろう。一六七一年にイングランド北東端のノーサンバーランドを訪れたレイはこう記している。「ホーリー島に渡り……町の下にある浜辺で〈聖カ

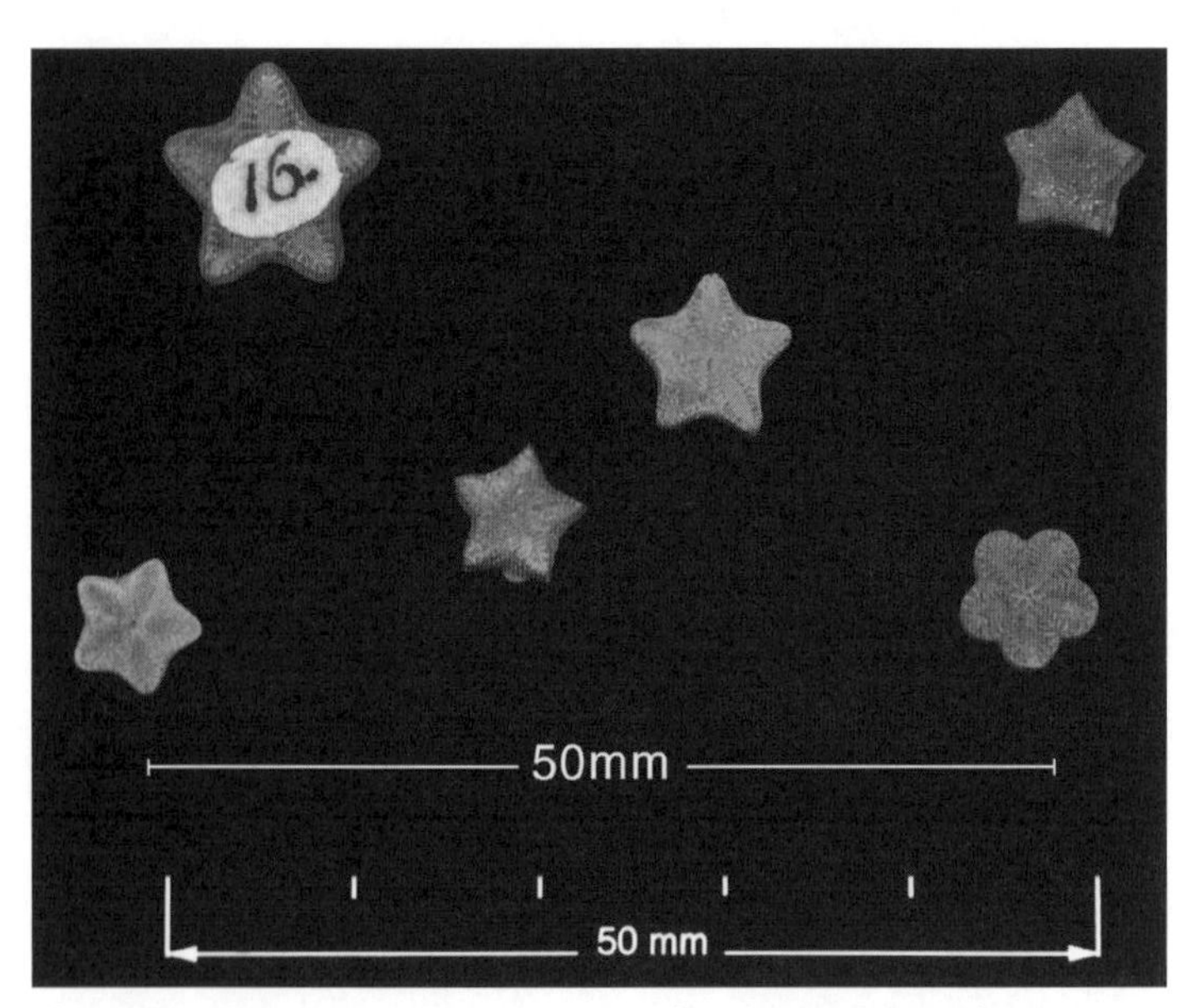

ジョン・ウッドワードのコレクションにある、一般には“星の石”として知られているウミユリの小管の化石

スバートのロザリオ〉なるものを採集した。これは〈エントローキ〉以外の何ものでもない」[16]
聖カスバートは個人崇拝の対象とされていた聖人だ。六八五年からわずか一年のみ、ホーリー島にあったリンディスファーン修道院の院長を務めた聖カスバートは厳粛で高潔な人物として知られていた。[17]二〇〇年後にこの島を襲撃したヴァイキングたちは修道院を破壊し、聖カスバートの遺骸を持ち去ってしまった。遺骸を持ち去った理由は、おそらく古物収集家のフランシス・グロースが一七八三年の著書で述べた通りなのだろう。「俗信によれば、聖カスバートは夜になるとしばしばあちらこちらに姿を現し、ある岩に腰かけて別の岩を金床代わりにしてロザリオを鍛造するという」[18]この伝説を不朽のものにしたのが、サー・ウォルター・スコットが一八〇八年に世に出した叙事詩『マーミオン』だ。

しかし聖ヒルダの尼僧達は
リンディスファーンの近くの岩の上に座り、
聖カスバートが、自分にちなんだ数珠球を、
海の石から、せっせと作っているという話は
本当かと聞いた。
ウィットビーの漁師達はそのような話を口にし、
彼の姿を見ることも、彼が金床を打つ、

その響きを聞くこともできると言う。
嵐が近づき、夜の帳（とばり）が下りる頃にだけ、
こもったような響きが聞こえ、
巨大でおぼろげな人影が見えるとのことだった。
だが、これは当てにはならぬ噂話の類いとして、
リンディスファーンの尼僧達は一笑に付した。[19]

聖カスバートが取り仕切っていたリンディスファーン修道院から五三〇キロほど南に下ったケント州のキングストンに、ある女性が葬られていた。その女性がいつ亡くなったのかはわからないが、聖職者で古物収集家のブライアン・フォーセットが一七七一年七月二六日にその墓を掘り起こすと、七世紀のサクソン人社会でそれなりに高い地位にあった人物だということが副葬品から判明した。この墓は、フォーセットが一七六七年から七三年にかけて発掘した三〇〇基以上の墓のひとつで、第１２４墳墓とされている。[20] フォーセットは、イングランド南部の石灰岩に富む緩やかな丘陵地帯（ダウンランド）の随所にある埋葬塚（バーロウ）を一八世紀に発掘した〝塚掘り（バーロウ・ディガー）〟たちのひとりだった。フォーセットは細心の注意を払って発掘にあたった。掘り出した遺骸と一緒に見つかったものは、たとえそれが取るに足らないようなものであっても詳細に記録した。[21] 副葬品がなかった場合は〝なし〟とだけ記した。

フォーセットの最大の発掘品は、〈キングストン・ブローチ〉と名づけられた、ザクロ石（ガーネット）と

トルコ石(ターコイズ)をちりばめた金線細工のアングロ・サクソン時代の宝飾品の数々だ。第124墳墓に葬られていた女性に施されていた装飾は壮麗と言うほどではなかったが、それでも十数個の紫水晶(アメジスト)が連なった耳飾りやガーネットが嵌め込まれた金のネックレス、銀の指輪と十字架といった見事な宝飾品が出土した。女性の足元には木箱が置かれていた。往時は底面が一四センチ四方ほどの大きさだったのだろうが、発掘したときにはあらかた朽ちていた。箱の中身は、生前の彼女にとって大きな意味を持っていたと思われる品々が入っていた——象牙でできた大きな櫛(くし)、真鍮(しんちゅう)のブレスレット、羊の骨の房飾りのついた銀のブレスレット、タカラガイの貝殻、ナイフ、ハサミなどだ。そうした名残の品々のなかにあってかなり異質なものも見つかった。その奇妙なもののことをフォーセットは〝博物学者たちが〈ねじ(スクリュー)〉と呼んでいる化石の一片〟と記している。[22]

フォーセットが自身の発掘の成果を本としてまとめる二四年前、ジョン・ウッドワードの化石コレクションの——現在はケンブリッジ大学のセジウィック地球科学博物館に保管されている化石コレクション——目録が出版された。[23]この本は当時の化石好きのあいだで人気を博した。そのなかに収められた何千点もの化石標本のなかに、ウッドワードが〈ねじ石〉や、ただ単に〈ねじ〉と名づけたものがある。おもにダービーシャーで採集された十数個のその標本は、ウミユリの〝茎〟の空洞部分が化石化したものだ。ウミユリの〝茎〟の小管は、程度の差はあれどほとんど中空になっている。ウミユリが死ぬと、その中空部分に細かい沈殿物が入り込むことがある。沈殿物が固まり、カルシウムでできた茎の部分が融解してしまうと、中空部分だけが残る。それが総じてねじのかたちをしているので〈ねじ石〉と名づけられたのだ。

第124墳墓に葬られた女性の副葬品のなかにウミユリの化石があったという事実は、この化石が生前の彼女にとって大きな意味を持っていたことを示唆する。このキングストンの女性からさらに何千年もさかのぼった時代の墓からは、遺骸や火葬された遺骨と一緒にウミユリの化石が（それ以外の化石も）よく見つかっている。それが当たり前だったのだろう。明らかに人間は、はるか太古の昔から嬉々として化石収集にいそしんでいたのだ。そして化石を死後の世界に持っていこうとした人々もいた。ほかのサクソン人の墳墓からは、ねじ石だけでなくウミユリの茎の小管そのものの化石が見つかっている。[24] さらに時代が古くなると、墳墓は化石の貯蔵庫の様相を呈する。サマセット州にある石灰岩の丘陵地帯メンディップ・ヒルズのタイングスで見つかった、青銅器時代のものを再利用した紀元前一世紀中頃の鉄器時代の墳墓からは、二〇〇個のウミユリの茎の小管の化石が入った骨壺が出土した。そのひとつひとつを調べてみたところ、ロザリオとして使われた形跡は見られなかった。[25] メンディップ・ヒルズの青銅器時代の火葬埋葬地からは、火葬された遺骸と一緒にさらに多くのウミユリの茎の小管の化石が発見された。[26] これはグレートブリテン島の青銅器文化であるウェセックス文化（紀元前二〇〇〇～前一四〇〇年）の墳墓に広く見られる特徴だ。おそらく連ねてブレスレットやネックレスにしていたのだろう。穴をあけた黒色頁岩（けつがん）の小片を一五〇個連ねたなかに、ウミユリの茎の小管の化石がひとつだけ入っているネックレスも見つかっている。

イングランド南部では、さらに古い五〇〇〇年前の新石器時代の墳墓からもウミユリの化石が大量に見つかっている。フランス南西部オートガロンヌ県のオーリニャック村で見つかった新石器時代の墓からもウミユリの茎の破片の化石が見つかっており、アルジェリアの同時代の墓からも出土している。[27] メンディップ・ヒルズでは、さらに古い墓から見つかっている——この地にある、チーズで有名なチェダー渓谷のゴフ洞窟では、一万二〇〇〇年前の堆積物から茎の化石が見つかっている。さらに時計を巻き戻し、中石器時代の狩猟採集の世界を見てみよう。この時代の人々は北ヨーロッパをうろつきまわり、氷河の増減に応じて北上と南下を繰り返していた。そうした人々のなかには、茎の断面が五芒星のかたちになっているゴカクウミユリ（Pentacrinites）というジュラ紀のウミユリの化石に魅せられた者たちがいた。フランス中南部ドルドーニュ地方のマドレーヌ文化（一万七〇〇〇～一万二〇〇〇年前）の遺跡からは、この多分に装飾的な化石が見つかっている。[28] 三万五〇〇〇から一万年前の後期旧石器時代にマンモスを狩って北ヨーロッパを移動していた人々もウミユリの化石を好んだ。チェコ共和国のドルニー・ヴィエストニツェ遺跡からは、墓だけでなく住居跡から出土している。管状のものも星状のものもビーズとして使われていたと見られる。

三万年近くも昔の太古の人々がこれらの化石を収集し、それで身を飾っていたという事実は刮目に値する。しかしその驚きも、ヨルダン渓谷の遺跡で発見された二個のウミユリの化石と比べると色あせて見える。何しろその化石は、見た目はわたしたちとは大きく異なる、七〇万年以上前に暮らしていた別の種の〝ホモ〟が収集したものなのだから。しかもその〝ホモ〟も化石収集を好み、おそらくは装身具として使っていたと思われる。

古びたビーズ

死海地溝帯の北部、イスラエルを流れるヨルダン川の急峻な斜面に、八〇万年から七〇万年前にかけてのこの地の様子を記録している堆積層がある。それだけではない。現在とはまったく異なる世界を生きていた、現代を生きるわたしたちの祖先たちの物語も堆積層は保存している。そのわたしたちの祖先はホモ・エレクトゥスと呼ばれていて、洞窟に暮らす知能の低い毛むくじゃらの人々だとされている。しかしここの堆積層には彼らが構造化された複雑な社会を構築し、環境をコントロールし利用する術に長けていたことを示す証拠が残っている。ゲシャー・ベノット・ヤーコヴと呼ばれるこの遺跡を詳細に調べた結果、ホモ・エレクトゥスが七八万年前に火を使っていた形跡と、彼らが食べた魚や木の実、そして狩りの獲物の残存物が見つかった。[29] 彼らが石を巧みに加工して手斧や包丁、皮剝ぎ用のナイフ(スクレイパー)、ハンマーといった石器を作っていた証拠も出土している。その素材の玄武岩と燧石(フリント)と石灰岩はほかの場所で採取されたものだった。

この遺跡を長きにわたって研究してきたヘブライ大学の古人類学者ナアマ・ゴレン・インバー率いる研究チームが発掘した何千点もの石器のなかに、二個の小さな化石があった。おびただしい数の多種多彩な石器のなかにあっては見過ごされてもおかしくないこの小粒な化石は、真ん中に穴のあいたウミユリの小管の化石だった。直径はふたつとも四ミリ足らずで、摩耗した痕があった。問題は、この化石はもともとここの堆積層にあったものなのか、それとも玄武岩やフリントや石灰岩を大量に採取した人々が持ってきたものなのか、という点だ。石器を作っていたほかの〝ホモ〟同様に、ホモ・エレクトゥスも石のことをよく知っていたし、どの石が一番使い勝手のいい石器になるのかもわかっていた。ひょっとしたら、そうした石を探している最中に穴のあいたふたつの円盤を見つけ、これも持って帰ろうということにしたのだろうか？

ウミユリの化石を内包するジュラ紀と白亜紀の岩石がある場所は、ゲシャー・ベノット・ヤーコヴから一番近いところでも二五キロも離れている。ゴレン・インバー博士らが地形学の観点から綿密に分析したところ、川などの自然の力で運ばれてきた可能性は低いことがわかった[30]。つまり誰かの手によって持ち込まれたということだ。であればその理由は？　前述したとおり、時代を下った旧石器時代の人々は、おそらく身を飾るビーズにするためにウミユリの化石を収集していた。ウミユリの円盤状の小管の化石の真ん中には最初から穴があいているので、装飾用のビーズとしてはうってつけだ[31]。ゲシャー・ベノット・ヤーコヴで見つかったウミユリの化石の〝ビーズ〟には摩耗痕があった。それが自然に侵食されてできたものなのか、それともビーズにして連ねたときにこすれ合ってできたものなのかはわからない。

果たしてヨルダン渓谷に暮らしていたホモ・エレクトゥスたちは、ウミユリの化石をビーズにして自らを美しく飾っていたのだろうか。その答えは、さらなる証拠を見つけなければ得られないだろう。この問題に決着がつくまでは、わたしたちの遠い祖先たちは、これまで信じられていたほど原始的ではなかったという蠱惑的(こわくてき)な可能性は生きている。この〝古びたビーズ〟は、もしかしたら美的意識の萌芽を示すものなのかもしれない。

4章　化石のファッション化

燧石製の石器が二点ある。大きさといい形状といい、どちらも親指を欠いた手に似ている。一方は四〇万年前に丹念に作られたもので、もう一方はそこから時代を下った三〇万年前のものだ。どちらも美しい逸品で、作った人々もそう感じていたのかもしれない。同時にどちらも極めて有用な道具でもある。石を打ち砕いて作った刃は剃刀のように鋭く、獣肉や植物の根、さらには骨まで切ることができる。しかしはるか遠い昔に作られた無数の石器のなかにあって、このふたつの石器は際立って特別な存在だ。なぜならどちらの表面にも、眼を瞠るほど美しい化石が鎮座しているからだ。

時代を先取る好奇心

一六七三年一二月のロンドンは寒く、氷のように冷たい砂利を漁るには向いてない日和が続いていた。それでも同月一一日、バトルブリッジ（現在のキングスクロス）にある〈ブラック・メアリーの穴〉と呼ばれていた井戸の向かい側にある砂利採取場にジョン・コニャーズはいた。薬店主で古物収集家のコニャーズは砂利をほじくり返し、増えるばかりの古物コレクションをさらに増やそうとしていた。凍てつくその日、コニャーズは黄金を掘り当てた。ありていに言えば、いくつかの骨と奇妙なフリント石器を見つけた。

コニャーズはフリート・ストリートから脇にそれたシュー・レーンに店を構えていた。二五年近くにわたって自らが調合した薬を医師たちに処方していたが、医業に身を投じることはなかった。[1] そして頭のてっぺんから足の爪先まで善人だと評判の人物でもあった。一六六五年から六六年にかけてロンドンで猖獗（しょうけつ）を極めたペスト禍では、薬剤師と医師の大半は沈みかけた船から逃げるネズミよろしくロンドンを見捨てたが、コニャーズは市（まち）に留まりつづけた数少ないひとりだった。

そんなコニャーズが最も心血を注いでいたのは実入りのいい薬業ではなく、ロンドン中を巡って〝エジプトやユダヤ、ギリシア、ローマ、ブリテン、ザクセン、デンマーク……そうした国々の神像や偶像、護符、魔除け、古（いにしえ）の骨壺、メダル、コイン、そして盾などの武具〟といった古物を漁ることだった。[2] 一六七三年当時、ロンドン中心部では一六六六年の大火からの復興事業が進行していた。建築家のクリストファー・レンと万能博物学者のロバート・フックが取り仕切る大規模な再建工事のうちに、この地に人々が定着するようになった時代の名残が数多く発見され、コニャーズのような古物収集家たちに大きな収穫をもたらした。一二月の凍える朝、かつての川の跡と思しき砂利採取場を掘り返していたコニャーズは、砂利のなかから出てきたものにまちがいなく大いに驚き、快哉を叫んだはずだが、それはむしろ望外の発見だった。慧眼（けいがん）の持ち主であるコニャーズは、巨大な骨ではなくゾウの歯だと見抜いた。しかしどうしてゾウの名残が今のロンドンにある？　そう思ったにちがいない。

　これはグレートブリテン島を侵略したローマ人たちが連れてきたゾウの歯だ。コニャーズはそう判断した。しかし実際は、真っすぐな牙が特徴のストレートタスクゾウ、パレオロクソドン・アンティクゥス（Palaeoloxodon antiquus）のものだと思われる。この絶滅したゾウは七八万年から五万年前にかけて、グレートブリテン島を含むヨーロッパ全土に生息していた。コニャーズはもちろん一七世紀の博物学者や古物収集家たちは、ゾウのような南国の動物が太古のグレートブリテン島の寒くてじめじめした草地を闊歩していたことなど知る由もなかった。

が、コニャーズが見つけたのはゾウの歯だけではなかった。

　運河の対岸にある〈ブラック・メアリーの穴〉でゾウの骨と歯を見つけた。そこではクラウディウス帝の昔から砂利が大量に採取されている……それらのゾウは船着き場で屠（ほふ）られたものと思われる……しかしゾウの歯と一緒に、フリントを精巧に細工した武器も見つかった……その武器はシュー・レーンにある我が家にある。[3]

この〝精巧に細工した〟一片のフリントは大きな涙の雫（しずく）のようなかたちで、一二月の凍える朝には凍っているように感じられたことだろう。無数の小石や玉石のなかにまぎれていたこのフリントが、川の浸食でたまたまこんなかたちになったものではなく、はるか昔の人々がそれなりに正確な技術を駆使して加工した〝武器〟だということに最初に気づいたのはコニャーズなのかもしれない。この涙滴形（るいてきがた）のフリントを古代の人々が作った石器だとしたコニャーズの判断は古物収集家たちの眼を開かせ、それが前期旧石器時代を特徴づける石器の発見に結びついた。一九世紀後半に北フランスのサンタシュール遺跡で発見されたことから名づけられた〈アシュール・ハンドアックス（手斧）〉は、人間の認知能力の進化における最大の進歩を示している。この手斧は人間が対称性を認識し、さらには収集してきたいびつな形状の石を加工し、美的意識を満足させる、左右対称の使い勝手のいい石器を作る能力を獲得したことを示す証拠でもある。芸術を愛する心の萌芽と見ることもできるかもしれない。〈アシュール・ハンドアックス〉はまた、前期旧石器時代の人々が以前にも増して効果的に動物を殺すことができるようになったことを示している。

　わたしたちの祖先であるホモ・エレクトゥスとホモ・ハイデルベルゲンシスが一〇〇万年以上にわたって作ってきた道具は、基本的に〈アシュール・ハンドアックス〉のみだった。この手斧は動物と植物の両方を切ったり刻んだり、スライスしたり削いだりと、実にさまざまな用途に使われていたことから、旧石器時代の〝スイスアーミーナイフ〟とも呼ばれている。わたしたちの祖先はこの手斧で大型獣と小型獣を狩り、捌（さば）き、皮を剝いだ。小型の樹木なら切り倒すことができたし、食用になる根を掘り起こすこともできた。ヨーロッパに最初にもたらされたのは七五万年ほど前のことで、偶然かどうかはわからないが、この地にストレートタスクゾウが出現した時期と重なる。〈アシュール・ハンドアックス〉のような石器の製作には、技術とともに計画性と先見性も求められた。肝心なのは適切な石を選ぶことだ。当然ながら硬くて、砕くと鋭い刃ができる石でなければならない。フリントが望ましいが、玄武岩のような火成岩や硬い石灰岩も適している。そうした石の両側をハンマーストーンで慎重かつ正確にコツコツと削っていく。削り出された小さくて薄い断片もガラスの破片のように鋭いのでナイフにする。涙滴形の手斧にする場合は、片端を一方よりも多く叩いて尖らせる。最後の仕上げには石ではなく硬い骨を使った。こうした石器作りの技術を次世代に伝えるために、初期の〝ホモ〟たちは複雑なコミュニケーションスキルと言語のようなものを発達させてきたと言われている。

何千個もの石器が見つかったケント州のスワンズコム遺跡のように、産業と言っていいほどの規模で石器を製造していた場所もあった。そして石器に適した石を探すわたしたちの祖先たちの眼は、時たま石の表面に見つかる何かに興味をそそられ、その石を好んで石器にしていたようだ。その何かとは化石だ。

歴史をさかのぼればさかのぼるほど、人類はより化石に慣れ親しんでいたように思える。その理由は単純だ。わたしたちの祖先たちは多くの時間を費やし、危険に満ちた世界を生き抜くために必要な道具になる石を探していたからだ。こうした古の人々がどれほど化石について知っていたのかは、彼らがうろついていた場所によって大きく変わってくる。金属製の道具が登場する以前、狩りで獲物を仕留めて捌いたり、料理をしたり衣服を作ったりする際には骨や木でできた道具が用いられることもあったが、やはり何と言っても主役は石器だった。石はほとんどの用途に最適で、とくにフリントは使い勝手が一番よかった。そしてフリントからは化石が出てくる。角岩の一種であるフリントは白亜紀の石灰層によく見られる。この石灰層があるグレートブリテン島南部から東部にかけてとヨーロッパ大陸北部の一部では、狩人たちが石器を作る石と言えばフリントだった。実際、これらの地域でフリントはごく普通に転がっている。非常に硬いフリントを砕けば、骨と肉を簡単に切ることができるほど鋭利な刃ができる。フリントは白亜質の堆積層がある土地だけでなく、何千万年ものあいだに風雨に容赦なくさらされて風化し、川の浸食によってもともとの堆積層から遠く離れた地で砂利となったり氷河の底に溜まったりした。

フリントが元々は何だったのかと言えば、それは驚くべきことに動物だ。動物と言っても、ありていに言えばスポンジだ。ケーキに使うスポンジではない。風呂で体を洗うときに使う、海の底にへばりついている生気のない灌木のような海綿のことだ。海綿は奇妙極まる生き物で、六億年になんなんとするその進化の過程で後生動物に先んじていた。海綿は基本的に海水を吸い込んでは吐き出し、〝ざる〟のような内部構造にかかったわずかばかりのプランクトンを食べて生きている。地質学的過去には、二酸化ケイ素を豊富に含んだ川水が海に流れ出ていた時代があった。別の時代では、シリカを豊富に含む火山性マグマが大量に噴出した。シリカでできた微細な針で構成される内部骨格を持つ海綿にとって、こうしたシリカに富む環境は天の恵みだった。

七〇〇〇万年前の白亜紀の海底で森のように群生していた海綿が、時代を下って五〇万年ほど昔の古代の時代を生きた人々の手のひらに収まっていたフリント製の〈アシュール・ハンドアックス〉になった。これは少々不思議な巡り合わせと言えるのではないだろうか。海生生物がほ乳類を殺せるほど硬い武器に変わるためには、ある特定の状況が必要だった。小さな針でできている海綿の内部骨格は〈オパールA〉という水和シリカでできている。海綿が死ぬと、この針は時を経るにつれて融解してゲル状になり、海底の白亜質の泥に染み込んでいく。泥の内部は深度が増すにつれて酸素濃度が減少し、やがては嫌気性の環境になる（有酸素状態と無酸素状態の境目は酸化還元境界と呼ばれている）。この嫌気性微生物の世界まで染み込むと、ゲル状のオパールAは硬化してフリントとなるのだ。

白亜質の堆積物に含まれていた生物の遺骸の多くは化石化してフリントになった。貝殻を粘土に押しつけると、そのかたちどおりにへこむ。フリントの団塊（ノジュール）には、表面に二枚貝やヒトデや腕足類やウニが押しつけられたような模様があるものが多く見つかる。ウニの場合、死ぬと殻の内側は腐って空洞になるので元の形状のまま化石になるものが多い。実際には内部にゲル状のシリカが入り込んで硬化したのだ。殻はそのうち溶けてなくなり、内側に満ちたシリカがフリントの化石となる。形状は丸形だったりハート形だったりとさまざまだが、どんなかたちのものでも五芒星の模様がついている。

化石を含んだフリントはごく普通に転がっている。石器用の石探しに生活時間の大半を費やしていれば、当然ながらたくさんの化石が見つかる。そしてわたしたちの祖先たちは、石器を作るなら見目麗しい化石が浮き出ている石のほうがずっといいと考えるようになったのだろう。

イングランド北西部マージーサイド州、リヴァプール近郊にあるブートルの町の路面電車の元車庫の戸棚に、非常に珍しいフリント製石器が収められた小箱がしまわれている。この車庫は現在リヴァプール博物館の保管庫となっていて、路面電車ではなく考古学上の宝物を積んだ台車が出入りしている。手のひらにすっぽりと収まるサイズのそのフリントは、どう見ても〝ただの〟〈アシュール・ハンドアックス〉だ。南に遠く離れたケント州のスワンズコム遺跡から出土したこの石器は、一八八〇年の発掘開始から六万点ほども見つかった、約四〇万年前に作られた石器のひとつだ。しかしこの石器はふたつの点でほかとは異なる。一点目は、削られているのはもっぱら片面のみだというところだ。前述したとおり、両側を均等に削って作るという〈アシュール・ハンドアックス〉の製作法に照らし合わせると極めて特異なことだ。そして二点目は、表面に見目麗しい五芒星がはっきりと浮き出ているところだ。[4] この模様は太古の昔を生きた元々の持ち主が細心の注意を払って彫ったものではない。約七〇〇〇万年前に死んで白亜質の泥のなかにゆっくりと埋もれてフリントと化したコヌルス（Conulus）という絶滅したウニの裏側の模様なのだ。

化石があったからこのフリントを石器に加工したのかどうかを確かめるためには、四〇万年前の時代に生きていた製作者たちの心のなかに潜り込むしかない。どこからどう見ても難しい作業だ。しかし彼らが作ったものから、その思考プロセスを導き出すことはできる。石器を作った方法が、彼らが何を考えていたのかを知る手がかりとなるのだ。

ごつごつとしたフリントを見つけた。拾い上げて手に取ってみて、ちゃんと使える石器になるかどうか考えてみる（この時点で化石の存在に気づいていなかったとは思えない）。そのフリントの片側の表面は黒いガラスのようにすべすべしていて、反対側の化石が見えている面は逆に風化が進んでごわごわの茶色だ。つまり大きな塊から剝がれ落ちたものだということだ。化石のない〝黒い〟側はさらに丹念に削られ、わりと普通の〈アシュー

コヌルスという絶滅したウニの化石がある、前期旧石器時代の〈アシュール・ハンドアックス〉。ケント州スワンズコム遺跡から出土

ル・ハンドアックス〉のようになる。片側に化石があるのは単なる偶然だったのかもしれないし、そうではなかったのかもしれない。

別の物語も考え得る。そのフリントが拾い上げられたのは、表面にある五芒星の模様が眼を惹いたからだ。見つけた古代人は、〝これは何だ？〟と疑問を抱き、その正体を探るという認知能力を有していたのだろうか？　この模様は彼らの眼にはどう映ったのだろうか？　五本の線で表現した人間のかたちだろうか？　それとももしかしたら、星の模様の服を着たり星形のアクセサリーで身を飾ったりする現代人のように、こんなおしゃれな模様のある手斧を持っていれば〝イケてる〟と思ったのかもしれない。いずれにせよ、彼らがそのフリントで石器を作ったのは化石があったからなのだろう。なかったら手にも取らなかったかもしれない。どうやらこの石器を作ったホモ・ハイデルベルゲンシスは、ファッションセンスを持ち合わせた最初期の化石コレクターだったみたいだ。

この石器の化石が含まれる面の右側は全部削られている。一方、左側で削られているのは先端部分だけだ。化石の一部が欠けていることから、左側を削る手はそこで止まったのかもしれない。このまま削りつづければ化石はどんどん損なわれてしまうと判断したのだろうか？　だから左側を削らなかったのだろうか？　人間の進化のこの段階で言語能力を有していたとしたら、化石を傷つけてしまったときに発した言葉は「くそっ！　やっちまった」という意味だったとするのは荒唐無稽だろうか？　この石器を作った人物は、一回一回じっくり考えたうえで慎重に削っていって、最後の一手で自分が何をしてしまったのかをしっかりわかっていたのではないだろうか――これは、この不思議な手斧を実際に手に取ってみたときにふと心に浮かんだ自説に過ぎない。持ってみればわかるのだが、この手斧ほど手にぴったりと収まる石器はない。削らずに風化した表面のままになっている部分は握り手として申し分ない。そして化石が欠けてぎざぎざになっている部分には、握ったときに親指の先が都合よくぴったりと収まる（デザイン的にもいいかもしれない）。そうなるように作りたかったのだろうか？ この石器を使うときはずっと化石に触れていたいから、こんな作りにしたのだろうか？ 化石が欠けた部分に親指の先を当てて握ると、この手斧は手の延長になり、何かを切り刻んだり叩き切ったりするのにうってつけの道具になる。これを作った人物は化石を珍重していたようだ。ツキを呼び込むものと考えていたのかもしれないし、それよりも強力な魔力を持っていると考えていたのかもしれない。しかしこの仮説は、わたしたちの遠い遠い祖先が理性と先見性、そして運命という概念を認識する能力を持ち合わせていなければ成り立たない。

当然ながら、無数に出土している石器の一点だけを取り上げ、原初の人類の能力や傾向について説得力のある議論を展開することなどできるはずもない。早合点は禁物だ。が、化石が含まれる石器はこれだけではない。ケンブリッジ大学の考古学・人類学博物館にもあるのだ。しかも見かけは〝正統派〟の〈アシュール・ハンドアックス〉だ。それは所蔵庫の戸棚に人知れずしまわれているのではなく、改装された陳列棚に誇らしげに鎮座している。イングランド東部ノーフォーク州のウェスト・トフツで出土したいくつかの手斧のなかのひとつで、時代は不詳だが、おそらく四〇万年前か二五万年前の間氷期に作られたものと見られる。いずれにせよかなり古いもので、ホモ・ハイデルベルゲンシスの手によるものと思われる。この手斧を研究した学者たちは、作り手は細心の注意を払ってフリントを削り、二枚貝の化石を手斧の側面のど真ん中に目立つように配置したのだと異口同音に結論づけている。[5] おそらくウミギク属と思われるこの二枚貝の化石は、ウニの化石と同様に強い印象を放っている。表面に多くの細い畝が放射状に走っているその化石は、さながら優美な団扇のように見える。何十万年もの大昔にこの石器を作った人物は美的感覚を持ち合わせていたにちがいない。であればその人物はこの化石に魅せられ、その美を際立たせるべく慎重にフリントを削って仕上げていったと見てもおかしくない。

ウニや二枚貝の化石を組み込んだ状態の手斧が作られていたという事実は、初期の人類が化石に興味を抱き、その形状と対称性に心惹かれていたことを示している。化石は石器に何らかの力を与えると考えられていたかどうかは知りようがない。それでも化石そのものが石器に加工された例もある。

化石が含まれるフリント製石器がそんなに大切なものなのだとしたら、化石をそのまま石器にしたものはそれ以上の価値があるということになる。つまり余計な石など一切ついていない、化石のみでできた道具ということだ。それはその化石が、持ち主の眼にはほかとはちがうものとして映っていたということではないだろうか。もしかしたらほかの人々もその化石を欲しがっていたのかもしれないし、逆に恐れていたのかもしれない。

パリ北方のオアーズ県ボーヴェ市のサン゠ジュスト・デ・マレの川砂利のなかから発見されたア

ウミギク属の二枚貝の化石が中央に配された、前期旧石器時代の〈アシュール・ハンドアックス〉。ノーフォーク州ウェスト・トフツ出土

シュール文化の遺物のなかにウニの化石があった。その化石には明らかに手が加えられた形跡があった。後期白亜紀に生息していたミクラステル（Micraster）というハート形のウニの化石で、外周全体が念入りに削られている。[6] これはわたしたちの祖先、おそらくホモ・ハイデルベルゲンシスの手によって鋭い刃がぐるりとつけられた、一見したところ切り刻んだり薄く切ったり皮を剝いだりであるとか、幅広い用途に使える万能道具のようにも思える石器だ。たしかにこの化石は手のひらにすっぽりと収まり、使い勝手はよさそうだ。しかし本当に実用重視の道具だったのだろうか？というのも、しっかりと握ると歯の部分が手のひらに食い込むからだ。どんな使われ方をされていたとしても、この化石が使い勝手に優れる道具だったとは到底思えない。ホモ・ハイデルベルゲンシスに想像力があり、その力がそれぞれの化石に固有の力を授けていたのだとしたら、このウニの化石には最強の力が宿っていたにちがいない。その滑らかで丸みを帯びた表面には、ウニの脚にあたる管足が出ている場所の歩帯が放射状に五本あり、それが星のかたちに見えるからだ。この石器を作ったのが誰であれ、たっぷりと時間をかけて化石を入念に削って〝観念としての石器〟にしたのは明らかだ。つまりこの石器は、わかりやすい実用本位なものというよりも美的想像力を表現したものなのかもしれないということだ。

時をほんの少しだけ早送りして、後期旧石器時代が始まった三万五〇〇〇年ほど前の様子を見てみよう。この時代にも化石を使った石器が作られていた。が、作ったのはホモ・ハイデルベルゲンシスではなく、やはり初期の人類であるホモ・ネアンデルターレンシス、つまりネアンデルタール人だ。フランス中央部、パリとリヨンの中間のヨンヌ県に〈グロッテ・ラ・ロッシュ・オ・ルー〉という洞窟がある。この洞窟は四万五〇〇〇年から四万年前にかけてこの地域にいたネアンデルタール人の石器製造所で、シャテルペロン文化型と呼ばれる石器が作られていたと考えられている。この文化の石器は以前のアシュール文化のものとは著しく異なる。ネアンデルタール人たちは左右対称性から脱却して、片側は鋭利な刃、もう片側は滑らかで平らな表面という、まぎれもない非対称性に走ったのだ。この作りだと、使っているときに自分の親指を切ることはなくなる。

〈グロット・ドゥ・ラ・ロッシュ・オ・ルー〉はジュラ紀の石灰岩地帯の只中にあるのだが、出土した石器のなかには後期白亜紀の石灰層由来のフリントで作られたものも多い。しかし直近にある白亜紀の堆積層の露出部は、洞窟から少なくとも三〇キロは離れている。つまり材料のフリントはそこから運ばれてきたということだ。そうした石器のなかに、サン＝ジュスト・デ・マレで出土したウニの化石の石器を彷彿とさせるものがある。これもまたミクラステルの化石を丸々加工した石器だが、ある一点でサン＝ジュスト・デ・マレのものとは大きく異なる――外周部すべてに刃がついているわけではないのだ。削られているのは外周の半分ほどで、星のかたちをなしている五本の歩帯のうち二本が削り取られている。つまりシャテルペロン文化の色合いが濃いということだ。[7]

　何十万年も離れた時代を生きていた、ふたつの異なる初期の人類たちがそれぞれ作ったウニの化石の石器に類似点が見られるということは、ハイデルベルク人もネアンデルタール人もどちらも化石を愛してやまず、前者の好奇心は後者へと伝わり、それぞれに化石への興味や関心を世代から世代へと受け継いでいったのではないかという問題を提起している。そうであるならば、化石を石器に加工する技術は、何らかの手段である〝ホモ〟から別の〝ホモ〟に伝えられたということなのだろうか？ 化石を〝観念としての石器〟にするという深遠な技術について、本当に通じ合っていたのだろうか？ それとも人類の精神進化の初期段階で化石を所有したいという単純な欲求が生じ、ハイデルベルク人もネアンデルタール人もそれぞれ別個に化石に対する好奇心を抱いていただけなのだろうか？

二枚貝、サンゴ、腕足類、三葉虫、そしてウニ……ネアンデルタール人が多種多彩な化石を収集していたことを示す証拠はごまんとある。彼らは化石を求めてあちこち探しまわり、そして多くの場合、かなり遠くにまで探しに出かけていた。後期旧石器時代を生きていたネアンデルタール人は獣（けだもの）同然の野蛮人だったと一般には信じられているが、実際には想像以上に感受性が豊かな〝ホモ〟だった。集団内の弱者を気にかけ、死者を埋葬し、化石や貝殻のビーズなどで身を飾り、基本的な芸術的表現すら創造していた。[8] 解剖学的に見ると、ネアンデルタール人の手と腕の骨の構造はわたしたちのものとほとんど変わらない。[9] 彼らは力自慢だけではなく腕自慢でもあった。なので化石などを使って装飾品や見目麗しいフリント製石器を作ることができた。こうした技術は、現生人類並みに発達していた認識能力とうまく調和していたにちがいない。

現生人類とホモ・ネアンデルターレンシスの両方に進化したと考えられているホモ・ハイデルベルゲンシスもまた化石を好んで収集した。彼らは二枚貝とウミユリとウニの化石をアシュール型石器にし、さらには海綿の化石も集めていた。フランス西部を流れるシャラント川がビスケー湾に注ぐ河口付近では、旧石器時代のフリント製石器が数多く出土していて、そのなかにもやはり化石を丹念に加工したエレガントな手斧がいくつもある。[10]使われている化石はウニのほかにも腕足類、牡蠣、ウミユリの茎などがある。

　では、わたしたち現生人類はどうだろう？　原初の祖先たちと同じぐらい創造力に富んでいるのだろうか？　もちろんそうだ。ほんの数千年前に作られた〝比較的新しい〟フリント製石器と何十万年もの昔のそれとのあいだにも、やはり密接な類似性が見られる。その形状と優雅さゆえに太古の昔から化石に魅せられてきた人類は、石器の素材としてぴったりな石を探しつつも化石を選んでいた。狩猟採集の時代が終わり新石器時代と呼ばれる時代が到来した一万年ほど前になると、当時

ミクラステルというウニの化石で飾られた新石器時代のフリント製石器。
ベルギーのカンパ・カイユ出土

の人々が化石収集の傾向を持っていたことを示す別の証拠が出てくるようになる。化石が含まれる石や化石そのものを石器にしたりするばかりではなく、収集した化石を住居や祭祀の場、そして墓のなかにも置くようになった。それでも古くからの習慣はなかなかなくならず、化石で飾られた石器に魅せられていた人々もまだ残っていた。

ベルギーのモンス市スピエンヌにあるカンパ・カイユ（小石だらけの野原という意味）という台地で、考古学的遺物収集の専門家ロラン・メリス氏が驚くほど多くのフリント製の手斧や皮剝ぎ用のナイフ（スクレイパー）を発掘した。しかもその多くに化石が堂々と鎮座しており、石器として加工されたフリントは化石の周囲にくっついているというものばかりだった。メリス氏が発掘した一〇〇個以上の化石つきの石器の四分の三ほどがウニの化石のもの、残りの四分の一は二枚貝と腕足類とベレムナイトのものだった。[11] 驚くべきことに、この地に暮らしていた新石器時代の石器作り職人たちも、祖先であるネアンデルタール人と同じようにウニの化石の周囲の一部を削った石器を作っていたのだ。化石収集の性向がある四種の〝ホモ〟のどの脳にも、ウニの化石を石器として使う方法はあらかじめプログラミングされていたように思える。

一万一〇〇〇年から一万年前にかけて地中海地域に定住し、農耕と動物の家畜化を始めた人々は、フリントのなかにない化石を見つけていた。そうした化石のなかのひとつの、ここまで紹介したものとはまったく異なる種類のウニの化石を、彼らは極めて興味深く斬新な方法で加工するようになった――その化石を使うと服を作れることに気づいたのだ。

糸を紡ぐ

かつてレヴァントと呼ばれた東地中海沿岸部の多くの地域、とくに現在のヨルダンは、化石を多く含む青白い白亜紀の石灰岩で覆われている。その元となった石灰質が堆積した約七〇〇〇万年前の温暖な海には、ヒトデやクモヒトデやウニなどの棘皮動物が豊富に生息していた。棘皮動物は体が殻で覆われているが、ヒトデやクモヒトデとはちがってウニの殻は死んでもすぐにはばらばらにならない。なので硬い殻の部分全体がそのまま化石になりやすい。先に述べたように、ウニの化石の表面にある五芒星の模様は先史時代の化石コレクターたちの心をとくに摑んで放さなかった。一万二〇〇〇年から一万年前にかけて最終氷期が終わり、地球全体の気候が上向きになっていくと、人類は狩猟採集生活から定住生活へと移行していった。人々は動物を家畜化し、食用の植物の種を蒔いて収穫した。定住集落が設けられ、死者は生者の近くに埋葬された。この頃の東地中海地域に暮らしていた人々には、食糧探し以外のことをする時間の余裕ができた。しかし彼ら新石器時代の人々も石器にする石を探さなければならず、さらには時間を作って化石、とくにウニのものを収集した。レヴァントの地の石灰岩から見つかる化石の多くは小石のように小さく、必ず五芒星の模様がある。斜面や涸れ川(ワジ)の石灰岩が侵食されると化石は露出して風化し、簡単に拾い上げることができるようになる。

新石器時代の人々もウニの化石を収集していたことを裏づける証拠は、現在のヨルダンにある最古の定住集落遺跡のいくつかで見つかっているが研究はまだされておらず、アイン・ガザル遺跡では四点出土している。[12]ベイダ遺跡からは五点見つかっている。最も多く見つかっているのはバスタ遺跡で、九九点が見つかっている。[13]ほかの新石器時代の遺跡と鉄器時代の多くの遺跡では、ミクラステルやヘテロディアデマ（Heterodiadea）やコエンホレクティプス（Coenholectypus）といった白亜紀のウニの化石が見つかっている。しかしバスタ遺跡から大量に出土したものの大半はヌクレオリテス（Nucleolites）と呼ばれるウニの化石で、この地域のほかの遺跡からはひとつも見つかっていない。九九点のうち八四点がヌクレオリテスだという点からして、この地の当時の化石コレクターたちはこの化石を集中的に集めていたと思われる。手を加えられた形跡はないが、住居の室内で見つかったり文化の存在を示すものの破片にまぎれたりしていた。この化石を集めていたのは、バスタ遺跡付近の羊飼いとフリント掘りの職人だったのかもしれない。この遺跡に暮らしていた人々がヌクレオリテスの化石を収集していた理由についてははっきりしたことはわかっていないが、近くにあるペトラ遺跡では、現在でも砂漠の民（ベドウィン）たちがこの化石を集めて土産物として売っている。そしてやはり現在でも化石はベドウィンたちにとってそれなりの象徴的な意味があり、家に置いたり持ち歩いたりしている。バスタに暮らしていた初期新石器時代の人々は、おそらくわたしたちと同じように左右対称という面白いかたちをした化石に心惹かれ、そして本能に導かれて集めて

中央に穴があけられたラキオゾマ・マーヨル（Rachiosoma major）という正形類のウニの化石。おそらく新石器時代に紡錘車として使われていたのだろう。ヨルダンのアイン・ガザル遺跡出土

いたのかもしれない。

ヨルダンにある新石器時代から鉄器時代にかけての遺跡からは、白亜紀からそこにあったのではなく、それ以前に誰かの手で収集されたことを裏づける痕跡のあるウニの化石も出土している。そうした化石もほぼすべてが、中央部に穴があけられている。[14] その穴は石でできたドーナッツのような化石の裏表両面から掘られ、その断面はどの化石のものも砂時計のかたちをしている。そして砂時計のくびれた部分が円形の化石のど真ん中にくるように、かなりの神経を使って正確にあけられている。この穴に糸を通して装身具としていたのだろうか？　その可能性はある。ところがこの穴のあいたウニの化石は身を飾るためではなく、それとはまったく異なることをするために加工されていたのだ。

ウニの化石の中心にあけた穴に短い心棒を通す。心棒の先端に繊維を撚（よ）り合わせたものをくっつけ、

心棒を回転させる。化石は回転を安定させ長続きさせる役割を果たす。回っていくうちに繊維はさらに撚り合わされて、魔法のようにどんどん伸びていく——つまり化石は心棒と合体して紡錘車（ぼうすいしゃ）になったのだ。羊や山羊を飼い慣らすようになった古（いにしえ）のレヴァントの住人たちは、動物の体毛を撚り合わせたものから布を作ることができると気づいた。紡錘車は布の製造過程になくてはならない道具になった。大抵の場合、紡錘車は粘土で作ったり石灰岩を削ったりしたものが使われていた。しかしこのあたりで大量に見つかる、小さくて円形で五芒星の模様があるウニの化石も紡錘車として使えることに人々は気づいた。かたちにしてもサイズにしても重さにしてもウニの化石はうってつけで、中心に穴をあけるだけで紡錘車になった。

こうした穴のあいたウニの化石は、ヨルダンでは新石器時代から鉄器時代にかけての遺跡で見つかっていることから、この地では八〇〇〇年ほどにわたって使われていたことがわかる。ほかの地域ではさらに長く、約四万年ものあいだ使われていた。初期段階では装身具とされていたこともあったが、大半は紡錘車として使われていた。フランスの旧石器時代からローマ時代にかけての遺跡からは一八四点が出土していて、その多くは南西部と北部、とくにシャラント川が流れるシャラント=マリティーム県で多く見つかっている。[15]グレートブリテン島では、一八四〇年代にグロスターシャー州フェアフォードのアングロ・サクソン時代の墓から出土した一点のみだ。[16]つまり新石器時代から紀元五世紀頃までは、穴をあけたウニの化石は大体において紡錘車として使われていたということだ。ただ、旧石器時代の遺跡からも穴のあいたさまざまな化石が頻繁に出土している。しかしこちらのほうの穴があけられた理由はまったく異なる――ファッションのためだ。

化石を身につける

狩猟と採集の生活を営み、化石を熱心に集めていたわたしたちの遠い祖先たちにとって、石器にして持ち歩くことは化石を安全に保管する手段のひとつだった。しかし手段はほかにもあった――身につけたのだ。判明しているかぎりでは七万年前から、わたしたち現生人類は歯や骨や彫刻を施した石、そして貝殻や植物といった実に多種多彩な素材を使ってネックレスなどの装身具を作ってきた。ネアンデルタール人たちもわたしたち以上に長い期間にわたって身を飾っていた。時代と場所を超えて広く装身具として使われてきた貝殻は、海のものと淡水のもの、そしてカタツムリなどの陸のものだけではなかった。化石の貝殻も使われていた。現に、遺跡から穴があけられたり筋が彫られたりした貝の化石が大量に出土している。化石の美しさに魅せられた太古の人々は、おそらく大切な化石を安全に保管し、運びやすくする手段のひとつとして身につけたのではないだろうか。

化石などを身につける理由は、どうやら身を美しく飾ることだけではなかったみたいだ。それが貝殻であれ歯であれ骨であれ、さまざまな天然素材を身につけることは誰にでも通じるコミュニケーションシステムのひとつだったのだと人類学者たちは主張している。[17] それぞれの身を飾る装身具のようなアイテムの登場は、人間の認知能力の進化、つまり言語を含む〝現代的行動〟の進化の過程で大きな変化が生じたことを示しているという説も唱えられている。化石のようなさまざまな形状の石を身につけることは、同じ社会集団のメンバー同士で識別し合ったり、別の社会集団と区別するうえで重要な印だったのではないかと考えられている。現代の富と地位の象徴とされる高級車や豪邸のように、その人物の集団における立場を明示する視覚的コミュニケーションの強力なツールだったということだ[18]。〝どうだ、おれの化石のほうが大きくてカッコいいだろ〟という感じだったのではないだろうか。

どんな気候であれ、寒さに体が耐えられなくなったら死ぬしかない。死なないためには何かを身にまとうしかない。何もしなければ凍え死んでしまうような気候下では、身にまとっているものの見栄えなど気にかけている余裕はない。とにかく体温を保つことができればそれでいい。着て温かければ温かいほどいい。だからと言って〝ファッション感覚〟を放棄しなければならないわけではない。ここで言うファッション感覚とは、何を着るのかではなくどうやって着るのか、ということだ。つまりは見栄えに行き着く。

約三万年前、北極海や北ヨーロッパにあった巨大な氷床が南下を開始した。それから一万年にわたって、中央ヨーロッパは氷床の仮借ない侵攻にさらされ続けた。氷に覆われていなかった平原も想像を絶する極寒の永久凍土となり、吹きすさぶ乾いた風が砂埃を巻き上げていた。樹木は温暖な南に逃げるという賢明な判断を下した。人間はどこかに移動するか、それとも順応するか選択を迫られた。大半が後者を選んだ。この極寒の地に留まることにした、いわゆる最初期の〝現生人類〟の一部は、困難な状況下にあっても生存一本槍ではない生活様式を育んだ——獲物を狩ったり食べられる植物の根を探したりするだけでなく、芸術に身を投じる時間も作ったのだ。

ますます過酷になっていく環境のなかで、人々は何とかして生き延びた。ヒト同様に極寒を耐えたオオカミやキツネ、ウサギ、ウマ、そしてマンモスといった動物たちを人々は糧（かて）とし、その皮を身にまとい、束の間の住まいの建材とした。そうした住居のなかには、狩ったマンモスの巨大な肋骨や四肢の骨を地面に突き立て、その上に顎の皮を被せた立派なものもあった。マンモスの骨は薪の代わりにもされたが、より創意に満ちた用途に使われることもあった——小さな彫像を作ったのだ。骨や牙を彫り、マンモスやクマやライオンやウマやフクロウの像を作った。人間を彫る場合は大抵は女性像だった。マンモス以外の動物の骨や皮もさまざまに使った。とくにキツネの歯は穴をあけて糸を通してネックレスやブレスレットやヘッドバンドにしたり、衣類に縫いつけたりした。であれば化石も同じ使い方をしてもいいのではないだろうか？

氷床の侵攻は二万六〇〇〇年前頃にピークに達し、地球は最極寒の最終氷期極大期に突入していった。その前後で人間の物質的文化には変化が見られる。学者という人種は研究対象をさまざまに分類したがるものだ。考古学者も例外ではなく、太古の人間の道具や文化の存在を示す加工品が一定の特徴のあるものから別の特徴のものに変化した時期に応じてさまざまな名前をつけてきた。最終氷期極大期以前の四万三〇〇〇年から三万三〇〇〇年前の時代に独特の文化はオーリニャック文化と名づけられた。この豊かな文化のおもな担い手だった初期の現生人類たちは独自のフリント製石器を作り、動物の骨や角も道具として使っていた。フランスのラスコーやショーヴェのような最初期の洞窟壁画も残した。そして象牙を加工し、人間やマンモスやウマやライオンの彫像も作った。さらには、ハゲワシやハクチョウの繊細な翼の骨を細心の注意を払って手を加え、笛を作った。彼らは工芸と美術と音楽を同時に進化させたのだ。

寒冷化が進んだ三万年前になるとグラヴェット文化に移行する。そして最終氷期極大期でピークを迎えたのちに、二万年前まで時代が進むと氷河の進撃は鈍り、やがて北に向かって退却を開始した。この気候緩和の時期の文化は後グラヴェット文化と名づけられた。マンモス狩りが得意だったグラヴェット文化の担い手たちは片刃のナイフをはじめとしたさまざまな道具をこしらえ、その多くはマンモスの牙を素材にしたものだった。彼らはブーメランも考案した。

一九八五年、ポーランド南部にあるオブワゾーアヴァという岩山の小さな洞窟で、考古学者たちが思いがけないものを発見した。[19] オーリニャック文化期にうがたれたと思われるこの洞窟からは、それよりも新しい三万年から二万年前にかけてのグラヴェット文化（東欧のものはパヴロフ文化とも呼ばれている）のさまざまな遺物が見つかった。洞窟内の花崗岩と石灰岩を並べたサークルのなかにあった、マンモスの牙を湾曲加工したものはブーメランと解釈されている。それ以外にも、シカの角の先端から作られた、装飾を施されたくさびや、穴があけられたホッキョクギツネの歯、象牙でできたビーズ、二本のヒトの指の骨、そして三〇点以上のフリント製石器も見つかった——そして穴のあいた、巻き貝の一種のイモガイの化石も。イモガイの化石とブーメランとくさびには黄土（オーカー）で覆われていた形跡が見られた。この洞窟は宗教的な祭壇だったのかもしれない。もしくは何かの象徴としての墓だったのかもしれない。その後の発掘調査で、穴のあいたイモガイの化石がさらに二点見つかった[20]。発掘を主導したヤギェウォ大学のパヴェル・ヴァルデ＝ノヴァク教授は、あけられた穴が単純な円形ではなく細長いスリット状だというところから、イモガイの化石はペンダントか、もしくは〝うなり板〟として使用されていたのではないかという説を唱えた[21]。うなり板とはひもをつけて頭上で回して牛がうなるような音を出す道具で、オーストラリアや北米の先住民族は雨ごいや豊穣祈願などに近代まで用いていた。

後期旧石器時代のヨーロッパ中部と西部では、腹足類、つまり巻き貝の化石を収集して装飾品にする習慣が長きにわたって根づいていた。そうした化石の多くにはきちんとした穴があけられていた。化石を身につけるために人為的にあけられたものもある。肉食性の巻き貝に穴をあけられて食べられてしまった別の巻き貝の殻が化石となり、おしゃれに敏感な人々にうってつけのファッションアイテムになったものもある。グラヴェット文化期のマンモス狩りの達人たちは、装身具として巻き貝の化石をとくに好んでいたようだ。平面ではあるが渦を巻いているアンモナイトを除いて、巻き貝以外の化石はほとんど集めることはなかった。ロシア南西部ヴォロネジ州のドン川右岸にあるグラヴェット文化初期のコステンキ遺跡からは、中心に穴があけられた見事なアンモナイトの化石が二点出土している。[22]

前述したチェコのドルニー・ヴィエストニツェ遺跡もグラヴェット文化期のものだが、ここからも二枚貝の化石と一緒に新生代の巻き貝が見つかっていて、なかには穴のあいたものもある。ウクライナのドニエプル盆地にある一万五〇〇〇年から一万四〇〇〇年前の後グラヴェット文化の遺跡からは、収集された化石が大量に発掘されている。ここではさまざまな種類の巻き貝の化石が数百点も見つかっていて、その多くに穴があいている。穴は腹を空かせた肉食巻き貝があけたものもあれば人間があけたものもある。[23] こうした化石は、後期旧石器時代にこの地で暮らしていた人々にとって重要な意味を持っていた。というのも、化石が本来見つかる場所からは少なくとも二〇〇キロは離れているからだ。身を飾る装飾品には遠くまで出かけて手に入れるだけの価値があったか、もしくは交易品として高い価値があったことを如実に示す事実だ。

一八八六年の夏、フランス軍の軍医でアマチュア考古学者のアドリアン＝ジャック＝フランソワ・フィカティエは、休暇を利用してブルゴーニュ地方のアルシー＝シュル＝キュールの洞窟を探索していた。この地を流れるキュール川の岸辺の石灰岩の崖には洞窟が点在している。崖のかなり高いところに、フィカティエは小さな洞窟を見つけた。ランタンで暗闇をおもむろに照らすと、地面に散らばる骨の破片とフリント製石器が見えた。掘ればもっと出てくるのではないか。彼はそう考えた。掘ってみると、まさしくその通りだった――ウマとトナカイの骨、フリントでできた槍先や針といった、この洞窟の古の住人たちが残したものが出てきたのだ。装飾品として身につけるために穴があけられたと思われる、興味深いものも見つかった。オオカミの歯やホタテなどの海の貝殻もあった。マツの木からできた質の悪い石炭を彫って作った甲虫の彫り物もあった。濃灰色の頁岩のなかにある、風化してはいるもののの形状をとどめている三葉虫の化石もあった。ここは〈Grotte du Trilobite（三葉虫の洞窟）〉と名づけるしかあるまい。フィカティエはそう考えた。[24]

フィカティエが発掘したのは洞窟内の堆積物の上層部で、約一万五〇〇〇年前のものだった。その後の調査で、下層部は三万五〇〇〇年も時代をさかのぼるものだということがわかった。ここが住居として使われていた期間は最終氷期極大期とぴったりと重なる。極寒の過酷な時代

フランス、ブルゴーニュのアルシー＝シュル＝キュールの洞窟遺跡の入り口

を生きていた人々にとって、この地の洞窟群はかけがえのない居住地だったのだろう。

フィカティエが発見した三葉虫の化石には穴があけられている。こうした三葉虫のペンダントは、古い地層からはこのひとつしか見つかっていない。複数の体節があり、見た目はワラジムシに似ている節足動物の三葉虫は五億四〇〇〇万年前のカンブリア紀の海に現れて繁殖していたが、二億五〇〇〇万年前のペルム紀末期に起こった〝大量絶滅〟で姿を消した。フィカティエが見つけたものは頭部こそ欠けているが、それ以外は完璧な形状をとどめている。〈グロット・デュ・トリロビット〉のある崖は二億年前から一億五〇

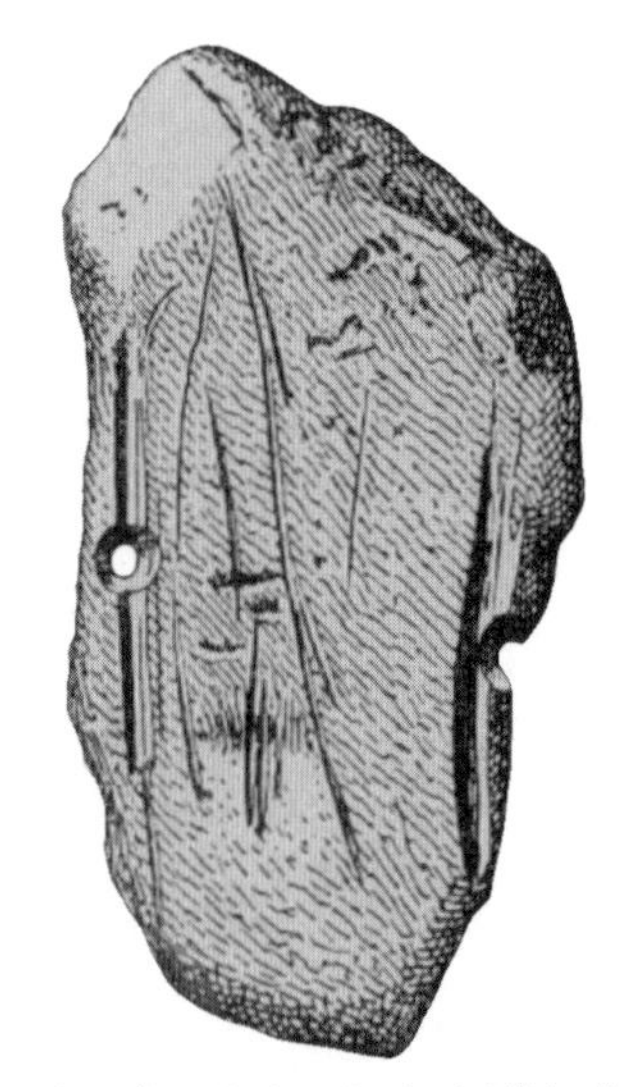

アルシー＝シュル＝キュールにある〈グロット・デュ・トリロビット（三葉虫の洞窟）〉内の1万5000年前の堆積層から発掘された、ペンダントにするための穴があけられた三葉虫の化石。これは発掘者のアドリアン＝ジャック＝フランソワ・フィカティエが1891年に発表した論文に彼自身が描いた挿絵で、現物はアヴァロン博物館に所蔵されている

〇〇万年前までのジュラ紀の石灰岩でできているが、この三葉虫の化石はそれよりもはるかに古い四億五〇〇〇万年前の古いオルドビス紀の堆積層に元々あったものだ。同種の三葉虫の化石を含む地層は、直近のものでも西に七〇〇キロも離れたフランス北西部のアルモリカ山塊にしかない。この三葉虫の化石は誰かにとってはかけがえのないものだったにちがいない。だからこそ穴をあけ、見せびらかすように身につけ、かなりの長距離を持ち歩いたのだろう。

オーリニャック文化の担い手たちは、あとに続くグラヴェット文化よりも幅広い種類の化石を収集して装身具としていた。具体的にはベレムナイトやウニとその棘、そしてデヴォン紀のサンゴの化石などだ。これらの化石には、身につけるための穴が（人為的に）あけられていた。巻き貝も装身具にしたが、大抵は化石ではなくその時代に生息していた貝の殻を使っていた。ロシアのコステンキ遺跡から出てきた四点のベレムナイトの化石のうち二点にはかなり手が加えられている。琥珀色の透明な光沢を放つまでに薄く削られ、さらには彫刻も施されているのだ[25]。

装身具として好まれた化石が、オーリニャック文化とグラヴェット文化でこうもちがうのはなぜだろう？　化石やビーズを身につけることには身を飾る以上の意味があった。集団のなかでの立ち位置を示す、強力な徴（しるし）だったのだ。フランス国立科学研究センターのマリアン・ファン・ヘーレンとフランチェスコ・デリコは、ビーズなどの装身具はオーリニャック文化期における民族言語上のアイデンティティと多様性を示す強力な指標だったという説を展開している。つまり仲間と敵を簡単に識別する道具だった、ということだ。こうしたものを身につけることは〝象徴的行動〟だったと彼らは述べている。

言語を介して世代から世代へと伝えなければならない行為、たとえば芸術的活動や埋葬、さらには実用非実用を問わずさまざまな対象への装飾は、民族言語上の本質を探るうえでより有益な情報をもたらしてくれるだろう。[26]

ファン・ヘーレンとデリコらの研究は地域差を分析したものだが、収集される化石が長い時を経るにつれて変化したのは、少なくともある程度は文化的アイデンティティの時間的変化の影響を受けたからだと言えるかもしれない。

オーリニャック文化の担い手でヨーロッパ全土に広く暮らしていた初期の現生人類は、少なくとも一時期はネアンデルタール人と共存していた。一般にネアンデルタール人は知能が低くて野蛮な原始人と見なされているが、それはかなり大きな誤解だ。その証拠に、ネアンデルタール人もわたしたちと同じように化石を収集していた。せいぜいそれぐらいだろうと言われるかもしれないので、さらに付け加えておく。彼らは化石の含まれる石で石器を作っていたのだ。そしてわたしたちと同じように、身を飾ることをいとわなかった。むしろおしゃれに余念がなかった。イタリア北部のフマネ洞窟のある地層から発見された巻き貝の化石は、人為的にあけられた穴があるばかりでなく、臙脂(えんじ)色の赤鉄鉱(ヘマタイト)が丹念に塗られていた形跡が見られる。[27] 見つかった地層は、ヨーロッパに現生人類が登場する以前の四万七六〇〇年から四万五〇〇〇年前のものだ。そしてこの化石とともに発掘された石器は、ネアンデルタール人特有のムスティエ文化のものだ。擦れた痕があることから、この巻き貝の化石は頑丈な糸で吊るされてペンダントとして使われていたと思われる。ところが中新世から鮮新世にかけて生息していたこのアスパ・マルギナタ（Aspa marginata）という巻き貝の化石を含む地層はフマネ洞窟付近にはなく、直近のものでも一一〇キロも離れたポー渓谷にしかない。

ネアンデルタール人が担っていたムスティエ文化と、それに続くシャテルペロン文化の遺跡からは別種の化石が発掘されており、それらもまた装身具として使用されていた形跡が見られる。フランス中部のグロット・デュ・レンヌから出土した腕足類の化石には、ひもを結ぶための溝が刻まれている。明らかに装身具として使われていたと思われる、穴のあいたベレムナイトの化石も二点見つかっている。ネアンデルタール人が化石に興味を

ロシアにある後期旧石器時代のコステンキ遺跡から出土した、人為的に穴があけられた化石。おそらく装飾品として身につけていたと思われる。上段の左側の細長い三対は中生代のベレムナイト、右の一対はデヴォン紀の小さなサンゴの化石。下段はすべてデヴォン紀のサンゴの化石

持っていることを示す証拠は大量に見つかっている。前述のアルシー＝シュル＝キュールの洞窟からは、明らかに外部から持ち込まれたと思われる化石がムスティエ文化の石器と一緒に出土している。この洞窟群にある〈Grotte de l'Hyène《グロット・ド・リエヌ》（ハイエナの洞窟）〉からは、わずかに節くれだった巻き貝と球状の小さなサンゴの化石が出てきた。別の洞窟で見つかった腕足類の化石が採れる地層は、近いところでも少なくとも三〇キロ離れたところにしかない。この化石と一緒に石器もいくつか見つかったが、そのもとになっている石のほとんどは近場で採れるものだ。ネアンデルタール人にとっても化石は宝物だったのだ[28]。

　ネアンデルタール人は鈍重な野蛮人だという固定観念は二〇一八年に打破された。スペイン南東部のカルタヘナの海沿いにある〈Cueva de los Aviones《クエバ・デ・ロス・アビオネス》（飛行機の洞窟）〉で、象徴的な意味合いを持つ使われ方をしていた二枚貝の貝殻が発見されたという論文が発表されたのだ。一一万五〇〇〇年前のその貝殻には人の手によって穴があけられオーカーに覆われており、おそらく装身具として使われていたと思われている[29]。ここ以外のイベリア半島のネアンデルタール人の洞窟では、六万五〇〇〇年前に描かれた壁画も見つかっている。これはこの地にある現生人類が描いた壁画よりもずっと古い[30]。そこで問題となるのは、化石のような自然物に穴をあけて身につけ、化石の含まれる石を石器にするという行為が、どの時点で象徴的な表現だけでなく芸術的な傾向を見せるようになったのかということだ。ホモ・ハイデルベルゲンシスもホモ・ネアンデルターレンシスも、そしてわたしたち現生人類も創造力を働かせ、日々使用する月並みな道具により大きな意味を持たせた。

より大きな意味とは、心を明るくし喜ばせるということだ。

5章　心を愉しませる化石

砂粒に美を見いだし、水の流れで摩耗した小石や砕けた骨がレイヨウに見えたりする。太古の人々は多くの時間を費やして使い勝手のいい石器になる石を探していたが、実用的な目的には使えないのに見栄えがよかったり、へんてこなかたちをした石にも魅力を感じていた。雨風や川水や波に削られて、何となく円に見えるような部分ができていて、それが自分を見つめている眼のように思える石もあったのかもしれない。さらに脚や鼻のように見える部分があったら、その石は収集され、おそらく宝物とされた。見事な渦を巻いていたり、五芒星の模様があったりしたら、石の価値はさらに増した。

新石器時代のダ・ヴィンチ

その地は〈アイン・ガザル〉と呼ばれていた――〝ガゼルの泉〟という意味だ。現在のヨルダンにあるアイン・ガザルには、一万年前はギョリュウ（タマリスク）の木やオークやポプラといったさまざまな樹木が茂る森林が広がっていた。森は多くの動物を引き寄せた。そして人間たちも引き寄せた。人間はすでに狩猟採集の生活をやめていた。そうした人々のなかの一派はこの森を永住の地とした。アイン・ガザルの森は何でもある理想郷だったらしい。シカやウマやイノシシやウサギといった動物は肉と皮をもたらし、食用植物も豊富にあった。やがて人々は山羊や羊やイノシシを飼い、いい種を選んで蒔いて育てるようになった。九二五〇年ほど昔に初めて人間が定住して以降、アイン・ガザルは前期新石器時代で最大の町に成長し、二五〇〇人もの人口を抱えるに至った。[1] が、その繁栄の日々のうちに崩壊の種も蒔かれた。野生の動物は狩り尽くされ、豊かだった草木も山羊に食い荒らされ、羊と豚と牛がそれに輪をかけた。木々に覆われた豊饒の楽園は岩だらけの荒野に変わり、膨れ上がった人口を支えるどころか、わずか数頭の山羊を養うことすらままならなくなった。今やアイン・ガザルはハイウェイの騒音が鳴り響く、首都アンマン郊外の一区画に成り下がっている。

それでもこの地に定住していた二〇〇〇年のあいだ、アイン・ガザルの人々は狩猟と農耕だけでなく創作にも時間を費やすことができた――しかもそれまでとはまったくちがう、斬新な方法で。定住初期の時代には粘土を焼いて陶器にする技術はまだ生まれておらず、壺と鉢は粘土を天日乾燥させて作られていた。こうした実用的な土器を如才なく作ることができるようになると、この地の住人たちは実用には適さない、身体的欲求だけでなく心的欲求を満たすものを作ることにも眼を向けるようになった。一九八〇年代に考古学者のゲイリー・ロールフソンを中心にして行われた発掘

アンマン市郊外に位置するヨルダンのアイン・ガザル遺跡。上の写真では石壁と漆喰の基部が露出している。赤土から発掘作業の人物のすぐ上までの地層は、9250年から8200年前までの先土器新石器時代Bのものとされている

1980年代初頭に行われた、ゲイリー・ロールフソンらによるアイン・ガザル遺跡の発掘調査の模様。ここでは先土器新石器時代Bの住人たちによって加工されたウニの化石が見つかっている

ヨルダンのアイン・ガザル遺跡から出土した、前期新石器時代の漆喰と葦(あし)でできた人間の全体像

調査で、多くの石器と骨角器、そして壺をはじめとしたさまざまな日常生活用の日干し土器の破片が見つかった。ロールフソンらはアイン・ガザルの人々の創造力の発露の結果という意義深いものも掘り当てた——多種多様な小像だ。小像の多くは粘土でできており、この地域に露出している石灰岩を彫って作られたものもあった。小像の題材の大半は人々と多くの時間を過ごした動物で、おもに牛だった。これらは一般的な牛の姿をそのまま表現しておらず、角の生えた頭部を強調したものだった。同様に、人間の小像も何かを暗示するような描かれ方をしていた。四肢と頭部が揃っているものもあれば、どこかが欠けているものもある。腹部が膨らみ乳房が垂れている小像は豊饒を象徴していると解釈されている。

そうした小像のなかで最も驚くべき作品は粘土で作られたものでも石灰岩を彫ったものでもない。それは葦（あし）と白漆喰を使って丹念に作られた、一五体の全身像と同じく一五体の胸像だ。一メートルほどの高さのこれらの像は、五〇キロほど離れた死海の岸で採れる瀝青（れきせい）（アスファルト）で描かれた鋭い眼で見つめてくる。漆喰は白いので、おそらく動物の血を混ぜてピンク色にした漆喰を塗り、より人間っぽく見えるよう仕上げてある。新石器時代の黎明期にあたるこの時代、生命とその再生を祝うことは社会の仕組みの中心に置かれ、その意義はさまざまに異なる小像や彫像で簡潔に示された。生命とその再生という概念は、アイン・ガザル遺跡から出土した特徴的な四点のウニの化石のうちのひとつも体現しているのかもしれない。

その四点のウニの化石は、この地に長きにわたって暮らしていた人々の手ですべて加工されている。大きさはどれもボタンほどで、五芒星の模様がある。四点のうち三点の中心には穴があけられているので、紡錘車として使われていたのだろう。しかし残りの一点はほかとはまったく異なる。そのウニの化石は目を瞠るほど美しい。サーモンピンクの化石の膨らんだ表面には、五芒星を形成する五条の深紅の歩帯が放射状に走っている。九〇〇〇年以上昔にこの地に暮らしていた誰かが、五条の歩帯を覆っていた方解石の結晶を細心の注意を払って取り除き、深紅の筋を露わにしたのだ。

この化石には刮目すべき加工がもうひとつ施されている。厚み一五ミリのところを穴が貫通しているのだが、その位置が紡錘車にされた化石とはまったくちがうのだ。穴は化石の平らな面、五芒星の模様がくっきりと浮き出ていないほうからあけられている。直径五ミリの穴は、化石を半分ほど貫いたところで狭くなっている。紡錘車にする

ヨルダンの新石器時代のアイン・ガザル遺跡から出土した、コエンホレクティプス・ラルテティ（Coenholectypus larteti）という正形類のウニの化石。五条の歩帯のうちの二条の中間の化石の中心からずれた位置に穴があけられていることから、豊饒を象徴しているものと思われる

のであれば反対側の面からも同じように穴があけられ、断面が砂時計形になる。ところがこの問題のウニの化石は一方の側からしか彫られていない。[2]

しかもこの穴は、化石の片側の中心から彫られてはいるのだが、垂直に彫られずに反対側の中心からずれたところに出口ができているのだ。これでは紡錘車としての役割は果たさない。もしかしたらまちがってあけてしまったのかもしれない。それとも、意図的にそう彫ったのかもしれない。穴のずれた出口は、放射状に走る五条の歩帯のうちの二条のあいだのちょうど真ん中の、星の中心に近いところにあいている。どうやらこの化石を加工した人物は、ちょうどその位置に出口ができるように慎重に穴をあけたようだ。

この化石やほかのウニの化石を見た誰かが認知能力をぐんと飛躍させ、表面の模様が五芒星ではないまったく別のかたちに見えたとしたらどうだろうか？　その誰かの眼には人間のかたちに見えたのかもしれない。五本の線でできた人間のかたちに見えなくもない。するとあけられた位置から、この中心からそれた穴の意味がはっきりとわかってくる——二条の歩帯、つまり〝二本の脚〟のつけ根にあいているのだ。

小石のようなウニの化石にある五芒星の模様のなかに、アイン・ガザルの〝芸術家〟たちは自分自身の姿を見たのかもしれない——背筋をしゃんと伸ばし、両腕を真横に伸ばし、両脚を広げている人間の姿に見えたのだろう。丸い化石の表面にある人物像は、レオナルド・ダ・ヴィンチの『ウィトルウィウス的人体図』に不思議なほどよく似ている。この化石と『ウィトルウィウス的人体図』を重ね合わせると、中心からずれた穴と性器の位置がぴったりと合う。つまりこの穴は女性器を表しているのだ。『ウィトルウィウス的人体図』に描かれているのは男性なのに対して、化石で表現されているのは女性だ。これもまた豊饒を象徴しているが、小像とはちがって自然物を独特の芸術作品に変身させている。

ほかの地域の社会と同様に、中東の神話でも性交と妊娠は重要な役割を果たしている。出産は宇宙と星々の誕生のメタファーとして表現された。シュメール神話の原初の海の女神ナンムは天空の神アンと大地の女神キを産んだ。アンとキは交わり、水と風と太陽と月、そして星を産んだ。アンと毎年交わることでキは植物を再生させた。そしてふたりの娘の豊饒の神イナンナ（メソポタミア神話ではイシュタル）が牧羊の神ドゥムジ（タンムズ）と交わり、春に植物が芽吹く。[3] アイン・ガザルの新石器時代の女性像は豊饒の象徴で、毎年の作物の生育を助ける神話的な人物を具現化したものだと見なされている。おそらくウニの化石に描かれた〝ウィトルウィウスの女性〟もそうだったのだろう。

何が何でも

現生人類はいきなり生活様式を狩猟採集と放浪から農耕と定住に変えたわけではない。「もううんざりなんだよ、あちこちうろつきまわる暮らしは！　ひとところに五分より長くいちゃいけないっていう掟(おきて)でもあんのかよ？」そんなことを誰かがいきなり言い出したわけでもない。実際には紀元前一万七〇〇〇年から前一万五〇〇〇年にかけて、人間は半定住の暮らしを徐々に取り入れていった。レヴァントで一万四五〇〇年前頃から始まったナトゥーフ文化を特徴づけているのは、円形や楕円形の小屋からなる半定住地、もしくはキャンプだ。この文化の担い手たちは生活の糧をもっぱら狩猟と採集で得ていたが、それでも人類の文化的進化の過程で飛躍的な進化のひとつとされている技術を育むことができるほど、長きにわたってひとところに留まりつづけた。その技術とはビールの醸造だ。

ビールを醸造していたことを示す最古の痕跡が、イスラエルにあるナトゥーフ文化の遺跡から最近見つかっている。ビールは何らかの儀式の宴(うたげ)に供されたと思われる。[4] ナトゥーフ文化は最初にパンを焼いた文化でもある。[5] ナトゥーフ文化の人々は周辺に生息する動物、おもにガゼルを狩り、ピスタチオの実やレンズ豆を採集し、野生のオオムギを挽いてパンを焼いた。それ以外の時間に、彼らはさまざまな自然物を熱心に集めた。カメの甲羅（墓のなかから見つかることがある）や半貴石や奇妙なかたちの石に彫刻を施したり、性的な意味合いのある彫像にしたりした。[6] そして化石も集めた。

ヨルダンの〈ワディ・ハマ27遺跡〉は一万四五〇〇年から一万四〇〇〇年前のナトゥーフ文化の最古の遺跡として知られている。メルボルンにあるラ・トローブ大学のフィリップ・エドワーズら

ヨルダンのワディ・ハマ27遺跡から出土した、レイオエキヌスと思われるウニの化石。風化が進んで露わになった殻の下部構造のタイルを敷きつめたような模様は、この遺跡から出土した工芸品にも見られる

による丹念な発掘調査で、この遺跡から燧石(フリント)や石灰岩や玄武岩を加工した石器が大量に出土し、携行可能で芸術的要素があるものも八〇点近く見つかった。[7] そうした工芸品の多くには抽象的な幾何学模様が彫り込まれている。この古代遺跡の住人たちは化石も収集していた。彼らはツキガイ科の二枚貝や、らせん状ではなく真っすぐな殻のバクリテッド（baculitid）という種のアンモナイト、さまざまな種類の巻き貝の化石を集めた。そして毎度おなじみのウニの化石も。この遺跡から見つかったのはレイオエキヌス（Leioechinus）という正形類のウニの化石だ。見た目こそ風船のようなかたちだが、表面に並んだ無数の〝こぶ〟には元々は棘が生えていた。ナトゥーフ文化の化石コレクターが手に取った時点で、この化石は風化がかなり進んで摩耗していた。殻を覆っていた〝こぶ〟と表層部分は消え失せ、その下にあるタイルのように並ぶ長方形の板が露わになっている。[8]

この模様はナトゥーフ文化の芸術家たちを魅了したようだ。ワディ・ハマ27遺跡から出土した工芸品のなかに、動物をかたどったものが二点ある。ひとつ目は平らな石灰岩を彫って二本の脚のある体に加工したもので、おそらくアガマ科のトカゲを表していると思われる。[9] ふたつ目は骨を動物の頭部のようなかたちに彫ったもので、こちらはおそらくガゼルだろう。[10] 二点とも、表面にウニの化石の模様に似た長方形の模様が細かい溝で刻まれている。

ウニの化石の影響は実用的な工芸品にも見られる。ワディ・ハマ27遺跡では、玄武岩や石灰岩を削って作った直径が五センチにも満たない小さな鉢が多く出土している。二〇一二年にユネスコの世界遺産に登録されたイスラエルの〈人類の進化を示すカルメル山の遺跡：ナハル・メアロット／ワディ・エルムガーラ渓谷の洞窟群〉のエル＝ワド洞窟からは、下面を削って鉢そっくりの器に加工したウニの化石が見つかっている。[11] 手を加えていない状態では、化石の下部は少しくぼんでいる。このくぼんだ部分を見て、この洞窟の住人たちは鉢を作ろうと思い立ったのかもしれない。これもまた自然物が人間の心を刺激した例だと言える。

ヘテロディアデマ・リビカ（Heterodiadema lybica）という白亜紀の正形類のウニの化石を加工して作られた、ナトゥーフ文化の鉢の底面。イスラエルのカルメル山にあるエル＝ワド洞窟から出土

　こうして見ると、一万四〇〇〇年前のワディ・ハマで虎視眈々（こしたんたん）とした眼つきで動物の頭に似た小石を探していた人々は、今を生きるわたしたちとそんなに変わらないのではないだろうか。たとえば風化が進んだ方解石は、そのままの状態でも何かの生き物のように見えたのかもしれない。それでもその美を一〇〇パーセント表現するためには、石を飾り立てることも時としては必要だった。そうしたナトゥーフ文化の工芸品のなかでおそらく最も有名なものはベツレヘム近郊の洞窟から出土した、性交中の男女を表現したものだとされている小像だろう。この〈アイン・サクリの恋人たち〉と呼ばれる大英博物館所蔵の小像の作り手の眼には、水の作用で摩耗した小さな方解石が抱き合うカップルのように見えたのだろう。そしてそこにわずかばかりの彫刻を巧みに施して、あからさまにエロティックなものに作り替えたのだ。〈アイン・サクリの恋人たち〉は作り手が想像力を膨らませ、小石を自身の快楽体験を具現化した芸術作品に変えたものだが、石や骨などの自然物から作られたナトゥーフ文化の工芸品の多くには、抽象的な幾何学模様が丹念に彫り込まれている。この非具象的な表現は、この時代の芸術家たちの想像力によって新たに生み出されたものなのだろうか？　それとも化石のような自然物の模様に触発されたと見たほうが理にかなっているのだろうか？

　ナトゥーフ文化の遺跡から話題を移す前に、自然が人間の芸術感覚を刺激したことを示す、スケールこそ小さいものの興味深い例をもうひとつ見てみよう。ウニの化石はそう簡単に見つかるものではなく、とくに表面が風化して長方形の格子模様が露わになったものについては運頼みだと言っていい。そんなに見つからないものなら、自分で作ってみればいいのではないか？　ナトゥーフ文化のとある担い手はその通りにしてみた——何となくウニの化石に似た一片の石灰岩に、五条の歩帯に見えなくもない深い溝が刻まれていた。さらにはタイルが並んでいるように見える、例の長方形がふたつ、丹念に彫り込まれているのだ。〝即席の〟ウニの化石の誕生だ。

こうした模造の化石は珍しいことではなかった。たとえばどう見てもかなり広く使われていた穴のあいたウニの化石については、さまざまな時代のさまざまな場所の人々はこう考えたにちがいない。「紡錘車にできる化石が見つからないのなら、自分で作ればいいじゃないか」四〇〇〇年ほど昔のキプロスでは、穴のあいたウニの化石そっくりの陶器を紡錘車にした人間がいた。[12] ドイツ中部のライヒェンバッハで見つかった、キプロスのものよりもさらに古い新石器時代の粘土製の紡錘車もウニの化石そっくりだ。[13] イングランド北部ノーサンバーランド州ウッドハウスの遺跡からは、ドイツのものより三〇〇〇年新しい、五条の〝歩帯〟と、そのあいだにこぶのある紡錘車が出土している。これもまたウニの化石から芸術的着想を得つつも実用的な理由で作られたものだ。これは粘土や陶器ではなく鉛製なので、重いぶん紡錘車の回転速度は増す。

ここで紹介した事例は、人類の芸術史という大きな流れのなかではどちらかと言えば些細なことのように思えるかもしれない。それでもこれから紹介するヨーロッパ北部の抽象的な巨石芸術は、新石器時代の人々が優れた芸術感覚を持ち合わせていたことを示す貴重な証拠の品々だと、わたしは信じている。この芸術もまた、化石からインスピレーションを受けたものなのかもしれない。

芸術を喚起する化石

その人々は、川の近くにある岩がちな丘の中腹に死者のための施設を建てることにした。使われた石灰岩の板は平らで、長さは人間の大腿部ほど。形状といい大きさといい申し分なかった。その岩板で人々は三重の環（わ）を作った。一番外側の環の直径は六メートルほど、一番内側のものは三メートルだった。狭い玄室に通じる短い羨道（せんどう）も作られた。五〇〇〇年ほど昔のこの地に暮らしていた生者たちは、荼毘（だび）に付した亡骸（なきがら）をここに埋葬し、死者たちの死後の世界への旅路を安らかなものにした。

この冥府の入り口の名残はアイルランド南部ケリー県のトラリーから東に三キロほどのところに位置するバリーカーティーにあり、一九九六年に考古学者のマイケル・コノリーによって発掘された。この地を通る高速道路の建設が発表されると、考古学的な発掘作業が多数実施された。バリーカーティーの埋葬塚もそうやって見つかった遺跡のひとつだ[14]。石灰岩の丘からは溝や土塁や石塚、そしていくつかの墳墓が見つかった。墳墓のなかの一基は高速道路ができると破壊されるおそれがあったため、発掘対象とされた。

この墳墓が羨道墓だとわかり、考古学者たちは大いに驚いた。それまでアイルランドでは、羨道墓は東部でしか発見されていなかったからだ。有名なものとしては、ミース県のブルー・ナ・ボーニャ遺跡群のニューグレンジやノウス、ドウスといった壮麗な墳墓がある。しかしバリーカーティーはそこから遠く離れた南西部に位置し、ヨーロッパ全体の羨道墓のなかで最も西にある。

バリーカーティーの岩がちの丘は、元々は三億四五〇〇万年から三億三〇〇〇万年前の温暖な石炭紀の海の底に堆積した泥の塚（マッドマウンド）だった。もちろんそんなことなど、この丘の中腹にいささか慎ましやかな羨道墓を建てることにした新石器時代の人々が知るはずもなかった。こうした泥の塚は〈ヴォルソール・マッドマウンド〉と呼ばれる炭酸塩堆積物で、サンゴやコケムシといった炭酸塩を内包する無脊椎動物による生物侵食によって生じた、きめの細かい泥と沈殿した炭酸カルシウムが何十メートルもの高さにまで積み重なってできている。

この泥の塚にはウミユリや腕足類や腹足類（巻き貝）も生息していた。その頭上をゴニアタイト（goniatite）というアンモナイトの一種やオウムガイといった頭足類が泳いでいた。そうした無脊椎動物たちが死ぬと、その殻や骨格構造物は泥の塚の一部となった。それらは海底の泥の塚のなかで短期間で硬化していった。その結果、腕足類や腹足類やオウムガイ目の化石がちりばめられた石灰岩が億年単位の時を経て形成された。つまり新石器時代の人々の墓は、悠久の太古の海の底にあった泥の塚の周囲に生息していた無数の無脊椎動物たちの墓でもあったのだ。

羨道墓を建てていた新石器時代の人々が、集めてきた石灰岩の岩板にある、石炭紀の海に生きていたさまざまな動物の石化した姿に気づかなかったはずはない。奇妙なかたちや模様がたくさん浮き出ている岩を使って墓を建てた理由は誰にもわからない。この年代の化石を含む石灰岩はアイルランド全土で広く見られるもので、新石器時代の人々も化石に馴染んでいたのだろう。細心の注意を払って羨道墓の発掘を続けていると、コノリーらは興味深い副葬品の数々を発見した――この地で産出する石灰岩を彫って作ったペンダント、シカの角でできたビーズ、犬や羊や豚の骨、そしてウズラクイナとウタツグミを中心とした鳥の骨が出てきたのだ。まさしく何でもありの品々だが、同時に出土した三〇点の化石もまた同様に多種多彩だった。

新石器時代の化石コレクターたちは、羨道墓の建設地である〈ヴォルソー

アイルランド南西部のケリー県バリーカーティーにある、石炭紀の海底の泥の塚からできた石灰岩の丘の新石器時代の羨道墓

ル・マッドマウンド〉から六種類の古生代腕足類の化石を収集していた。[15] ブドウの粒に似た形状の殻のテレブラトゥリド（terebratulid）が一種、大きな膨らんだ殻のプロドゥクティド（productid）は二種、そして中国では〈石燕〉と呼ばれていたスピリフェリド（spiriferid）は三種だ。とくに扇のように細い筋が放射状に走っているスピリフェリドは魅力的に見えたにちがいない。彼らが集めていた化石は腕足類だけではない。この羨道墓からはイカやタコの祖先にあたるさまざまな頭足類の殻の化石も見つかっている。オウムガイの殻の化石もいくつかあり、その形状はアイスクリームのコーンみたいだったり、緩やかに湾曲していたり、きっちりと巻かれたらせん状だったりとさまざまだ。巻き貝の化石も多く見つかっているが、その形状はグラヴェット文化の人々が装身具として好んだらせん状に尖ったものではなくコイル状のものだ。巻き貝を除いた一八

大量の化石が出土した、バリーカーティーの羨道墓

バリーカーティーの羨道墓から出土したスピリフェル・コプロウェンシス（Spirifer coplowensis）という古生代腕足類の化石。筋が放射状に走っているところは、ブルー・ナ・ボーニャ遺跡群に見られる石の彫刻の模様を思わせる

種類の化石の大半はひとつずつしか見つかっていない。[16] 石炭紀の石灰岩にごく当たり前に含まれているウミユリの小管の化石にしても一点しかない。どうやら副葬品に関しては、新石器時代の化石コレクターたちは選り好みが激しかったとみえる。ところが巻き貝となると話は別で、墓から見つかった化石の三分の一を占めている。全体的に見ると、副葬品の化石のなかで多数を占めているのは、巻き貝やアンモナイトやオウムガイといった、らせん状のものやとぐろを巻いたヘビのような渦巻き状のものが多数を占めている。扇のようなかたちの腕足類のものは少数だ。

バリーカーティーの羨道墓の副葬品の化石たちは、地殻変動と侵食作用によって三億三〇〇〇万年以上の時間をかけて丘の地表に出てきた。そして五〇〇〇年ほど昔にこの地に暮らしていた人々によって掘り出されたかと思ったらまた丘に埋められ、今度は死者の遺灰とともに黄泉(よみ)の国へと送られた。化石となった海生無脊椎動物たちは死んだのちに化石として甦り、そしてまた地中に葬られるという生涯を送った。この何とも皮肉なサイクルから逃れる術(すべ)はない。ここで当然のように浮かんでくるのは、どうして人間たちはそんなことをしたのかという疑問だ。それほど大量の化石を死者とともに葬った理由とは何だろう？　副葬品にする化石は厳選されていたようだ。岩を割って取り出したばかりのように見える巻き貝の化石が一点あるものの、それ以外の化石は石灰岩から自然にポトリと落ちて、地面から掘り出された時点で充分に風化が進んでいたものばかりだ。化石を副葬品にして墓に入れたと

バリーカーティーの羨道墓から出土した、石炭紀の腹足類（巻き貝）エウオンファルス・ペンタングラトス（Euomphalus pentangulatus）の化石。この墓から副葬品として多数発見された、らせん状の化石のひとつ

いうことは、その墓を建てた人々にとって化石は大きな精神的意義を持っていたということになるのではないだろうか。とは言え、眼を惹く珍品にしか過ぎなかったという可能性も否めない。果してどちらが正解なのだろうか？

副葬品のなかに化石があることは、新石器時代から鉄器時代に至るヨーロッパの墳墓では珍しくない。それでも化石の種類の多さという点ではバリーカーティーの小さな羨道墓の右に出る墓はほぼない。新石器時代の化石コレクターたちは、石灰岩から化石を選びたいだけ選ぶことができた。アイルランドでも各地の墳墓から化石が見つかっている。ところがバリーカーティー以外のすべての墓では一種類の化石しか出ていないのだ。遠く離れた北西部のメーヨー県にある墓からは、どの時代のものか判明していないサンゴの化石が一点出土している。[17] ニューグレンジの新石器時代の羨道墓からは、端が切り落とされ、繊細な花のような内部の隔壁構造が見える四放サンゴ類の化石が、やはり一点だけ見つかっている。[18] ブルー・ナ・ボーニャでよく見られる巨大な羨道墓で化石の副葬品がこんなに少ないのはなぜだろう？　もしかしたらその墓を建てた人々は化石よりもいい副葬品を思いついたのかもしれない。

一六九九年、ウェールズの博物学者でオックスフォード大学のアシュモレアン博物館の館長だったエドワード・ルイドはアイルランドを旅していた。ルイドは絶妙のタイミングでニューグレンジを訪れた。というのも、この地の領主のチャールズ・キャンベルが草で覆われた小さな丘にある石を取ってきて、新築中の自邸に使おうとしていたからだ。ルイドはその丘が極めて重要な遺跡だと見抜き、ただちに作業をやめさせた。王立外科医師会と王立協会のフェローのタンクレッド・ロビンソンに宛てた同年一二月一五日付の手紙に、ルイドはこう記している。

我々一行はダブリンに二日滞在したのちにジャイアンツ・コーズウェー（北アイルランドにある、火山活動で生まれた四万本もの石柱群が連なる地域）に向かった。その道中で我々の眼を最も惹きつけたのは、ドロエダの町の近くのニューグレンジなる地にある、趣のある丘だった。その丘の裾野をぐるりと取り囲むように巨石が並べられ、頂にもひとつ据えられていた。聞けば、チャールズ・キャンベルという村の郷紳が、緑なす芝生に覆われているこの丘全体が巨石でできていることに気づいたという。何かしらの考えを思いついたキャンベル氏は、使用人に命じて丘を掘らせた。掘り進めていくと、かなり広くて平らな石に行き当たった。その石は丘の麓の際に置かれており、ぞんざいに彫られた彫刻が施されていた。使用人たちが発見したこの巨石こそ、これから語る洞窟の入り口だった。その先には長い通路が続いていた。実際に入ってみると、這い進むことを余儀なくされた。しかし進んでいくうちに、通路の両側に並ぶ支柱は徐々に高くなっていった。やがて通路は天井高が二〇フィート（六メートル）ほどの洞窟に行き当たった。洞窟の右手と左手には小部屋がひとつずつしつらえてあり、正面には入り口の真反対に向かってさらに通路が続いていた……洞窟を取り囲み丘を支えている支柱は細工を施されていないどころか表面の粗削りすらなされていなかった……が、洞窟の支柱の何本かには、先ほど述べた扉の石と同じ粗野な彫像があった（とぐろを巻いたヘビのようにも見えるが、どちらが頭でどちらが尻尾なのか判じかねる代物だった）。使用人たちは、洞窟のなかで牡ジカもしくはヘラジカの頭骨の一部を見つけたという。入り口と洞窟内の野卑な彫刻は、何かしらの野蛮性を象徴しているようにも思える……この洞窟は古（いにしえ）のアイルランドの民が生贄（いけにえ）を捧げた場所か墓所だったと考えるべきだろう。[19]

ルイドの言うニューグレンジの〝とぐろを巻いたヘビ〟のような彫刻は、近隣にあるノウスとドウスの羨道墓と並んでヨーロッパに見られる巨石墳墓に施された彫刻のなかで最も重要なものとされている。墓についての記述のなかで特に注目すべきなのは入り口に施された〝ぞんざいに彫られた彫刻〟ではなく、洞窟の奥にあった〝粗野な彫像〟だ。ブルー・ナ・ボーニャ遺跡群の墓に見られる彫刻の点数には圧倒される。この遺跡群で確認されている彫刻の四割はノウスにあり、この数はヨーロッパの巨大墳墓に見られる彫刻の全体数で見ても三割を占めている。彫刻の大半は墓の内部にあるが、大きな石板の裏側に施されているものもある。ブルー・ナ・ボーニャの彫刻はすべて抽象的な幾何学模様だが、その種類は多岐にわたる。象徴的なのはコイルばねのようならせん状の模様だが、小さくてシンプルな円も描かれている。円の内側に星のように見える放射状の線が彫られたものもある。放射状の線が花びらのかたちになっているものもある。それら以外にもジグザグ模様や扇のような半円状のものもあり、これらもやはり放射状の線や同心円が加えられている。こうした模様には共通点が見られる——バリーカーティーでは副葬品にされ、ブルー・ナ・ボーニャ周辺の岩で多く見つかる化石によく似ているのだ。

これらの石面彫刻はさまざまに解釈されてきた。太陽と星々の運行を示したものであるとか、季節の移ろいを表現しているだとか、これはこの土地の地図なのだ、地図は地図でも死後の世界の地図だ、いや、これは星図だとか多彩な説が唱えられている。精神に作用するものを食べたり吸ったりした祈禱師(シャーマン)が見た幻覚を表した模様だという主張もなされている。が、今のところは実証可能な説はひとつもなく、どれも推測の域を出ていない。世界各地にみられる旧石器および新石器時代の岩石線画、たとえば西オーストラリア州のピルバラ地域にあるバーラップ・ペニンシュラ(現地語でムルジュガ)で広く見られる太古のアボリジニたちのロックアートは、描き手たちを取り巻く世界と彼らが属している世界の自然を表現したものとされている。そうした彫刻や壁画は、日々の糧となったり普段見慣れている動物や、当時の人々の信念体系であるとか心のなかの大切な部分を表現したものがかなり多い。そのすべてに共通するのは自然から刺激を受けているという点だ。であれば、新石器時代のアイルランドの人々もそうだったのではないだろうか? あえて言うならば、生きている動物や植物からではなく、彼らの家や道具や墓の材料になる石や岩のなかに見つかる動物や植物の遺骸、つまり化石からインスピレーションを受けた、ということもあり得るのではないだろうか。

芸術の進化に化石が与えた影響は、これまでほとんど論じられていない。それでもこのテーマを追究し、その重要性を訴えている研究者は少数ながらもいる。そのひとりがミシガン大学のジョン・フェリクスだ。一九九八年に発表した『The Impact of Fossils on the Development of Visual Representation（視覚表現の発達に対する化石の影響）』でフェリクスは、原初の人々は〝人の手で作られた〟芸術的要素のあるものを化石や貝殻の代用品とすることがあったと力説し、その行為を〝創造的代用〟名づけた。[20] 動物の彫像の創作熱が高まったオーリニャック文化に突入する直前の旧石器時代の中期から後期にかけて、人類の化石収集活動は明らかに増加したとフェリクスは指摘する。そして化石は立体芸術の創作意欲の源泉になったと主張する。さらにフェリクスは、フランス南部のラ・スケットにある三万四〇〇〇年前のオーリニャック文化期の遺跡から出土した象牙のビーズが同じ地層にあった巻き貝の化石に似せて彫られていることを強調し、装飾の細部まで描写している。この巻き貝の〝彫刻〟は、最古のものとしてつとに知られている人間やほ乳類の彫像よりも二〇〇〇年ほど古い。後期旧石器時代の遺跡から巻き貝の貝殻も化石も両方とも大量に見つかっていることから、この時代の化石コレクターたちは化石は生物の遺骸だという事実をしっかり理解していたのではないかとフェリクスは述べている。巻き貝もまた、岩を彫って作られた大きめの彫刻に影響を与えたと思われる。[21] のちの章で詳しく取り上げるが、マルタ島の新石器時代の〝神殿〟からは巻き貝の化石や石灰岩を彫って作った巻き貝の彫刻や、貝殻をかたどった粘土像が見つかっている。[22]

ブルー・ナ・ボーニャ近辺にある岩石は石炭紀の石灰岩と頁岩で、バリーカーティー同様に腕足類やサンゴやウニ、巻き貝や二枚貝やオウムガイの化石に富む。ひょっとしたらブルー・ナ・ボーニャの才能あふれる芸術家たちは、バリーカーティーの羨道墓のように墓の内部に化石を置くのではなく、自分たちの周囲の自然のなかに存在する模様に刺激を受け、それを芸術品として地下の世界に再現したのではないだろうか？　ブルー・ナ・ボーニャの彫刻を象徴するらせん状の模様は、この地の岩石に多く見られる化石、すなわち巻き貝とオウムガイとアンモナイトの形状に酷似している。ジョン・フェリクスもこの渦巻き模様と化石の類似性を認めている。しかし彼は、この渦巻き模様は大型の有孔虫であるヌムリテス（Nummulites）の化石（貨幣石とも呼ばれている）から着想を得たのではないかと述べている。しかしヌムリテスの化石はブルー・ナ・ボーニャ近辺の岩石には存在しない。

　海を渡ったグレートブリテン島の、現在のイングランド南西部の南コッツウォルズに暮らしていた新石器時代の人々にとっても、渦巻き模様は重要な意味を持っていた。しかし彼らは自分たちで掘るのではなく、自然が残したものを使って巨石墳墓を建てた。五五〇〇年前のこの地の人々は、現在は〈ストーニー・リトルトン長墳〉と呼ばれている横穴墓を建て、死者を葬った。長辺の長さが三〇メートル、高さ三メートルのこんもりとした長方形のこの墓は、近辺の露頭から切り出した石灰岩で作られている。横穴の入り口は冬至に陽が昇る方向を向いている。入り口を構成する右側の大きな岩板は、〝悪魔の足の爪〟の俗称で知られるグリファエア（Gryphaea）という牡蠣の一種の化石で覆われている。左側の岩板には、大きさがディナープレートほどもある、渦巻き状のアンモナイトがひとつだけ鎮座している。おそらく、死者が永久（とわ）の眠りにつくまでの長い道程（みちのり）を警護する番兵として置かれたのだろう。

ノウスの羨道墓には巻き貝の化石に似た渦巻き模様の見事な彫刻が施されているが、腕足類の化石を思わせる扇形の模様もまた素晴らしい。腕足類の一種で中国でいうところの〈石燕〉であるスピリフェリド（spiriferid）の貝殻を実によく表現している彫刻で、蝶番の部分にあたる直線の真ん中に穴があいていて（この穴は茎孔と呼ばれている）放射状の細い筋が走っている。この彫刻は精巧な日時計だという声もある。その説が正しいかどうかはわからないが、これを彫った芸術家が普段から眼にしていた腕足類の化石から直接影響を受けているとと見てまちがいないと思われる。この腕足類の化石の彫刻と渦巻き模様は、たくさんの小さな円に囲まれている。石炭紀の石灰石には、バラバラになったウミユリの茎の部分の化石が多く見られる。ウミユリの長い茎は輪状の小管が連なってできていて、死ぬとそれがバラバラになって石灰岩の一部となることが多い。石灰岩が風化して表面に出てきた小管の化石の断面は円のように見える。こうして考えてみると、ノウスの羨道墓の岩板の彫刻は抽象的な幾何学模様を脈絡もなく配置したものではなく、石炭紀の石灰岩に見られる化石を芸術的に表現したものと見てもいいのではないだろうか。

先に述べたように、ニューグレンジの羨道墓からは化石が一点だけ見つかっているが、それは端が切り落とされて繊細な花のような内部の隔壁構造が見える四放サンゴ類のものだ。ノウスの羨道墓には、花ビラのような放射状の模様が円に囲まれている彫刻が多数ある。腕足類にはプロドゥクティド（productid）のように殻に走る放射状の筋がはっきりとは刻まれていないが成長線はくっきりとついている種もある。それとそっくりの模様もノウスの羨道墓には刻まれている。この羨道墓の彫刻のなかにはふたつの大きな円がくっついた模様に、どこからどう見ても腕足類の殻を開閉する二対の筋肉の跡としか思えないようなものが彫られているものすらある。

化石からヒントを得た岩石線画はほかにもあるとフェリクスは述べている。ロシアのコステンキ遺跡で見つかった二万八〇〇〇万年前の〝抽象画っぽい〟扇形の線画は腕足類の化石に類似していると彼は指摘する。[23] フランス南部のピレネー山脈の中腹にあるユサ・レ・バン遺跡の一万七〇〇〇年前の石面彫刻は二枚貝に似ている。[24] ここで見

ブルー・ナ・ボーニャの新石器時代の遺跡群にあるノウスの羨道墓の彫刻。巻き貝ともオウムガイともアンモナイトとも見ることができるらせん模様と、腕足類の化石に非常によく似た彫刻がある。その周りを囲んでいる小さな円はウミユリの小管の化石に似ている。これらの化石は近辺の石炭紀の石灰岩に多く見られる。自然が芸術を触発したのだろうか？

発掘調査中のノウスの羨道墓の空撮写真

つかった、トナカイの角に施された同じ年代の渦巻き模様の彫刻は巻き貝を表現したものなのかもしれない。やはりフランス南部、ドルドーニュ県レゼジー地方遺跡群のこの時代のハート形の彫刻は、腕足類の一種のようにも、ウニの一種のミクラステルのようにも見える。モスクワの東方一八〇キロのウラジーミル地方にある二万八〇〇〇年前のサンギル遺跡から出土した放射状の筋が左右対称に走る象牙のビーズは、ウミユリの小管の化石を彷彿させるとフェリクスは述べている。

ここまで紹介したブルー・ナ・ボーニャの巨石芸術をはじめとするさまざまな先史芸術は化石に触発されたものだと読み解くことができる。その解釈が成り立つのであれば、先史時代の人々は等しく化石に精神的な意義を見出し、大いなる畏敬の念を抱いていた、とも言えるのではないだろうか。バリーカーティーの羨道墓を建てた人々にとって、化石は厳選して収集し、死者の遺灰とともに埋葬するほど大きな意味を持つものだった。ブルー・ナ・ボーニャの芸術家たちは化石から霊感を得て、自分たちが解釈した化石の姿を岩に刻み、そしてバリーカーティーの人々と同様に羨道墓の奥底に化石を埋めたのではないだろうか。そして化石は現世から離れ、祖先の霊が厳しい旅路の果てにたどり着く来世に向かったのだろう。

6章 魂を救済する化石

人間は四〇万年以上にもわたって化石を収集してきた。太古の人々は化石を石器にし、後生大事に使っていた。そして首からぶら下げたり、手首に巻いたり、服に縫いつけたりした。化石は人間の創作意欲を刺激し、その姿を石や骨に刻ませた。化石の姿が刻まれた岩は墓にも使われた。そして人々は化石を神々に捧げた。現世でそれほど大切なものならば来世に持っていくしかない——つまり死者と一緒に埋葬すればいい。

石に刻まれた文字

狩猟採集の暮らしを送っていた旧石器時代の化石コレクターたちは、見つけた化石は必ず手元に置いていたと思われる。それほど大切にしていた。彼らは化石そのものと化石が含まれる石に時間をかけて手を加えた。そして時代が下った七〇〇〇年ほど前の遺跡からは、今から見れば少々奇妙に思える、興味深い証拠が見つかっている——後生大事にしていたはずの化石を手放すようになったのだ。何に衝き動かされてそんなことをしたのだろうか？　利他の心が芽生えたのだろうか？　多くの社会で化石に象徴的な意味を持たせ、価値の高いものと見なすようになったから、という理由も考え得る。もはや化石は面白い宝物などではなくなった。神であるとか、もしくは岩や川や森の精霊の恵みを所有者に与える力が宿っているとされ、信仰体系になくてはならない存在になった。そして現世と来世の両方の幸福を確かなものにするには、化石を供物として捧げる必要があった。つまり化石を手放さなければならないということだ。

この行動は、多くの社会が狩猟採集中心の生活から半永続的もしくは永続的な居住地での暮らしに移行し、さまざまな動物を家畜化し食用植物を栽培するようになった時期、つまり新石器時代に始まった。この時代、当時の人間の平均寿命よりも長持ちする建物が建てられるようになった。儀式を執り行ったり化石などの供物を捧げるための神殿も建立された。化石は死者を祀る神殿に捧げられたり、死者とともに葬られたりした。

当時の人々が大切な化石を手放すという利他的行動を見せていたことは遺跡の出土状況からわかる。それでも、どうしてそんなことをするようになったのかという疑問は残る。何千年もの昔に生きていた人々は、化石のことをどう考えていたのだろうか？　推測ならいくらでもできるのだが、それでも誰かがヒントになるようなものを書き残してくれていたらと、どうしても思ってしまう。では推測してみよう。

一九〇三年、イタリアの考古学者エルネスト・スキャパレッリは古代エジプトの遺跡の発掘調査を開始した。ヘルモポリス・マグナやアシュートやアスワンやヘリオポリス、そして王妃の谷といった著名な地で発掘をしていたスキャパレッリは、ラムセス二世の最初の正妃のネフェルタリと息子のカエムワセト、そしてラムセス三世の息子のアメンヘルケプシェフの墓を発見した。そうした発掘調査で出土した壮麗な品々のなかに、ちっぽけで取るに足らないものでありながらスキャパレッリの興味をかき立てたものがあった――エキノランパス・アフリカヌス（Echinolampas africanus）というマンジュウウニ目の化石だ。ドーム状に盛り上がったその化石の表面には、ぽつぽつと穴のあいた五条の歩帯の跡でできた五芒星の模様がある。小さめのジャガイモほどの大きさの、しかもあまりぱっとしない見栄えのこのウニの化石は、意外にも古代エジプト人たちの化石に対する精神的次元に直接光を当ててくれた。

この化石の一体どこにスキャパレッリは興味を抱いたのだろうか？　まずは楕円形で平らな底面の中心にあいた、このウニの口にあたる五角形の穴に彼の眼は留まったことだろう。この穴から放射状に走る五本の滑らかな溝が五芒星の模様をかたちづくっている。しかしスキャパレッリの心を惹きつけたのは、おそらく化石の外周部に沿って丁寧に彫られた、一二個の象形文字（ヒエログリフ）だ。何千年もの昔の誰かがこの化石にヒエログリフを刻んだのだ。このヒエログリフは化石について書かれたものとしては群を抜いて古く、古代の人々が化石のことをどう考えていたのかを理解するためのカギでもある。[1]

出土から四〇年後、このヒエログリフはエルネスト・スカムッツィによって解読された。[2] この化石に刻まれた文字の意味を知れば、博物館の標本の保管管理に長きにわたって携わっているわたしたちのような人間は欣喜雀躍することまちがいなしだ。なぜなら〝標本の発見地と発見者は必ず明記すべし〟という学芸員の鉄則を地でいく内容だからだ。このヒエログリフを刻んだのは誰だかわからないが、スカムッツィは「ソペドの石切り場の南方で〝神の父〟トノフェルによって発見」と訳した。

スカムッツィは、〈ソペド〉と〈トノフェル〉という言葉はいつ、誰がこのウニの化石にヒエログリフを刻んだのかを示していると感じた。〝神の父〟は〝神官〟と解釈できる。エジプト神話で戦いの神を指す〈ソペド〉という言葉の綴り方は、シナイ半島の鉱山で見つかった、第一二王朝後期のアメンエムハト三世とアメンエムハト四世の時代のヒエログリフにスタイル

1903年から1906年にかけてのエジプトのヘリオポリスでの発掘調査でエルネスト・スキャパレッリが収集したウニの化石。化石の底面には、この化石を発見した人物と発見場所を示す象形文字（ヒエログリフ）が刻まれている。古王国時代（紀元前2654年頃〜前2145年前後）に刻まれたものと考えられている

が似ていると主張した。つまりこのウニの化石は三七五〇年前に発見されてヒエログリフを刻まれたということになる。のちにインケ・シューマッハがソペド神について述べた自著で、このヒエログリフを再解読している[3]。ここは「ソペドの石切り場の南で神の父チャネフェルによって発見された」とするべきだろう[4]。

つまりチャネフェルは化石を石切り場の外の〝南方〟ではなく内部の南側で見つけた、ということだ。この石切り場の正確な位置はわからない。それでもこのウニの化石はチャネフェルにとってかなり重要なものだったにちがいない。何しろこの化石を発見したことを文字に記して、ヘリオポリスの神聖な場所に持ち帰ったほどなのだから。スカムッツィは、化石が発見された石切り場の手がかりはソペドとの関連から調べればわかるはずだと考えた。シナイ半島の鉱山で見つかった碑文では、ソペドは第四王朝の創始者のスネフェル王と、愛と美の女神ハトホルとともに称えられていて、しかもそのヒエログリフの綴りは化石のものと同じだった。この碑文に描かれているソペド神は東方の人々を叩きのめす存在であり、東方の支配者であり、その地の人々の主（あるじ）だった。

ソペドとはどんな神なのだろうか？　この神が古代エジプト人にとっての

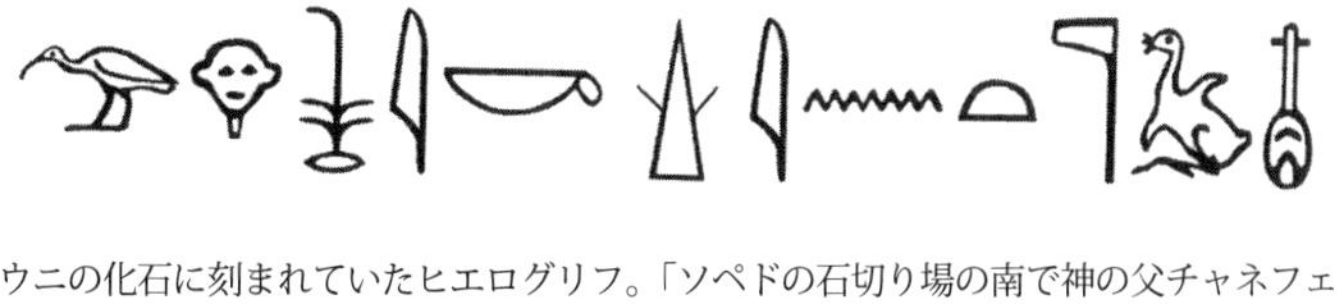

ウニの化石に刻まれていたヒエログリフ。「ソペドの石切り場の南で神の父チャネフェルによって発見された」と読める

化石の重要性を解き明かしてくれるのであれば、その手がかりは何だろう？　ソペド神は星の神サフを父、豊饒の女神ソプデト（ギリシア神話ではシリウスとされ、ギリシア語とラテン語ではソティスになる）を母とし、三神合わせて三柱神とされている。この三柱神はヘリオポリスの古い神で、それぞれホルス、オシリス、イシスに対応する。サフはオリオン座を、ソプデトはシリウスを神格化したものとされている。[5]この二神の息子のソペドもまた星を表していて、〝明けの明星〟とされることもある。ピラミッドに記されているサフの言葉に「わが妹はソティス、わが子は明けの明星」というものがある。[6]

発見場所がシナイ半島のソペドの石切り場だったのだとしたら、わざわざヘリオポリスに持ち帰るほど特別だったところとは何だったのだろうか？　そもそもチャネフェルはその石切り場で何をしていたのだろう？　そこに行けば奇妙なかたちの石が見つかるとわかっていたのだろうか？　それともたまたま見つけたのだろうか？　星の定めで見つけることができたとチャネフェルは信じていたのだろうか？　いずれにせよ、ご丁寧にも自分の名前と見つけた場所を記したのだから、このウニの化石はよほど大切なものだったにちがいない。

おそらくチャネフェルの心を最も強く惹きつけたのは、暑くて乾き切ったシナイ半島の砂漠で見つけた石の表面に刻まれた、見事な左右対称になっている五芒星の模様だったのだろう。キリスト教以前の社会で五芒星のシンボルを一番盛んに使っていたのは古代エジプトだ。この社会では五芒星をセバと呼び、この模様で天空の星を表した。古代エジプトでは死者は世界を取り囲む天空で星となるとされていた。太陽は夕方になると天空の女神ヌトの口に入り、夜のあいだにヌトの体を通り、朝になるとふたたび子宮から生まれてくる。そしてヌトの体は星で覆われている。夜空は冥界を意味するドゥアトとされた。ドゥアトのヒエログリフは円に囲まれた五芒星だ。これはウニの化石にそっくりだ。古代エジプト人もウニの化石の表面にある五芒星を、人間のかたちを象徴していると解釈したのだろうか？

カイロのエジプト考古学博物館にある三二〇〇年前のメルエンプタハ王の石棺にヌトの姿を見ることができる。ちりばめられた五芒星のみで身を包み、王(ファラオ)の亡骸(なきがら)の上に覆いかぶさり、ファラオが永遠の命を得て不滅の星のひとつとなるようにしている。王家の谷にあるセティ一世（在位：紀元前一二九四～前一二七九年）とラムセス五世（在位：紀元前一一六〇～前一一五六年）の墓にもヌトの姿が天井一面に描かれている。その脇には五芒星が並んでいる。ヘリオポリスでさえ、神官は五芒星がちりばめられたローブを身にまとっていた。そのローブはウニの化石で飾られているように見えたことだろう。[7]

サッカラにあるピラミッド群の多くの玄室の天井には五芒星がびっしりと描かれている。ウナス王のものなどは一〇〇〇個もひしめいている。メルエンラー一世に至っては多すぎて重なり合っているほどだ。古代エジプト人にとっていかに重要なシンボルだったのかがわかる。古代エジプト人の信仰と儀式と精神世界は、サッカラにある一〇基のピラミッドの玄室の壁に刻まれた文字、つまり〈ピラミッド文書〉からうかがい知ることができる。五芒星の重要性にしても同様で、星にまつわる寓意が多く見られる。[8] 最も重要なのは、〈ファラオは神々が住まう天空の星である〉や〈余の骨は鉄、四肢は永遠不滅の星である。夜は天空を照らす星である〉といった記述にあるように、亡くなったファラオは天空の星として再生するという信仰だ。

再生の儀式の中心に据えられていたのがミイラ化だ。亡くなったファラオはミイラにされることによって甦り、その魂は天空に昇って星となり、ソペドの父親でオリオン座の化身であるサフに合流する。サフをオリオン座とする絵は古代エジプトで数多く描かれている。その最古のものはアメンエムハト三世のピラミッドの冠石（キャップストーン）にある、大きな五芒星とサフを描いたものだ。化石とその発見場所を重要なものにしていたのは、ファラオたちが自分たちのことをソペドの生まれ変わりだと信じていたことにあった。ファラオたちは、自分はソペドなのだから死んでも冥界であるドゥアトで生まれ変わると信じて疑わなかった。ソペドの石切り場で見つかったウニの化石のどこにチャネフェルが興味を抱いたのかについては、現在ではかなりわかってきている。さまざまな痕跡を突き合わせた結果、この化石はシリウスを象徴するソティスとオリオン座の化身のサフの息子、つまり明けの明星であるソペドを表したものではないかとされている。五芒星の模様は天空の星の象徴となっていた。つまりこの模様のあるウニの化石は、古代エジプトの信仰体系において重要な役割を果たしていたのだ。

神への供物としての化石

シナイ半島の東側にあるアカバ湾から北に三〇キロほど内陸に入ったところにあるティムナ渓谷は、少なく見積もっても七〇〇〇年ものあいだ銅採掘の中心地であり続けた。チャネフェルがあのウニの化石を発見した石切り場からさほど離れていないこの地から、大がかりな採掘が行われていたことを示す証拠と並んで、神殿などのような礼拝所と見られる建造物もいくつか見つかっている。そのひとつは鉱山の守護神でもあるエジプトの愛と美の女神にちなんで〈ハトホル神殿〉と呼ばれている。チャネフェルがシナイ半島でウニの化石を見つけた時期に近い三四〇〇年前に建てられた一五メートル四方のこの神殿からは、一〇〇〇点を超える工芸品が発見されている。その多くはハトホルへの供物だと考えられている。神々や人間や動物の小像、宝石や鉱物、貝殻やビーズといった工芸品とともに化石も見つかっている。多くの断片からなる二枚貝の化石が二点と、ウニの化石が二点（ヘテロディアデマ（Heterodiadema）とコエンホレクティプス（Coenholectypus）という種で、どちらもヨルダンの遺跡から多数出土している）、そして尖ったらせん状の殻の内部が露わになった巻き貝の化石が三点だ。[9] これらの化石もすべてハトホルに捧げられたものだった。

ハトホルは多才な神だ。メソポタミアの女神イシュタルがエジプトの神として取り入れられたハトホルは、ソペド（ホルス）と同じく鉱山の神とされた。さらに冥界の神のひとりとも、夜空の女神ともされている。天空の女神ヌトと同じく〝星々の女主人〟ともされ、朝が来るたびに太陽を産む神でもあった。そして豊饒の女神でもあった。子宝を求める人々はハトホルに捧げものをして願いをかなえてもらった。そして何よりも、ハトホルは死者の再生にも関わっていた。ハトホルは死者に自分のローブを渡し、危険をはらむ来世への旅路を安全に乗り切ることができるようにした。星の模様のある石を死者の亡骸と一緒に置く行為は、何千年にもわたって多くの社会で広く行われていた。

ティムナ渓谷では、ハトホルは鉱山の女神として鉱脈探しの知恵を人々に授けた。何千年ものあいだ、シナイ半島周辺は貴重なトルコ石の供給地だった。なのでハトホルは〝トルコ石の女神〟ともされていた。新たな鉱脈を見つけるべく、ハトホルの神殿で奉納の儀式が執り行われた。儀式の中心は夢見の神託だった。未来を予言する夢の記念碑と神聖な場所の印として石が立てられた[10]。この〝夢の地〟で人々は供物や生贄を惜しみなく捧げ、〝トルコ石の女神〟のご機嫌を取った[11]。そして二枚貝とウニと巻き貝の化石も供物とされた。ハトホルは神官の夢のなかでトルコ石の新たな在り処を示し、人々の奉納に報いた。ハトホルへの供物とされる多くの工芸品とともに発見された事実は、これらの化石も供物だったことを明確に物語っている。

化石が多くの文化の精神・信仰体系で重要視されていたことを示す確固たる証拠もある。化石を既存の地上建造物に置くのではなく、化石を納めることだけを目的とした地下構造物に置くというかたちで地中に戻した形跡があちこちで見つかっているのだ。そうした〝化石専用の墓〟は、さまざまな計画が練られて多くの努力が費やされたうえで作られたのだろう。言ってみれば、特別に収集した自然物を収める世界初の博物館のようなものだ。しかもこの博物館の元祖は、標本はたったひとつしか所蔵していなかった。

フランスにはそうした原初の博物館が三つ存在する。三つとも、地中から掘り出したものを置き、掘り出したときの石や土を盛って作った墳丘墓(チュムリ)だ。通常、墳丘墓には死者の亡骸か遺灰が葬られている。ところが西部のシャラント＝マリティーム県のジュイクにあるフルシェリー墳丘墓にはどちらも収められていなかった。発掘時に見つかったのは一点のウニの化石のみだった。ブルターニュのブレンニリスにある、フルシェリーよりも時代の新しい約四〇〇〇年前の青銅器時代の墳丘墓でも、やはり一点のウニの化石のみしかなかった。ここの化石は三枚の石板で護られていた。[12] この化石は墳丘墓から少なくとも二〇〇キロは離れている場所からもたらされたものだった。

ドゥー＝セーヴル県のル・ポワロンのものはさらに不思議だ。[13] 直径二〇メートルで高さが四メートルのこの墳丘墓は、積み重ねた結晶片岩に土と石を盛ったものだ。内部からは箱が一点見つかっている。六枚の頁岩で丁寧に作られた、卵のパックより若干小さなその箱のなかには、まさしくパックのなかに一個だけ残った卵のようにウニの化石が一点入っていた。こうした〈追悼墳〉と呼ばれる墳丘墓は、人間が何千年もの長きにわたって感じつづけてきた化石に対する深い心の結びつきを反映したものと見てほぼまちがいない。

が、化石のみが〝改葬〟されたこの三つの墳丘墓はあくまで例外だ。通常は死者の亡骸とともに地に還された。

夢見の化石

一七九七年一月一六日の日曜日、〈ブリストル・マーキュリー〉と〈ユニヴァーサル・アドヴァタイザー〉の両紙は八日前に起こった奇妙な出来事を報じた。

（サマセット州のメンディップ・ヒルズにある）バリントン峡谷（クーム）で、二名の少年が一羽のウサギを追いかけていた。ウサギは岩の小さな割れ目のなかに逃げ込んだ。どうしてもウサギを捕まえたかった少年たちは、つるはしで割れ目を広げた。数分ほど掘ると、地下礼拝堂へ通ずる通路もかくやという空間が現れ、少年たちは驚いた。その通路の先には広くて天井の高い洞窟が広がっており、天井と壁面には奇妙な模様が浮き出ていた。さらには、洞窟の左手にはほぼ石に覆われた、多数の人骨が散らばっていた。[14]

少年たちのその夜の食事が〝ウサギのマスタードキャセロール〟だったのかどうかについてはこの記事からはわからない。しかしこのふたりが、一万五〇〇〇年前にバリントン・クームに生き、そして死んでいった中石器時代の狩猟採集者たちの埋葬地と五〇点以上の骨を見つけたことは記されている。その洞窟は〈アヴェリンの穴〉と名づけられ一九〇〇年代に徹底的な発掘調査が行われ、遺骨とともに化石が複数出土した。その状況は〝七匹のアンモナイトの巣〟と表現された。[15] この発見で特筆すべき点は、化石が人間の頭蓋骨と顎の一部の骨と一緒にあったことだ。それらの化石は故人の頭の横に置かれており、もしかしたら下に敷かれていたのかもしれない。この状況は、アンモナイトの化石を枕代わりにして寝ると予知夢を見ることができるという、大プリニウスの『博物誌』を基にしたガイウス・ユリウス・ソリヌスの記述を彷彿とさせる。

これらのアンモナイトは意図的に洞窟内に置かれたと見てほぼまちがいない。〈アヴェリンの穴〉は三億五〇〇〇万年前の石炭紀の石灰岩でできている。一方のアンモナイトの化石のほうは時代をはるかに下る二億年前のジュラ紀のアルニオセラス・ボドレイ（Arnioceras bodleyi）という種だ。この化石が見つかる場所は、直近のところでも洞窟から一五キロほど離れている。[16] つまり、一万年以上昔に誰かが持ってきたということだ。

見つかった七点のアンモナイトの化石のうち、形状を完璧にとどめているものはひとつもない。むしろどれもオレンジの房に似たかたちで、長さにしても小指ほどだ。横筋が何本もあり、〝房〟の湾曲部に沿って一本の畝が走っていることから、このアンモナイトも手が加えられているように思える。少なくとも一点の化石の両端は丸く滑らかに整えられ、しかも正体不明の物質で覆われている。[17] それがわかったのは、この化石が火に焼かれてしまったからだった。〈バトル・オブ・ブリテン〉のさなかの一九四〇年一一月、ドイツ空軍はブリストル大学の洞窟学博物館に爆弾を落とした。七点の化石のうち六点は難を逃れた。博物館への爆撃は誤爆だったとされている。

洞窟内に意図的に置かれていたことを考えると、狩猟と採集の生活を送っていた中石器時代の人々にとって、アンモナイトの化石は神秘的もしくは霊的な意味合いを持っていたと思われる。彼らがヨーロッパ大陸からグレートブリテン島に渡ってきてから、まだそれほど経っていなかった。地球規模の大寒冷期が終わりに近づき、氷河と凍土帯(ツンドラ)が北に退いていくと、ヨーロッパ中央部に定着していた動植物は拡散していった。中石器時代の人々も一緒に移動していった。その一部は海を渡り、現在はサマセット州のメンディップと呼ばれる地に定着した。近年のDNA解析により、黒髪に碧眼(へきがん)、そして浅黒い肌の人々だったことが判明している。彼らが大陸から持ち込んだもののひとつが化石と、この模様のある小さな石に込められていると考えられていた魔法の力への強い関心だった。

アンモナイトの化石が予知夢を見せてくれるという大プリニウスの記述は、今から見れば奇抜な昔話のように思えるかもしれない。しかし中石器

真珠層の殻が保存された
ジュラ紀のアンモナイトの化石

時代の人々の頭蓋骨の横にこの化石が見つかったという事実から、プリニウスの昔話が太古の昔から連綿と語り継がれてきたものかもしれないという興味深い説を導き出すことができる。この言い伝えは時代と場所を超えて広まっていたことを示す考古学的な証拠も存在する。スウェーデンの考古学者カール・ベルンハルト・サリン（一八六一〜一九三一年）は、フランス北東部を流れるモーゼル川沿いの町エネリーで見つかった中世前期のものと思われる墓で、子どもの遺骨の頭の下に置かれた大きなアンモナイトの化石を発見した。さらにドイツ南西部のハイルフィンゲンの同時代の墓では女性の遺骨の頭の下から見つかった。[18] アンモナイトの化石を枕にして永久（とわ）の眠りにつけば、来世の暮らしを夢見ることができると考えられていたのかもしれない。この二基の墓の状況と、アンモナイトの化石が未来の夢を見せてくれるというプリニウスの記述とのあいだに何らかのつながりがあったということになれば、地中海沿岸からヨーロッパ北部に至る広大な範囲で、一万年前の中石器時代からほんの一〇〇〇年ほど前の中世前期までのあいだ、アンモナイトの化石に不思議な力が備わっているという言い伝えは語り継がれていたと言うことができるのではないだろうか。

中世前期、つまりアングロ・サクソン時代のイングランドでは、アンモナイトの化石を墓のなかに置くことは珍しくなかったようだ。ケント州ルータムの七世紀の墓からは、鉄製の槍先や黄金のペンダントなどとともにアンモナイトの化石が出土している。金製の装飾品の存在は、その墓に葬られた人物は社会的にかなり高い地位にあったことを示している。アンモナイトの化石が出土する墓には共通点がいくつか見られる――その副葬品から被葬者は社会の上層にいたことがわかり、性別が判明している場合は全員女性なのだ。〈ピールの異教徒の女性〉もそのひとりだ。マン島にある一〇世紀のノルマン人の墓に葬られていたその女性が身につけていたネックレスは、スカンジナビア半島と東方と地中海沿岸、そしてグレートブリテン島のガラスと琥珀と黒玉（くろだま）でできた七〇個以上のビーズを連ねたものだということがわかっている。腰に巻かれた織物の帯には、二個の琥珀のビーズと一個のアンモナイトの化石の飾りがついていた。[19] その女性はアンモナイトではなく羽毛が詰まった枕を敷いて深い眠りについていた。マン島ではノルマン人の墓が二〇基以上見つかっているが、身分の高い女性が葬られていたのはこの墓だけだ。

ドイツ南部のドナウ川沿いにあるホイネブルク遺跡の、イングランドのものより一五〇〇年古い墓にも、かなり高位の女性が葬られていた。この墓からは驚くほど大量の副葬品が出土した。ホイネブルク遺跡は一キロ四方もあり、ハルシュタット文化と呼ばれる中央ヨーロッパの鉄器時代初期の遺跡のなかでは最大級だ。その集落内では、二〇〇五年にいくつかの墳墓の発掘調査が行われた。〈ベッテルビュール墓地〉として知られるこの墳墓群からは、金メッキが施された青銅製の衣服を留めるブローチ（フィブラ）が出土している。ドナウ川の支流の氾濫に頻繁にさらされる土地にもかかわらず、二歳から四歳の幼女のものと見られる豪華なしつらえの墓が発見された。この墓よりもかなり大きな墓も見つかった。バーデン・ビュルテンベルク州文化財保護局のディルク・クラウゼらによる試掘調査では、度重なる洪水による浸食を耐え抜いた木製の玄室が露わになった。玄室全体を掘り出すという判断が下された。大きさにして六メートル×七メートル×一メートル、重量にして八〇トンほどの玄室は文化財保護局に運ばれ、詳細な調査が行われた。[20]

木製玄室の四・六メートル×三・八メートルの床にはオークとヨーロッパモミでできた九枚の板が敷かれていた。年輪年代法による分析により、床板は紀元前五八三年に伐採された木のものだと判明した。床板は伐採直後に製材された形跡があることから、被葬者の埋葬時期をピンポイントで特定することができた。この木製の玄室からは二体の亡骸が発見され、どちらも女性だった。一体の副葬品は少なかった。ところが三〇～四〇歳と見られるもう一体は金や琥珀などで飾り立てられていた。両肩のあたりに金と琥珀のフィブラがあったことから、上質なローブを身にまとった状態で埋葬された

ドイツ南部、鉄器時代初期のホイネブルク遺跡にある高位の女性の墓からアンモナイトの化石とともに発見された、ハート形をしたブンブクウニの一種の化石。かなり手が加えられていることがわかる。左側にある溝はもともとあったものをさらに際立つように加工されている。正面と右側の溝はどちらも彫られたものだ。地位を象徴する杖もしくは刀剣の柄に合うように加工されたのかもしれない

にちがいない。金線細工の球と二六個の金のチューブビーズと多くの琥珀で精巧に作られたネックレスもあった。臀部の近くには大きな琥珀のペンダントがあり、腰には革と青銅でできた帯が巻かれていた。前腕には黒玉で作られたブレスレットが七つあった。両の足首には無垢の青銅でできたアンクレットがはめられていた。この被葬者はどこからどう見ても鉄器時代の社会の支配階級の女性だ。

この貴婦人の副葬品のなかには、湾曲した二本のイノシシの牙の根元を青銅で覆い、牙の隙間に取り付けられた金属片に青銅のベルがぶら下がっているというものもあった。クラウゼらは、このいささか奇妙な逸品を精巧に作られた馬具の一部だと結論づけた。水晶の小片、黄褐色のハート形の針鉄鉱、赤いヘマタイトの球、そして磨かれた石といった副葬品は護符だとされた。そうした大切な品々のなかに、アンモナイトとウニの化石が一点ずつあった。[21] ウニのほうにはかなり手が加えられている。この二点の化石は、生前のベッテルビュールの貴婦人にとってかけがえのないものだったにちがいない。が、どうして死後の世界にも持っていこうと思ったのだろうか？　この謎を解くカギはアンモナイトではなくウニの化石にある。五芒星の模様を背負っているこの小さな化石は、ヨーロッパでは中石器時代から中世にかけてのさまざまな地域の墓から見つかっている。多くの人々が来世への旅の供としていたのだ。

魂の石

感情の揺れが激しい時代だった。悲しみに満ちた時代でもあった。墓穴から掘り出された土と石は、そのまま埋め戻されて死者の亡骸を包む。そのなかに化石が含まれていた場合もそのまま埋め戻される。簡単な話だ。常に起こり得る、何気ない行為だ。

それでも、化石を意図的に埋めることもままあった。丁寧に、丹精を込めて亡骸に添えられることもあったのだ。が、何千年も昔のこの行為の意図などわかるわけがない。文脈のなかで解き明かしていくしかない。墓から化石が何百個も出てきたら、たまたまそこにあったとは考えづらい。亡骸が胸にかき抱くようにして化石を持っていたら、来世に持っていきたいという意志の表れだと見るべきだろう。

その女性の右手は時の流れのうちに多くが失われてしまったが、それでも残っていたほんのわずかな骨は、一個の石をしっかりと握りしめていた。その女性は、イングランド南東部サフォーク州、ベリー・セント・エドマンズのウェストガース・ガーデンズで一九七〇年代初頭に住宅地の造成中に発見された、六五基の墓のひとつで眠っていた。その女性の副葬品は黒ずんだ壺と石ころだけだった。亡骸の咽喉のあたりは二二個のガラスビーズでできたネックレスで、両肩はブローチで、そして片方の手首は青いビーズのブレスレットで飾られていた。そして手のひらにすっぽりと収まっていたのは、燧石（フリント）でできたウニの化石だった。[22] その化石は一部が欠けているが、彼女が手に入れるずっと以前からそうだったにちがいない。とりわけ興味をそそるような化石ではないが、表面部分はしっかりと残っている。彼女の心を捉えたのは、針であけたような小さな穴が並んでいる五本のくぼんだ筋だったのだろう。五本の筋は五芒星を描いていた——両手両脚を広げた人間の姿にも見えたことだろう。アイルランド北部のドニゴール州では、同じような埋葬様式の一三世紀の墓が多く見つかっており、その多くの亡骸は石を握っていた[23]。

古生物の化石の副葬品のなかでもウニの化石は群を抜いて多い。二〇〇一年に発表された考古学の論文では一五〇近い例が挙げられ、その多くはウェストガース・ガーデンズの女性の墓のように、どこからどう見ても意図的に置かれていた[24]。そして大抵の場合、化石は遺体の特定の部位に置かれていた。たとえばドイツ北東部ザクセン・アンハルト州のシュテセンで見つかった六世紀の墓の場合、ウニの化石は両膝のあいだにそっと置かれていた[25]。バークシャー州ブリルフォードの三世紀の墓では、葬られていた女性の亡骸のあちこちの関節にウニの化石が丹念に置かれていた[26]。化石を亡骸の特定の部位に置く行為には長い歴史があり、ヨーロッパ北部では七〇〇〇年以上も昔の中石器時代までさかのぼることができる。この習慣が確認できる最古の墓はスウェーデン南端部のスケートホルムにある。ルンド大学のラース・ラーソンらによる長年にわたる発掘調査で、女性の亡骸と一緒にウニの化石が葬られていた墓が二基見つかった。バルト海西部、デンマークを中心とする中石器時代文化であるエルテベレ文化期のものとされている七二二〇年前のこの墓では、女性の亡骸の特定の部位の横に化石が置かれていた——どちらも、まるで産み落とされたばかりのように骨盤の真下の大腿骨のあいだに置かれていたのだ。このことは、当時の社会の構成員にとっての化石の意味を示している。何千年ののちのエジプト人たちが執り行っていた死者の再生の儀式における化石の意味と相通ずるものがある。エジプトの化石もスケートホルムの化石も、どちらもあらゆる意味で〝魂の石〟だった。

魂の石は化石とはかぎらない。ヨーロッパでは鉄器時代の墓の多くから、体内に卵形の丸石（白いものが多い）が入っている亡骸が見つかっている。そうした丸石の大半は乳石英もしくは珪岩だ。やはり丸石の〝魂の石〟も、ウニの化石と同様に亡骸の頭部や鼠径部や足元などの特定の場所に置かれていたと見られる。そして化石と同様に、通常は女性や子どもとともに埋葬されていた。[27]ドイツ南部のホイネブルク遺跡からも丸石の〝魂の石〟は多く見つかっている。卵形の丸石もまた豊饒もしくは生命の再生を象徴しているものだとする説が唱えられている。[28]

ウニの化石との類似点も多く見られる。白亜層の石灰岩が多い地域で見つかるウニの化石は白いものが多い。フリント内から見つかるものもあって、その場合は灰色もしくは茶色なので全部が全部白ではないが、それでも圧倒的に白が多い。そして卵のかたちをした種もある。ウニの化石もまた魂の石とされ、来世への旅路を穏やかなものにするために亡骸とともに葬られたのかもしれない。墓に化石の魂の石を置く習慣は、副葬品が示していると思われる社会的地位に関係なく広まっていたようだ。

ケンブリッジ近郊のエディックス・ヒルにある、おそらくハンセン病で亡くなったと思われるアングロ・サクソン時代の身分の高い女性の墓からは、さまざまな副葬品が多数出土している——銀の指輪数点、ナイフ類、ひと振りの剣、木製の小箱、シカの枝角でできた櫛などだ。そうした品々の一部は女性の膝の上に置かれた袋に収められていたと見られるが、そのなかにウニの化石が一点あった。この女性が支配階級に属していたことを決定づけたのは、〝ベッドに横たわった状態〟という異例の方法で埋葬されていたという事実だった。[29]

この女性の埋葬スタイルと比べると、イギリス海峡に面したブライトンのホワイトホークにある環濠(かんごう)集落の遺跡から見つかった新石器時代の二基の墓の状況はまったく対照的だ。一九三三年に遺跡を発掘した考古学者のセシル・カーウェンは、この墓の埋葬状況を〝ぞっとするばかりだ〟と表現した。一方の墓に葬られていたのは若い女性だった。一緒に埋められていたのはウニの化石だけだった。カーウェンはこう記している。「顔の片側を下にして、片方の腕を背後に投げ出し、両膝を曲げた状態だ。およそ墓に葬られたとは思えない。むしろゴミやガラクタと一緒に溝に投げ込まれたように見える」[30] そんな状態の亡骸の周囲には化石だけが散らばっていた。

もう一方の墓も若い女性のものだった。が、こちらの女性は幼児とともに葬られていた。副葬品は二点のエキノコリス（Echinocorys）という種のウニの化石（おそらく女性と子どもそれぞれのものなのだろう）と穴のあいた石灰岩が同じく二点、そして牛の骨が一本だった。[31] どちらの墓も、共同体内の地位の低い構成員を急遽埋葬したものだった。それでも誰かが、せめて化石ぐらいは弔いの品として用意してあげようと考えたのだろう。おそらく彼女たちの来世への旅路を楽なものにする〝保険〟のようなものだったのだろう。そうした保険が必要なのだとしたら、どうして一個だけだったのだろうか？　本当に必要なら、もっとあってもいいのではないだろうか？

1933年にブライトンのホワイトホークでセシル・カーウェンによって発掘された、新石器時代の女性と子どもの遺骨。エキノコリスというウニの化石と穴のあいた石灰岩が２点ずつ、そして牛の骨が１本一緒に埋められていた

一八八七年三月　ウォージントン・ジョージ・スミスは骨の鑑定の依頼を受けた。スミスはロンドン近郊の礫岩(れきがん)堆積地で考古学者としての腕を磨き、この地の前期旧石器時代の貴重な遺跡の大半を発見していた。ベッドフォードシャー州ダンスタブルに暮らすスミスは、この春先の肌寒い日に自宅に近いチルターンの白亜質の丘にいた。彼の友人で農場を営むフレデリック・フォッシーの畑のひとつに、一八五〇年代にあらかた取り壊された青銅器時代初期の墳丘墓が一基あった。このままでは耕作の邪魔になるので、フォッシーはこの墳丘墓の成れの果てをならすようふたりの使用人に命じていた。白亜質の土を掘り起こすと、すぐに人骨が出てきた。フォッシーは作業を止めて、スミスを呼びにやった。スミスは二日をかけて丹念に発掘し、ばらばらになった骨を多数見つけた。そして若い女性の骨だと判断した。[32]この女性に名前をつけてあげるべきだと考えたスミスは、〈モー

ホワイトホークで子どもと２点のウニの化石とともに埋葬されていた女性の復元像

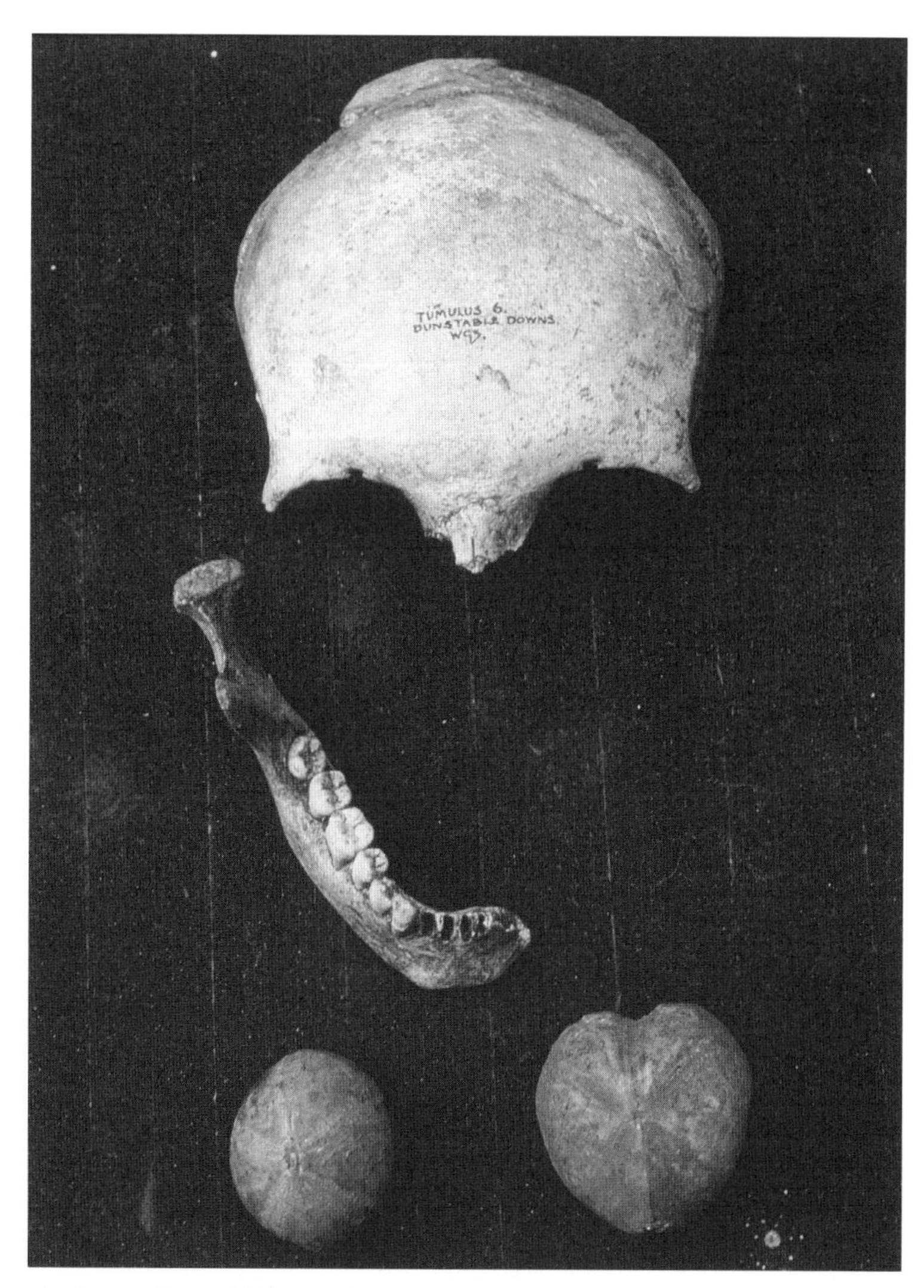

ベッドフォードシャー州ダンスタブルのチルターンの丘で発掘された、発掘者のウォージントン・ジョージ・スミスが〈モード〉と名づけた青銅器時代の女性の遺骨。現存するのは頭蓋骨と下顎骨の一部と、一緒に埋葬されていた100点を超えるウニの化石のなかのたったふたつのみだ

ド〉という名を思いついた。そう名づけた理由をスミスは語っていない。それでも、おそらくアルフレッド・テニソンの有名な詩『モード』から取ったのではないだろうか――死よ、長き死よ／長き死よ！／我が心は一握りの塵――この一節がスミスの脳裏をよぎったのだろうと考えるのもまた一興だ。

細心の注意を払って骨を拾い上げていくうちに、墳丘墓にいたのは〈モード〉だけではないことにスミスは気づいた。ホワイトホークの女性と同じように、〈モード〉も幼い子供と一緒に葬られていたのだ。しかしスミスを心の底から驚かせたのは彼女と子どもの骨ではなかった。四〇〇〇年前の墓から出てきた、骨以外のものだった。骨を拾い集めていくうちに、化石が出てくるようになった。ここでもまたウニの化石が見つかった。が、この墳丘墓の場合はそれぞれの亡骸にひとつずつではなかった。もっとあったのだ。しかも大量に。最初の発掘では、ハート形のミクラステルとヘルメット形のエキノコリスが合わせて一二点見つかった。それで終わりではなかった。スミスと助手たちが発掘を続けると、ウニの化石がごろごろと、それこそジャガイモのように出てきた。一〇〇点というとんでもない数が見つかった。が、それでお終いではなかった。以前に墳丘墓があった場所から、もっともっと出てきたのだ。スミスはこう述懐している。「もともと墳丘墓があった場所を全体的に掘り起こしたところ、二〇〇点を超える化石が見つかった。墓はほかに見つからなかったことから、大量の化石の大半はこの若い女性の墓にあったことに疑いの余地はない」[33] 挿絵画家でもあったスミスがのちに描いた銅版画には、死者を護る埋葬布にも、現世から来世への旅路の安全を保証する〝保険〟にも見える、〈モード〉とその子どもの亡骸を取り囲む一四七点のウニの化石がある。

亡骸と一緒に大量の化石を埋めるという行為は、この時代のちょっとした流行りだったようだ。一九四九年グロスターシャー州のウッドチェスター近郊にあるアイヴィー・ロッジ円墳で発掘調査が行われた。[34] 出土した副葬品のなかに、一二一点もの腕足類の化石があった。この化石の〝巣〟は赤土に覆われていた。[35] 古人類学者のケネス・オークリーは、円墳に埋められていたのは何らかの象徴的意味があったからにほかならないと主張した。一緒に出土した副葬品から、円墳は四〇〇〇年ほど前の青銅器時代初期に建てられたことがわかった。つまりこの化石が埋葬された時期は〈モード〉がウニの化石まみれにされた頃ということになる。小石のようなかたちの腕足類の化石は、この時代の人々が好んで魂の石としていた卵形の石英の小石を彷彿とさせる。

しかし出てきた化石の数の文句なしの一等賞は、フランス東部オート＝ソーヌ県のモン・ヴォドワの青銅器時代の墓だ。故人の頭蓋骨だけが見つかったこの墓からは細工が施された大きな骨とアカシカの枝角から作られた杯、そして〝かさ〟が三平方メートルにもなる驚くほど大量のウニの化石がごっそりと出てきた。[36] 正確な数はわからないが、おそらく三万点ほどあるのではないだろうか。これだけあれば来世への旅路の安全はまちがいなしだ。

故人を膨大な量の化石とともに来世へと送り出すためだけに大きな墓穴が掘られたと考えるのは早計だ。亡骸を荼毘に付すには、この墓にあった化石と同じぐらいのスペースが必要なのだ。

イギリス海峡に浮かぶワイト島のアシー・ダウンという白亜質の丘に一二基の墳丘墓（バーロウ）がある。ベンジャミン・バーロウという駄洒落のような名前の人物が一九世紀半ばに発掘したこれらの墓には、火葬の痕跡がいくつも認められた。最初に発掘された最大のものからは焼けた人骨と木炭が見つかった。丘の頂で燃え上がる野辺送りの火は、叙事詩『ベーオウルフ』もかくやというほど壮観で、東西南北のあらゆる方向の何キロも離れたところからも見えたことだろう。海からも見えたかもしれない。炎は空を舐め、〝天空は煙を嚥（の）み込んだ〟ことだろう。[37] 四〇〇〇年ほど前の薪の燃えかすのなかから見つかったものは、人骨以外は陶器の破片と黄鉄鉱の結晶、そして一点のウニの化石のみだった。人骨は五基の墓からしか出てこなかった。そのうちの四基からウニの化石が一点ずつ見つかった。

ワイト島のアシー・ダウンの丘にある青銅器時代の墳丘。これは火葬された人骨とウニの化石が1点見つかった4基の墓のひとつ

さらにそのなかの一基のウニの化石は、動物の牙と黄鉄鉱の結晶とともに小さな骨壺に収められていた。ウニの化石が魂の石とされて重要視されていたことは明らかだ。

ウニとアンモナイトの化石が副葬品とされるのは、性別が判明しているかぎりにおいては女性と子どもの墓だけのようだ。一方で、被葬者の男女を問わず墓に置かれた化石もある――ベレムナイト、つまり雷石だ。ベレムナイトの化石はブルガリアの新石器時代後期の墓からよく出てくる。たとえばポリャニスタ遺跡では発掘された二三基の墓のほとんどから見つかっている[38]。そのすべてが一点ずつで、亡骸の頭の近くに置かれることもあった。そのなかには先端を尖らせて矢じりのように加工されたものもあるが、これはブルガリアの民間伝承に出てくるスラヴ神話の雷神ペルーンの〈稲妻の矢〉を彷彿とさせる。ベレムナイトの化石を雷神トールの武器と見なしていた北欧の例と相通じるものがある。

〈稲妻の矢〉には怪我や病気を癒す特別な力も宿っているとされていて、儀式で用いられることもあれば、いい猟果をもたらし戦いで勝利を呼び込む護符として身につけられることもあった。現世ではその魔力を発揮することはなかったのかもしれないが、戦いに斃(たお)れ来世に旅立った戦士にとっては強力な武器だったのかもしれない。

化石は何千年ものあいだ、死の儀式において極めて重要な役割を果たしてきた。化石は来世への旅の安全を約束する〝保険〟とされた。現世でも、次々と襲いかかってくる苦難から持ち主を護り、大猟と勝利をもたらす強力な力を与えられた。化石がないことは不猟と飢えを意味する。かくして化石収集は日々の糧を得る狩猟に劣らず大事な行為となった。

7章 身を護るための化石

化石には魔力が宿っていると考えられていた。邪眼や、雷のように死をもたらす自然の力といった災難から身を護ってくれる護符とされた。[1] 姿を偽って近づいてくる悪霊を祓うこともできるとされた。それどころか悪魔すらも退散させることができるとされた。持ち主だけでなく、その家と家財道具と家畜も護ってくれるともされた。災厄を防ぐ盾だけでなく、幸せを呼び込むお守りとしても使われた。化石に託された最も基本的な力は、幸運と成功をもたらし、困難だらけの人生をほんの少しだけましなものにしてくれる力だった。そして最大級の力は、たとえば狩りや戦いのような命にかかわる重大事の成功を確かなものにしてくれる力だった――そんな強大な力のある化石は、持ち主に名声と尊敬をもたらした。名声と尊敬は、自分の力を他者に振りかざす能力をもたらした。

狩りの魔法

　ミルウォーキー公立博物館の館長サミュエル・バレットは、館長就任一年目の一九二一年の夏にモンタナ州の大草原地帯（グレート・プレーンズ）に向かった。旅の目的は、この大平原に暮らす北米先住民の儀式用品を収集することにあった。首尾よく入手した品々のひとつにいたく興味を抱いたバレット館長は、その品のブラックフット族（ニツィタピ）にとっての重要性と儀式的意義についての論文を著した。[2] その品は〈イニスキム（バッファローを呼ぶ石）〉と呼ばれる、バッファローの皮袋に収められたアンモナイトの化石だった。グレート・プレーンズ北部の後期白亜紀の地層、とくに〈ピエール頁岩（シェール）〉からは、虹色に輝く殻が見事に保たれているアンモナイトの化石が豊富に見つかる。その多くは、一般によく見られる渦巻き

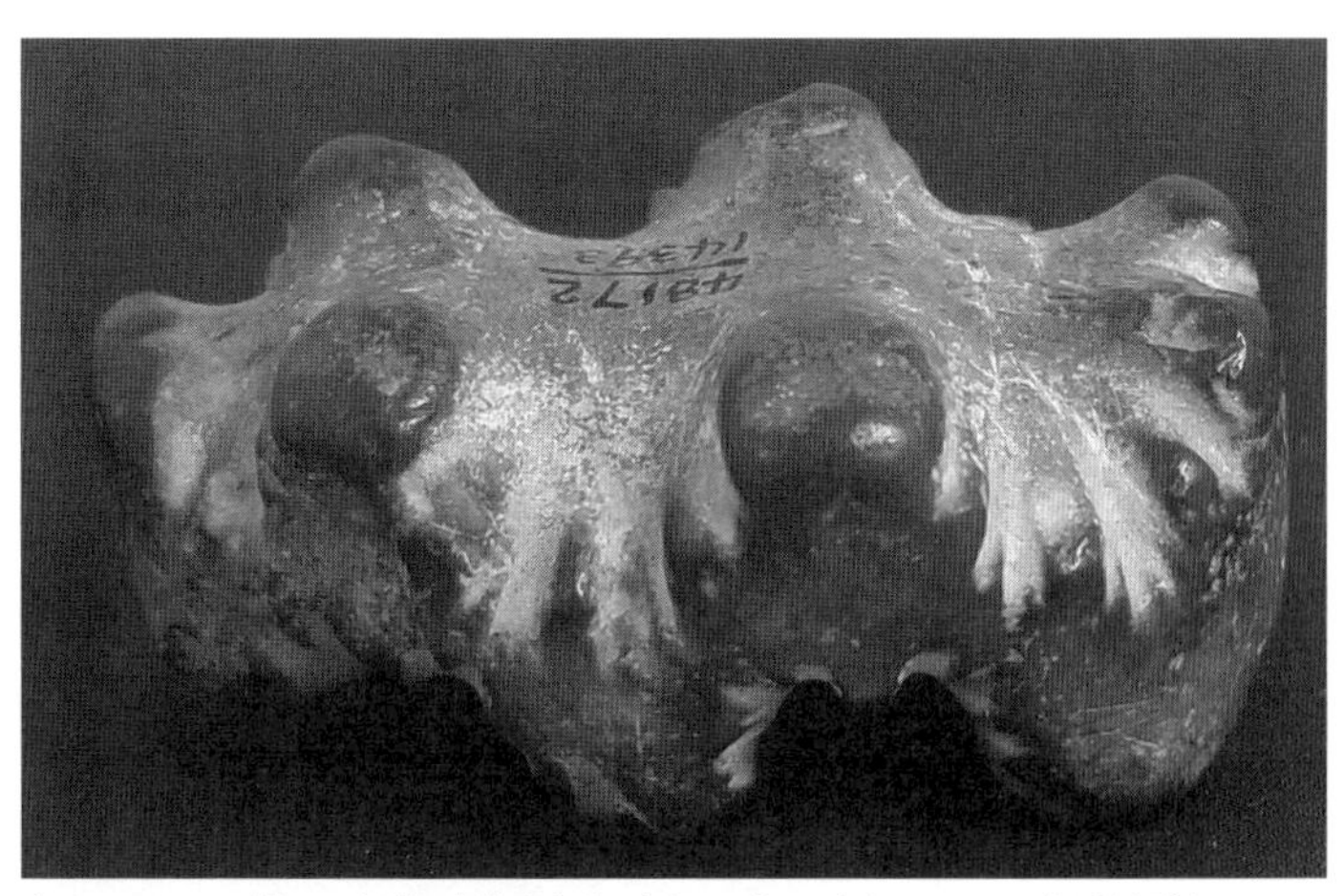

ウィスコンシン州ロック郡で収集された〈イニスキム（バッファローを呼ぶ石）〉。アンモナイトの住房と気房に充満した堆積物でできた、バッファローによく似ている全長６センチの小さな化石は、狩りのトーテムとして北米先住民〈ブラックフット族（ニツィタピ）〉が使っていた

状の殻のものだ。バレットが手に入れたイニスキムのうちの三点もそうだった。しかしまっすぐな殻のバクリティド（baculitid）という種のアンモナイトの化石もあった。イニスキムのなかには殻が完全に保存されたものもあったが、大半は殻の内部の隔壁で区切られた部分に詰まった堆積物が石化したものだった。

アンモナイトの殻はふたつの部分から構成されている――一番外側にはイカのような軟体動物が収まる住房（じゅうぼう）があり、その奥には気体が入っていて浮力を調節する、隔壁で仕切られた気房（きぼう）が連なっている。住房と気房に堆積物もしくは方解石が充満し、殻と一緒に化石化することがよくある。化石化が進むと隔壁は溶けてなくなり、あとにはらせん状の住房と気房に詰まっていたものが残る。隔壁の間隔が不規則に並んでいるせいで、住房と気房に詰まっていた堆積物や方解石は、とある動物のような形状になる。〈ニツィタピ〉の人々には、それが普段からしょっちゅう眼にしているほ乳類が寝そべっている姿に見えた。そのほ乳類とはバッファローだ。割れてしまったイニスキムは修理されることもあった。ミルウォーキー公

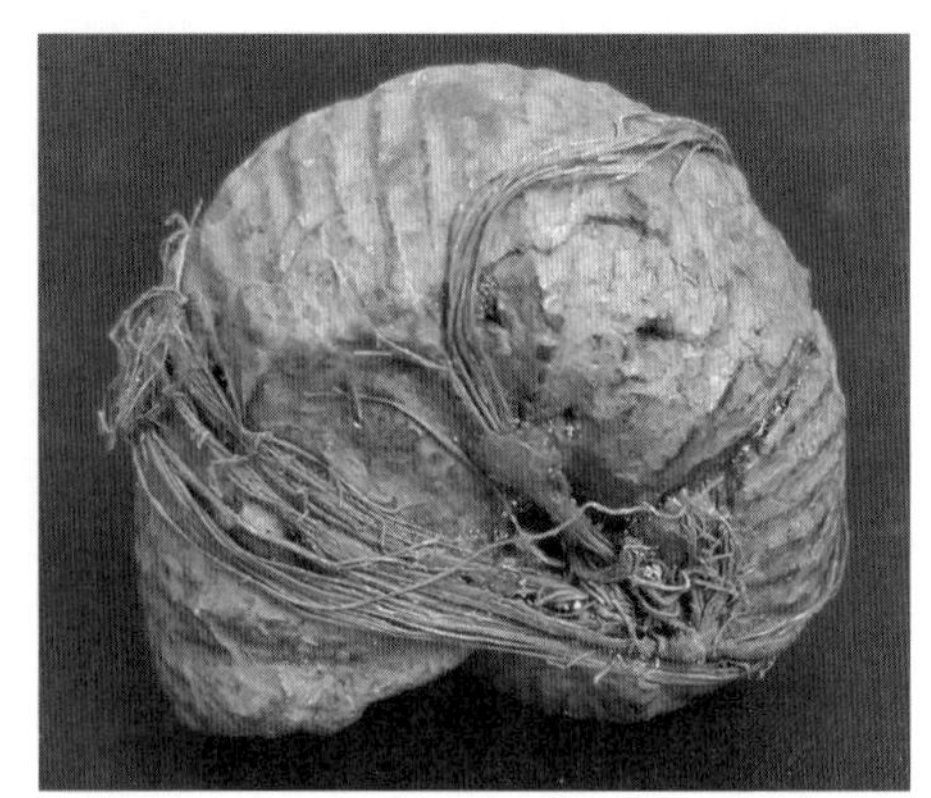

植物繊維で縛られイニスキムにされた〈ニツィタピ〉のアンモナイト

立博物館所蔵の〈ニツィタピ〉のイニスキムは、ふたつに割れたらせん状のアンモナイトの化石を樹脂でくっつけたのちに植物繊維で縛り、全体に黄土（オーカー）をまぶしたものだ。〈ニツィタピ〉のバッファロー狩りの儀式に、アンモナイトの化石はなくてはならないアイテムだった。バッファローの体毛や儀式色を帯びたもので包むと、イニスキムはバッファローを呼び寄せる力を持ち主に授けると考えられていた。しかるべく清められて聖なる力が宿ったイニスキムは〈ニツィタピ〉の儀式の根幹となった。[3] バレットはイニスキムだけでなく、この聖具を中心に据えた儀式の起源と、〈ニツィタピ〉のバッファロー狩りにおけるイニスキムの重要性を示す話も収集した。バレットが集めた、狩猟の護符としてのアンモナイトの化石が登場する話は、人類学者のクラーク・ワイスラーとデイヴィッド・デュヴァルが一九世紀末から二〇世紀初頭にかけて収集した話と多くの点で似ている。

カナダの〈理由もなく転げ落ちる地〉と呼ばれる川の岸辺にある〈天国の曲がり角〉で、〈イタチ女〉という名のみすぼらしい女がベリーを摘んでいた。物音がしたので、女はその音のするほうに行ってみた。その音は、バッファローの皮と香草のセージの上に置かれた石から出ていた。その石は女に語りかけてきた――わたしにはとても強い力がある。この力が備わった歌をいろいろと教えてあげよう。とくにバッファローを惹きつける歌を。その〈バッファローを呼ぶ石（イニスキム）〉を女は仲間のもとに持って帰り、夫の〈酋長の話〉にこの石のことを話し、そして仲間の男たちに歌とイニスキムを使う儀式を教えた。

その夜、〈イタチ女〉は何度も何度も繰り返し歌った。「日々の糧になるバッファローはたくさん獲れる。だってわたしはバッファローに魔法をかけるまじない師(メディスンマン)なのだから」それからさらにひとしきり歌うと、女は服に隠していたイニスキムをようやく取り出して仲間たちに見せた。明くる日は大がかりなバッファロー狩りの準備に費やされた。香草が焚かれると、バッファローたちは崖のほうにおびき寄せられた。狩人たちは一〇〇頭を超えるバッファローを崖から突き落として仕留めた。[4]

以来アンモナイトの化石、つまり〈バッファローを呼ぶ石(イニスキム)〉は〈ニツィタピ〉のすべての支族の、赤と黒の神聖な色で塗られた〝まじない師(メディスンマン)〟のテント(ティピー)のなかでバッファローの縮れた体毛の上に置かれるようになった。ガラガラ(ラトル)と火ばさみとともに、イニスキムはバッファロー狩りの儀式の聖具となった。イニスキムを持つことは誉れとされ、その栄誉にあずかることができるのは狩りの成功にひと役買うメディスンマンのみだった。メディスンマンは狩りの前日の朝から儀式の準備をし、正午頃に開始し、バッファローが崖から突き落とされて狩りが終わったという知らせが届けられるまで続けた。メディスンマンの尽力にはバッファローの舌と最上の部位の肉で報いられた。[5]

〈ニツィタピ〉は個人の力の源としてもアンモナイトの化石（イニスキム）を珍重した。[6] とくに病気や怪我を癒したり、健康と長寿をもたらしたり、さらには幸運と戦(いくさ)での勝利を呼び込むものとされた。[7]〈ニツィタピ〉をはじめとしたグレート・プレーンズの先住民たちにとって、イニスキムは最古の聖具だった。〈ニツィタピ〉以外の北米先住民たち、たとえばツー・ツィナ族やヒダーツァ族やアトシーナ族もアンモナイトの化石を珍重した。[8]アラパホ族は〝ムカデ〟と呼び、赤く塗って香草の袋に入れて身につけ、太陽の踊り（サンダンス）の儀式に臨んだ。クロー族も〝バッファローを呼ぶ石〟として使ったが、狩りだけでなく個人用の聖具として医療などにも頻繁に用いた。アンモナイトの化石はグレート・プレーンズにある一一の遺跡から出土していることから、護符や魔除けとしてのイニスキムには、少なくとも〝老女の時代（一二五〇〜六五〇年前）〟にまでさかのぼる長い歴史があることを示している。[9]

化石を狩りの護符とする慣習は北米大陸にかぎった話ではない。オーストラリア大陸でも同じ目的で使われていたのだ。一九六〇年代後半、オーストラリアの人類学者キム・アケルマンは大陸北西部のキンバリー地域に暮らすアボリジニたちから多くの品々を譲り受けた。それらはすべて、さまざまな魔術に使われていた護符だった。そのなかには水晶とともに、絶滅した巨大有袋類ディプロトドンの一種ジゴマトゥルスの歯に一本の髪の毛を樹脂でくっつけたものや、ベレムナイト、そしてカンガルーの歯の化石も大量にあった。[10]ジゴマトゥルスの歯とベレムナイトの化石は呪術に、カンガルーの歯の化石はイニスキムのように大猟祈願に使われた。

絶滅した顔が短いカンガルーのプロコプトドンの一本の前臼歯と三本の臼歯の化石は、羽根でできた小さな袋に入れて保管されていた。この四本の歯はキンバリー地域南西部のダービー近郊に暮らす先住民族モワンジャムのウォーララ族の男性のもので、〝カンガルーを殖やす〟儀式や狩りのための魔法具として使われていた。プロコプトドンは史上最大級のカンガルーだ。更新世（二〇〇万〜一万年前）のオーストラリアに数多く生息していて、直立時の体高は三メートル、体重は二五〇キロもあった。この大陸に人類が到達した四万年ほど前に、ほかの巨型動物類とともに絶滅したと考えられている。

でかい図体のプロコプトドンは跳ぶことはできず、むしろ人間そっくりに二足歩行をしていたとされている。そして人間同様に両眼は前を向いていた。ウマのそれのような後肢には大きな蹄のような足指が一本あり、それ以外の指は退化していた。プロコプトドンの化石を比較的多く含む更新世後期の堆積層はキンバリー地域にはない。その化石はダービーからはるか遠く離れた西オーストラリア州最南部と南オーストラリア州のみで見つかっている。プロコプトドンの化石を含む未知の地層がキンバリー地域付近で見つからないともかぎらないが、この顔の短いカンガルーの生存に必要な環境と判明している生息分布から考えると、可能性は限りなく低いと思われる。相当の距離を運ばれたか、もしくは交易されたと見たほうが妥当だ。それはつまり、護符としての歴史もかなり長いということも意味する。アボリジニたちは、文化的に重要な意味を持つ博物学的資料を途轍もない距離を超えて取引していたことが知られている。太平洋で採れる貝の殻が西オーストラリア州のピルバラ地域やゴールドフィールズ・エスペランス地域北部で発見されており、ここでもまた何千キロにも及ぶ交易が見られる。[11]

アケルマンが入手したプロコプトドンとジゴマトゥルスの歯の護符については、アボリジニが狩った獲物から取ったもので化石ではないのではないかという疑問が投げかけられている。であれば、この絶滅した動物の歯は何万年にもわたってアボリジニの文化で重要な位置を占めていたということになるが、これは無理筋と言うべきだろう。しかも両方の歯に付着している赤い母岩は、堆積層から掘り出されたことを語る何よりの証左だ。太古のオーストラリア大陸に生息していた大型獣たちとアボリジニが共存していたことを明確に示す証拠はほとんど見つかっていない。[12] しかし皆無というわけではない。オーストラリア南東部で見つかった、巨大なウォンバットのような有袋類ディプロトドンのなかでも最も大型で、サイほども大きかったディプロトドン・オプタトゥムの上顎切歯には彫刻が施されていたのだ。炭素年代測定法で一万九八〇〇年前のものだと判明しているその歯には、二八本の溝が刻まれている。[13] この溝は化石になってからではなく、本体が死んでからそれほど時間が経っていないうちに彫られたものだと思われる。

魔除けとしての化石

その木は見事な銀細工でできている。高さは高級なワイングラスほどだ。木が生えている銀の岩にはヘビが物憂げにわだかまっている。張り出した樹冠からは六本の銀の枝が伸びている。それぞれの枝先に凍った滴のように垂れ下がっているものは金の柄の短剣のようにも見えるが、その正体はアオザメの歯の化石だ。木のてっぺんに鎮座する、ぶら下がっているサメの歯が小さく見えるほど大きなものは、絶滅した巨大なムカシオオホホジロザメ（Carcharocles megalodon）の巨大な歯だ。その根元に何となく居心地悪そうに座っているのは、幼子イエスを膝に抱く聖母マリアだ。この眼を瞠る工芸品は〈Natternzungenbaum（ナターンツンゲン・バウム）（毒ヘビの舌の木）〉と呼ばれ、一六世紀初頭にニュルンベルクで作られたものだ。これはわずかに現存している〈ナターンツンゲン・バウム〉のうちの一点で、ドレスデン美術館に所蔵されている。食器棚（クレデンツァ）の上に華麗にそびえ立つ〈ナターンツンゲン・バウム〉は、一三世紀から一六世紀にかけてヨーロッパの王侯貴族の宮廷で重要な役割を果たしていた――毒殺に備えた〝保険〟とされていたのだ。

この時代、サメの歯の化石は〈glossopetrae（グロッソペトラ）（舌石）〉と呼ばれていた。最も古い記述は大プリニウスの『博物誌』に見られる。大プリニウスは、グロッソペトラは月食の夜に空から落ちてくると考えていた。

> グロッソペトラ〈舌石〉は人間の舌に似ているが、これは地中で形成されるのではなく月が欠けているとき空から降ってくるもので、月占者にはなくてはならないものだという。この記述についての疑念は、この石についての説明の虚偽によって強められる。すなわちそれは強風を抑えるというのだ。[14]

中世ヨーロッパでは、グロッソペトラはヘビの舌が石になったもので、ヘビに咬まれた傷を癒す魔力を秘めていると考えられていた。ドイツでは〈Schlangenzungen〉とも〈Natternzungen〉とも呼ばれていた（どちらも意味は〝ヘビ石〟）。ヘビの咬傷以外にも効き目があるとされ、とくに邪眼から護ってくれる強力な護符ともされた[15]。痙攣や分娩痛を和らげる効力があるともされていた[16]。

しかし何よりも、グロッソペトラには毒を防いでくれる強力な魔力があると広く信じられていて、とくに中世とルネサンス期には解毒用として珍重された。この時代のヨーロッパでは、暗殺は極めて有効な政治的手段とされていた。そのなかでも毒殺はいささか不埒な手だったが、それでも当時の貴人たちは好んで用いた。相手を確実に、しかも手際よく殺害できる毒殺は広く行われ、自然死

銀と金とグロッソペトラ（サメの歯の化石）でできたナターンツンゲン・バウム。現存するものは少なく、これは16世紀初頭に作られたものだ。樹木の部分はキリストの系譜を示す〈エッサイの木〉を表し、その根元にはヘビがわだかまっている。枝から垂れ下がっているのはアオザメの歯の化石だ。木のてっぺんに据えられたムカシオオホホジロザメという絶滅したサメの歯の化石に、幼子イエスを抱く聖母マリアが背を預けている

で亡くなる教皇や枢機卿や王はむしろ珍しかった。そしてこの時代に、サメの歯の化石は毒から身を護る護符として重宝されるようになった。毒殺に用いられた毒はヘビやトリカブトやベラドンナやストリキニーネなどさまざまだが、おそらく最も好まれたのはヒ素だろう。湯に溶けやすく無味無臭のヒ素は、脇の甘い邪魔者を始末するのにうってつけの毒とされていた。

毒殺を暗殺手段としてフル活用し、その技を芸術とも呼べる域にまで高めた一族がいる。ルネサンス期のイタリアで悪名をはせたボルジア家だ。一五世紀から一六世紀にかけて聖俗の両面で陰謀を巡らせてのし上がったボルジア家は、カリストゥス三世とアレクサンデル六世のふたりの教皇を生んだ。アレクサンデル六世にはチェーザレとルクレツィアという庶子がいた。ボルジア家の人々はいわば〝マキャヴェリストたちのチェス〟の名手で、貴族や枢機卿や司教を巧みに始末していたとされている。彼らはさまざまな種類の毒に興味を持ち、最も特別で強力な毒は、まるで最高のヴィンテージワインのように地下の貯蔵庫で寝かせていたとも言われている。[17]

最高の毒とは検出が最も困難で信頼性があり、できれば効いてくるまで時間がかかり、それでいて確実に死をもたらすものだった。ボルジア家もまたヒ素を好んだ。しかしそれは通常の亜ヒ酸ではなかった。彼らはより強力な毒を作るべく実験を繰り返し、ヒ素と有機物を混ぜて〈カンタレラ〉という超強力な毒を生み出したという。ヒ素に混ぜる材料は腐りかけの豚にまさるものはなかった。

カンタレラの製法は確かなことはわかっておらず、さまざまに語られているが、そのすべてに死んだか死にかけの豚が使われている。語られている製法のひとつは、豚を屠(ほふ)って腸(はらわた)を抜いたのちにヒ素を振りかけるというものだ。そうすると豚は通常よりもゆっくりと腐っていく。時間をかけて腐らせた肉を搾った汁はヒ素を使って作ったどんな毒よりも強力で、暗殺に用いるためにフラスコに入れて保存された。ヒ素を与えた豚の後肢を縛って吊るして作るという製法も語られている。死につつある哀れな豚の口から垂れるよだれを集めたものがカンタレラだという。いずれにせよ、ボルジア家が作りだした毒は極めて強力だった。皮肉なことに、アレクサンデル六世もその息子のチェーザレもカンタレラをうっかり飲んでしまったと言われている。アレクサンデル六世は苦悶の死を遂げたが、息子のほうは死んだばかりの馬の上に這い上って一命をとりとめたと言われている。

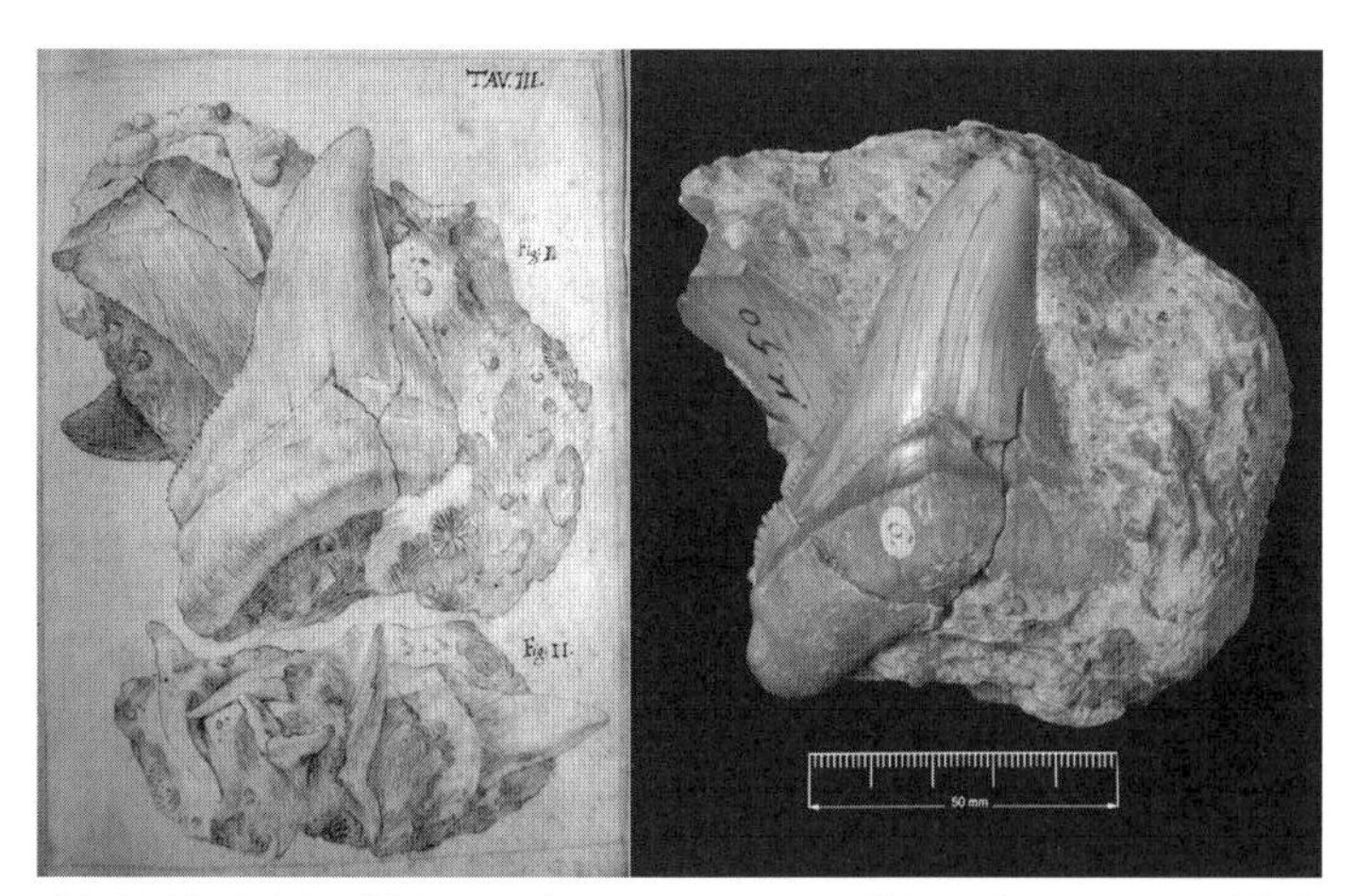

『意味を損なう空虚な推測』でアゴスティーノ・シッラが描いたグロッソペトラ（舌石）の直筆鉛筆画（**左**）と、そのモチーフになった標本（**右**）。これはサメの歯の化石だとシッラは強く主張した

では、都合よく死んだばかりの馬が手近にいない場合は、どうやって毒に対処すればいいのだろう？　もちろん化石を使えばいいのだ。中世とルネサンス期、とくに王侯貴族たちが催す大がかりな饗宴では、毒による暗殺を防ぐ厳重な措置が求められた。饗宴の開始に先立って、毒味役が命がけで職務を果たした。毒味用の食事と酒は、ナターンツンゲン・バウムが立てられたクレデンツァに置かれた。枝にぶら下がっているサメの歯の化石はロウソクの灯りを受けてきらめいていたことだろう。ナターンツンゲン・バウムは精緻なつくりであればあるほど宴客たちを唸らせることができただろう。金もしくは銀の持ち手がついたサメの歯の化石が杯に注がれたワインにしずしずと浸される。ワインに一服盛られていたら、それがどんな毒であろうと無力化される。期待通りの効き目があったかどうかについては歴史は何も語ってくれない。

しかしサメの歯の化石にはもうひとつの特技が託されていた。杯のなかに浸していないのに色が変わったり、汗をかいたりしたら、それは近くにある酒や食事に毒が盛られている証拠だとされたのだ。しかしイタリアの博物学者ウリッセ・アルドロヴァンディは、毒の有無にかかわらず食事が熱々であればサメの歯の化石は汗をかくことがあると指摘した。化石が難を取り除いてくれたのはヘビに咬まれた傷や毒殺だけではなかった。特殊な毒を盛るよりもわかりやすい手段による殺害を企む相手からも身を護ってくれたのだ。

ユタ州のデルタという町のフランク・ベックウィズは銀行家だったが、本当に心血を注いでいたのは地域住民たちの金銭的利益ではなく、この地の地質と先住民のパヴァント族の暮らしぶりの研究だった。その両方の興味を満たすものを、ベックウィズは町の郊外にあるパヴァント族の墓地で一九二〇年代に発見した。発掘した白骨化した亡骸（なきがら）の胸郭のなかから三葉虫の化石をひとつ見つけたのだ。[18] その三葉虫はカンブリア紀中期に生息していたエルラティア・キンギ（Elrathia kingi）という種の化石で、発掘場所から西に六〇キロほど離れたハウス・レンジの山々でよく見つかる。おそらく紐を通してペンダントにしていたのだろう、三葉虫の頭部には小さな穴があけられていた。紐のほうは朽ちてなくなっていた。

その亡骸がいつ埋葬されたものなのかはわからなかったが、ベックウィズはパヴァント族の友人に三葉虫の化石のことを尋ねてみた。その友人は三葉虫のことを〈ティンペ・カニツァ・パチャヴィー（石の家に棲む小さな水生昆虫）〉と呼んだ。その友人の兄は〈シュギ・ピッツ・ツチョイ（トカゲの肢のビー

ユタ州のウィーラー盆地にあるハウス・レンジで採れたカンブリア紀の三葉虫エルラティア・キンギの化石。これは銀の台座にはめ込まれた現在のものだ

ズ)〉と言った。前者の呼び名は岩のなかにある状態の化石を、後者はベックウィズが墓地で見つけたような、岩から掘り出されたものを指していた。何のために三葉虫を身につけていたのか尋ねると、友人はこう答えたという。「体を護るためだよ、ベックウィズ。ジフテリアから咽喉の痛みまで、とにかくいろんな病気を防いでくれる。昔はネックレスにしてたんだ。首から下げてると、少なくともしばらくは銃で撃たれることはなかったっていう話だ[19]」

ベックウィズはこんな話も収集している——白人開拓者たちから馬を盗んだ先住民たちは、報復を恐れてハウス・レンジに行って三葉虫の化石を手に入れて〝白人の銃弾に傷つけられないようにした〟という[20]。ハウス・レンジのあるウィーラー盆地では今でも三葉虫の化石が掘り出されていて、コレクターズアイテムとして売られている。ペンダントにされることもある。ベックウィズが見つけた三葉虫の化石は、ブルゴーニュの〈グロット・デュ・トリロビット(三葉虫の洞窟)〉から出土した一万五〇〇〇年前の穴のあいた三葉虫の化石と相通ずるものがある。旧石器時代の三葉虫の化石のペンダントも、単なる装身具ではなく魔除けの護符として使われていたのだろうか?

幸運を呼び込む化石

人の手で穴があけられた三葉虫の化石はたしかに珍しい。しかし一億年前に虫があけた穴のある化石は全然珍しくない。そうした化石は〝お願いですからここに紐を通して首からぶら下げてください〟と懇願しているようにも見える。その声に応えて、人間たちはおそらく何十万年も前からペンダントにしていた。白亜紀の海底に転がっていた海綿の死骸にご親切にも穴をあけてくれたのは、一般的に〝ホシムシ〟と呼ばれる星口動物という海生無脊椎動物だ。ホシムシが穴をあけた海綿はポロスファエラ（Porosphaera）という種だ。この海綿の化石は、かたちにしても大きさにしても色にしてもチョコボールにそっくりだ。穴のあいたポロスファエラの化石は、北ヨーロッパにある大抵の遺跡から頻繁に出土している。

通常はケイ質の球体になっているポロスファエラの化石は、白亜質堆積層が風化して出てきた燧石（フリント）がある場所ならどこでも見つかる。この小石のような化石を探すなら、フリントの小石が無数にある浜辺ほどふさわしい場所はない――たとえばブライトン・ビーチとか。サセックスの化石にまつわる民間伝承を収集していた考古学者でブライトン博物館の学芸員だったハーバート・トムズは、一九世紀中頃にブライトン・ビーチでポロスファエラの化石で作った〝招運ネックレス〟を売っていた女性の話を一九三二年に記している。当時のブライトンの女性たちは、この小さな海綿の化石を当たり前のように首から吊るしたり巻いたりして〝健康祈願〟のお守りにしていた。[21]

三〇〇〇年前の青銅器時代、ある女性がケント州ロチェスターのテムズ川沿いにあるハイアム湿地の石造りの墓に埋葬された。彼女の首には七九個のポロスファエラの化石のビーズでできたネックレスが巻かれていた。[22]化石のビーズはアングロ・サクソン時代の墓から頻繁に出土しており、同州のレカルヴァーで見つかったもののようにネックレスとして完全にかたちをとどめているものもあれば、一個だけ見つかることもある。[23] やはりケント州のハウレッツの墓から出てきたネックレスはセンターピースにこの化石を用いて、ガラスと琥珀のビーズを一六個連ねたものだ。[24] 身を美しく飾るためのものだったのか、それとも護符だったのか、あるいはその両方を兼ねていたのかはさだかではない。

ポロスファエラの化石は墳墓以外の遺跡からも出土している。サフォーク州のウェスト・ストーにあるアングロ・サクソン時代の集落跡からこの海綿の化石が見つかっていることから、この集落には紀元四〇〇年もしくは五〇〇年頃から六五〇年頃までの長きにわたって人々が暮らしていたことがわかった。[25] そのなかでも古いほうのふた棟から四点の化石が見つかった。古い家屋の跡に建てられたふた棟からは六点出土した。六世紀までに建てられた九棟の家屋から合計で一九点が見つかっていて、最大でひと棟から九点出てきている。最も時代の新しい家屋の場合はふた棟から合わせて一五点で、このふた棟以外からは一点も見つかっていない。この集落に人が暮らしていた時代は、この地でキリスト教への改宗が進んでいった時期にあたる。異教徒の時代が終わりに近づくにつれて、穴のあいた幸運を招く化石を身につける習慣も徐々に廃れていったのだろう。

この穴のあいた海綿の化石は何十万年も前の大昔からネックレスとして使われていたということを示す興味深い証拠がある。一八八七年に〈モード〉と大量のウニの化石を発見したウォージントン・ジョージ・スミスは、ベッドフォードシャーのダンスタブルに移ってくるまではロンドン近郊

ケント州ハイアムの青銅器時代の墓からハーバート・トムズが1928年に発掘した、白亜紀の海綿ポロスファエラの穴のあいた化石に紐を通して連ねたネックレス

にある前期旧石器時代の礫岩堆積地で発掘にいそしんでいた。そして転居先でも四〇万年前の前期旧石器時代の堆積層の発掘に着手した。

一八八〇年、ベッドフォードの町で作業にあたっていたスミスは、考古学的に見て重要な意味を帯びていると思われる化石を、この地で初めて発見した。旧石器時代のフリント製石器と一緒に二〇〇点以上ものポロスファエラの化石が出てきたのだ。[26] 球状の化石には全部穴があり、これは人の手であけられたものにちがいないとスミスは考えた。現在ではこの穴はおそらくホシムシがあけたものだということがわかっているので、この二〇〇点もの化石が旧石器時代の人々によって収集されたというスミスの説には疑問が残る。それでも、全部まとめて川砂利のなかで見つかったから収集されたものだとするスミスの主張には説得力がある。たしかに、これほどの数が自然にひととこ ろに集まるとは考えづらい。それればかりではない。多くの化石の穴の周囲には擦り減った痕跡が多く見られ、一部には黒い物質が付着していた。それをスミスは化石の穴に通されていた紐が腐食したものだと考え、ふたりの化学者に分析を依頼した。彼の読みは当たった――黒い物質は有機物だったのだ。

この二〇〇点以上のポロスファエラの化石とその他の似た化石は、果たして何十万年も昔の前期旧石器時代の人々がせっせと集めて装身具にしたものなのだろうか。この点については一〇年にわたって幾度も議論が交わされてきた。[27] 多くの人々が事実だと主張してきたが、もしそうであればホモ・ハイデルベルゲンシスとホモ・ネアンデルターレンシス以前の〝ホモ〟の認知能力についての認識を大幅に改めなければならない。[28] つまり充分に発達した自我と組織化された社会、そして美的感覚を持ち合わせていたということだ。そう、ヴィクトリア朝時代のブライトンの女性たちと同じように。

北ヨーロッパの多くの地域では、海綿の化石やその他の化石とともにウニの化石も幸運を招く護符とされていた。一九二〇年代、ハーバート・トムズは毎年夏になるとイングランド南東部を自転車で巡り、まだ語り継がれていた化石にまつわる民間伝承を可能なかぎり収集した。サセックスとウィルトシャーとドーセットの丘陵地帯（ダウンランド）では、開墾中に出てきたウニの化石は幸運をもたらすという話が一部で信じられていた。土のなかから出て

1928年にハーバート・トムズが撮影した、ウェスト・サセックス州パッチングの家の窓台に置かれたエキノコリス・スクタトゥス（Echinocorys scutatus）というウニの化石の写真。トムズはこう記している。「その家を1923年に購入したとき、ラフ氏は冠のような石がしかるべき場所に置かれていることに気づいた。それらの石は1909年頃にその家のかつての主（あるじ）によって珍品として窓台に置かれたという。幸運をもたらすとされていたこの冠の石は、この地では50年ほど前まではほぼすべての家の窓台に置かれていたとのことだ。その習慣はまちがいなく今でも残っている」

きたウニの化石はハート形のものもあれば小さなケーキやパンのように見えるものもあり、家に持ち帰られて窓台や玄関の脇に置かれた。蹄鉄や穴のある石をドアの近くに置く習慣と同様に、その目的は呪いや悪魔から身を護るだけでなく、一緒に暮らす家族に幸運をもたらすことにあった。

ウニの化石が〝招運のお守り〟になるという言い伝えのひとつに、おそらく形状からの連想なのだろうが、家に置いておくとパンに欠くことはないというものがある。[29] 悪霊祓いの護符にもなる。サフォーク州では幸運を招く〝妖精のパン〟と呼ばれることもあり、パン焼き窯の脇に置くとパンがちゃんと膨らむとされていた。[30] 〝妖精のパン〟は牛乳の味が悪くなるのを防いでくれるとされ、酪農でも重宝された。イングランド南部の酪農家の窓台には二〇世紀になってもウニの化石が置かれていたところを見ると、この迷信はつい最近まで信じられていたらしい。効き目があるとされているのは牛乳だけではない。クリームはよりクリーミーに、バターはより上質になるとされていた。

ハーバート・トムズが九〇年ほど前に撮影した、ウェスト・サセックス州のパッチングにあった家の窓台に並べられていた一〇個のエキノコリスのウニの化石の写真がある。[31] こうした例はひとつではない。この時代のこの地域で、少なくとも一六棟の家の窓台にウニの化石が確認された。[32] 化石を身につけていると護符にもなり、家から離れていても幸運をもたらしてくれるとされた。一一世紀頃までは、ウニの化石に金属の留め金をつけて腰から下げるという慣習が広まっていた。ウニの化石のペンダントが墓から見つかっているという事実は、このアイテムが現世と来世の両方で大切なものとされていたことを如実に物語っている。

それでは、もうひとつの雷石であるベレムナイトの化石はどうなのだろう？　イースト・アングリアでは、やはりベレムナイトの化石も持ち主を護り、幸運をもたらすという言い伝えが根強く残っていた。ベレムナイトの化石はその形状から〝大昔の矢じり〟とも呼ばれていた。9章で述べるが、どことなく人間と牛を病気にする〝妖精の吹き矢〟や〝妖精の矢〟を思わせる呼び名だ。ウニの化石と同様に魔力が備わっているとされ、雷除けや招運の護符として使われていた。[33]

ベレムナイトとウニの化石はどちらも雷石の神話と結びついているが、妖精とともに語られてもいた。スウェーデン南部では、ベレムナイトの化石は〈vättelјus（ヴェッテユルス）〉と呼ばれている。この呼び名はこの国の民間伝承に登場する〈vättar（ヴェッタル）〉という妖精の一種に由来する。ヴェッタルには善いヴェッタルと悪いヴェッタルがいる。ヴェッテユルスには悪いヴェッタルから護ってくれる強力な魔力が込められているとされ、悪いヴェッタルがさらに邪悪になるクリスマス頃にはその力も増すという。ベレムナイトの化石もまた、邪（よこしま）な力から家を護る護符とされた。時代が下ると、ヴェッタルは小さな愛らしい妖精に変わり、サンタクロースに似たような存在になった。この場合は、ベレムナイトの化石はヴェッタルの地下の住まいで灯されるロウソクとされた。[34]

家を護る化石

ここまで見てきた通り、化石は抗毒剤であり、ヘビの咬傷の治療薬であり、持ち主を護る護符であり、そして牛乳とパンの味を美味しくするものとされていた。そればかりか、災いから家を護る力があるとも考えられていた。とくにウニとベレムナイト両方の化石の雷石に厄払いの力があるという民間伝承は豊富にある。その多くは二〇世紀初頭のデンマークの民俗学者クレスチャン・ブリンゲンベアが収集したものだ。2章で述べた通り、ブリンゲンベアは新聞広告を出して雷石の民間伝承を広く集めたが、寄せられた数々の話は具体的にどのようなものが――それが自然物であれ人工物であれ――雷石とされていたのかをつまびらかにしただけでなく、雷石がもたらしてくれる〝ご利益〟についての貴重な情報をもたらした。アンドレ・イェンスンという学校長から寄せられた手紙にはこう書かれている。

雷石とはウニの化石のことです。それ以外の石を雷石だとする話を、わたしは聞いたことがありません。雷が落ちると、雷石も光を放ちながら落ちてきて燃え上がります。稲光のあとに轟く雷鳴は、猛烈な勢いで落ちてきた雷石が地面に激突した音だとされています。雷石が雷雲のなかに残ったままだと雷鳴は聞こえません。雷石は雷除けになります（石がある場所に雷は落ちないからです）。ですから雷石を見つけると、誰もが家に持ち帰ります。家のなかに置いても外に置いても窓辺に置いても棚に置いても梁（はり）の上に置いても部屋の片隅に置いても雷除けになりますが、大抵の場合は放っておかれて埃やクモの巣まみれになっています。かなり大きくて見栄えのいいものは置き物として簞笥や戸棚に飾られます。嵐の日に外出するときは、小さめの雷石を護符として持っていくことが多いです。かく言うわたしも、ふたつほどポケットに忍ばせておくと雷雨に遭っても安心できます。学校で雷石の正体を学んだあともそうしています。[35]

雷雨のさなかに稲妻とともに空から落ちてくる雷石は、その正体がウニの化石であろうとベレムナイトの化石であろうと、さらには石斧であろうと、宿っていると考えられていた力はどれも同じだった。雷石には、持ち主とその家を恐ろしい雷から護ってくれる特別な力が備わっていると信じられていた。雷除けの護符とされた雷石は、壁のなかに塗りこめられたり床の下に置かれたりすることもあった。天蓋つきのベッドの上や屋根の上であるとか、襲い来る災いにより近い、家のなかの高いところに置かれることもあった。

南部ベルムのクリーメンス・ソニクスン氏はこんな話をブリンゲンベアにもたらした。

雷石（ウニの化石）は雷除けになると信じられていました。時計の上であるとか、家のなかのいろんな場所に雷石は置かれていました。屋根裏に置くこともありました。嵐のあいだは、雷石が家にあると家はその力に覆われ、なかにいるわたしたちもしっかりと護られて、とても頼もしく感じたものです。雷石がじっとりとしてくると（〝汗をかいてる〟と言ってました）必ず嵐がやってきました。なので雷石が〝汗をかいてる〟あいだは、わたしたち子どもはなるべく家にいました。[36]

これは興味深い証言だ。雷石もサメの歯の化石と同様に、災厄が近づくと〝汗をかく〟とされていたのだ。二〇世紀初頭のイングランドでも似たような民間伝承が報告されている。[37] 雨になりそうだと〝汗をかく〟ので、雨の到来を知らせるために雷石を窓台に置いていたという。雷石が汗をかくのはこんな理由が考えられる――嵐や雨になる直前は急に気温が下がる。化石を構成しているフリントは熱伝導率が高いので気温が下がるとほかのものよりいち早く冷たくなり、そのせいで空気中の水分が化石の表面で結露するのだろう。[38]

さまざまな力が宿っていると信じられていた雷石は、まさしく万能護符だった。いたずら好きの妖精や魔女といった好ましからざる存在を家から追い出す力もあった。まさしくあらゆる邪を祓い幸運を呼び寄せる力を持っていた。オックスフォードにあるピットリヴァース博物館所蔵の、一九一一年にサセックスで購入したウニの化石のラベルにはこう記されている――「〈羊飼いの冠〉は、悪魔が家のなかに入ってこないように窓台に置かれていた」北ヨーロッパには洗礼前の子どもが家から連れ去られて妖精と入れ替わる〈取り替え子〉の民間伝承がある。まだ洗礼を受けていない子どもがいても、家に雷石をひとつかふたつ置いておけば心配することはない。飼い馬が悪夢を見ないようにしたいのなら、馬房に雷石をいくつか置けばいい。牛が厄介な病気にかからないようにしたいのなら、牛舎の窓台の上や扉の脇に雷石を置けばいい。どこに置いても雷石は効き目を発揮する。

ウニの化石には家を護る力があるという〝迷信〟は何千年にもわたって信じられてきた。その事実を証明する遺跡がある。一九六〇年代にドーセット州スタッドランドで集落跡の発掘調査が行われ、一世紀半ばから四世紀までの約四〇〇年にわたって人々が暮らしつづけていた住居群が発見された。そのなかの六カ所からウニの化石が見つかった。[39] そのうちの一点は、内柱に無理やり押しつけるようにして置かれた石の下にあったことから、そこに意図的に埋められていたと思われる。元々置かれていた化石の上に、それとは別の地層から見つかる化石がじかに置かれているケースもあった。この配置には宗教的な意味合いがあるように思える。興味深いことに、出土した化石はすべてかたちがヘルメットに似たかたちのエキノコリスで、発掘された住居の形状もヘルメット形なのだ。

邪悪なものから家を護るもうひとつの手立てとして、化石を家そのもののなかに取り込むというやり方があった。その好例はハンプシャー州北西部のリンケンホルトという小さな村にあるセント・ピーターズ教会に見ることができる。イングランド南部特有の丘陵地帯（ダウンランド）の高みにあるこの教会は、白亜質の土地らしく近郊で見つかるフリントを石材にして建てられている。現在の教会は一八七一年に再建されたものだが、先代は七〇〇年近く前に建立された。おそらく名残惜しかったからなのだろう、建て直したヴィクトリア朝時代の人々は中世の教会の建材をいくつか再利用した。そのなかに、ごく簡素な小窓がある。その幅は親指と小指を広げた長さよりも少々広い程度だ。上辺のだが、建物のもっと古い部分と比べて窓はかなり小さいのだが、この窓はアーチ状になっているその窓は陽の当たらない北側の壁にぽつんとあり、しかもかなり小さいので、黄昏刻になるとこの窓からは光はほとんど射し込まない。なのに、どうしてこの窓を使い回したのだろうか？

おそらく窓そのものが欲しかったのではない。大切だったのは窓の周囲にあるものだったのだろう——窓がシルクハットをかぶっているように見える、きっちりと配置された二二個のウニの化石だ。一〇個が帽子のてっぺんを、五個ずつが両脇を、そして一個ずつがつばの部分をなしている。その全部がヘルメット形のエキノコリス・スクタトゥス（Echinocorys scutatus）の化石だ。何世紀にもわたって風雨にさらされてきたにもかかわらず、どの化石にもウニ特有の五芒星を描く五条の歩帯の痕がしっかりと残っている。[40]

再建された教会にもその一部として取り込まれたところを見ると、少なく見積もっても七〇〇年ものあいだ、この地の人々にとってウニの化石は特別な存在だったようだ。中世にこうした〝異教〟のシンボルが教会に使われていたのは、この窓が北側の壁にある小さな扉のすぐ横にあったからではないだろうか。教会が建てられた時代、北に面したこの扉は〝悪魔の扉〟とされていた。[41] 初期キリスト教の教会では、古くからの異教をまだ捨てきれずにいる信徒たちはこの北側の扉からしか教会内に入ることを許されなかった。この扉に悪魔という言葉が冠されていることから、初期キリスト教会が抑え込みたかった異教の信仰とキリスト教の教義のつながりが見て取れる。〝悪魔の扉〟は洗礼式でも重要な役割を果たしていた。赤子のなかに潜んでいた悪霊をおびきだせるよう、

ハンプシャー州のリンケンホルトにある、19世紀に再建されたセント・ピーターズ教会の北に面した壁にはめ込まれた、中世当時の旧教会の小窓。上部の周囲には22個のウニの化石（全部エキノコリスだ）が配されている。おそらく悪魔を追い払うためのものだろう

式のあいだはずっと開け放たれていた。そうやって追い払った悪霊が教会内に戻ってこないように、この北を向いている扉にはウニの化石が置かれていた。ここにも、キリスト教以前から広く信じられていた、悪に打ち勝つ善を象徴し、災難を追い払う力があるとする〝ウニの化石信仰〟の影響を見ることができる。

さらに興味深いのは、一八七一年に建て直されたときに教会の壁にもウニの化石が埋め込まれたことだ。先代の教会の玄関の左脇には、北側の壁にある窓とそっくりの窓があった。再建時に、その窓の周囲にもウニの化石が新たにはめ込まれたのだ。全部で二五個のウニの化石のうち一個はハート形のミクラステルだが、残りは五芒星の模様がヘルメット形の表面にくっきりと浮き出ているエキノコリスだ。

このリンケンホルトの教会を一九世紀に建て直した人々が、どうして中世の祖先たちの習慣を受け継いだのかはわからない。ただ単に風変わりなもので人目を惹きたかったからなのかもしれない。あるいは、畑を耕しているとしょっちゅう出てくるこうした化石は、古くから続く村の風習になくてはならないものだったからかもしれない。どうやら後者が正解のようだ。なぜなら、村にある別の建物の壁にもウニの化石の姿があるからだ。セント・ピーターズ教会を建て直したあと、その隣に学校が建てられた。教室がひとつしかない小さな学校にも玄関の左脇にアーチ状の小窓があり、その周囲に四六個のウニの化石が埋め込まれているというぐらい教会そっくりに造られた。さらに言うと、畑で見つけたウニの化石を家の玄関に置くという風習は、近年でも確認されている。[42] この習わしは何千年という歳月のうちに色あせてしまったようにも思えた。ところが村の人々に今でもそんなことをしている理由を尋ねると、こんな答えが返ってくるという――みんな普通にやってることだろ？

8章 薬としての化石

化石は邪を祓い、生者には幸運を、死者には慰めをもたらした。しかし人類の進化の歴史のある段階で、化石は食べられるものだとされていた。美味しいからではない。薬になるから食べられたのだ。化石はありとあらゆる病気を治すと人々は考え、丸ごと食べたり、すり潰したものをサソリの黒焼きやウサギや小鳥を焼いたものやパセリと混ぜたりして服用していた。龍歯(ロンシー)は重篤な肝の病を解消し、ウニの化石を挽いたものと山羊の糞とワニの脂肪を混ぜたものはヘビの毒に驚くほどよく効くとされた。そうした化石の薬効についての考古学的な証拠はまったくないが、民間伝承には化石を使ったよく効く治療法がそれこそ無数に見られる。

ガマ石の不思議な力

作業員たちは眼の前の幸運がにわかには信じられなかった。一九一二年六月一八日、彼らはロンドンのセントポール大聖堂のある角を曲がったところのチープサイドという通り沿いに並んだ、三棟の古い建物のひとつの床を壊していた。その建物は廃屋同然のボロ家で、とうの昔に取り壊してもよかったはずの代物だった。つるはしでひと突きすると床はあっさりと崩れ、破片は虚空に落ちていった。長らく忘れられていた地下庫がふたたび日の目を見た。床の下にぽっかりとあいた、かび臭くてじめついた空間を見下ろし、作業員たちはお決まりの話に興じていたにちがいない――何かあるかな？　お宝が詰まった箱でもあるんじゃないか？　彼らは穴を広げて下りていった。するとまさしく話していた通りのものがあった。

地下庫の白い埃まみれの床には木箱がひとつ鎮座していた。作業員たちはさほど時間をかけずに箱を打ち壊した。すると、何百というきらびやかな宝石がどっとこぼれ出た。のちに〈チープサイド・ホード〉と呼ばれることになるこの宝箱が人目に触れたのは、少なく見積もっても実に二五〇年ぶりのことだった。作業員たちは宝石や貴石をポケットに詰め、ハンカチで包み、帽子に盛った。このお宝をどうすればいいのかはわかっていた。もちろん〝ストーニー・ジャック〟の店に持っていけばいい。ストーニー・ジャックことジョージ・ファビアン・ローレンスは骨董商兼質屋で、ロンドン中心部の建設現場で見つけた古いものは、彼のもとに持ち込めば必ず買い取ってくれた。

後年ローレンスは、〈チープサイド・ホード〉が散逸しなかったのは、自分が現場作業員たちをあれこれ教育していたからだと鼻高々に語った。「ロンドンの地下に眠っている金属や陶器やガラスや革は、たとえそれがくず同然であっても、考古学者たちはそこから物語を読み取ることができるし、保存する価値がある。そんなことをわたしは彼らに教えた」[1]この年に開館したばかりの〈ロンドン・ミュージアム（現在のミュージアム・オブ・ロンドン）〉の発掘調査員に任命されていたローレンスは、チープサイドで見つかったお宝の数々を回収し、それぞれを公共の財産として保管するという恰好の立場にあった。お宝の大半は〈ロンドン・ミュージアム〉に送られ、何点かが大英博物館行きとなった。

〈チープサイド・ホード〉のお宝は何週間もかけてローレンスの店に持ち込まれた。しばらくすると一六世紀後半から一七世紀前半にかけてのエリザベス一世とジェイムズ一世の時代の、五〇〇点近くの宝石が集まった。近年の研究により、この大量の宝石類は一六四〇年代初頭から一六六六年のあいだに、おそらく宝石商の手で地下に隠されたと見られることがわかった。[2]火による損傷の痕跡があり、発見場所に元々あった木造の建物がロンドン大火で焼失したという記録が残っていたことから、遅くとも大火のあった

イタリアで14世紀に作られた、〈ガマ石〉をはめ込んだ金の指輪

一六六六年には宝箱は地下にあったことがわかった。発見場所は一七世紀には宝石の加工と取引の中心地で、一六四〇年代のイングランドは苛烈な内戦のさなかにあったことを考えると、一六四二年から四九年のあいだのどこかで地下室に隠された可能性が高い。

宝箱には驚異の品々が収められていた。瑪瑙（めのう）でできたエリザベス一世のカメオ。二〇〇〇年前のプトレマイオス朝の女王（おそらくクレオパトラだろう）のサファイアとルビーとダイヤモンドの指輪。エメラルドとアメジストで精巧に作られたサラマンダーと花のブローチ。おそらく一番息を呑む逸品は、コロンビア産エメラルドでできた懐中時計だろう。しかし箱のなかにあったのは、そうした豪華な品々ばかりではなかった。それは地味ではあるが、当時は大いに重宝されていたものだった――大量の〈ガマ石〉だ。

ガマ石とはどんなものかというと、大きさは指の爪ほどで、色は黒いものもあるが大抵は茶色っぽい。この小さくて丸く滑らかな石には数え切れないほどの〝効能〟があることが、中世の多くの文献に記されている。一七世紀のポーランドの博物学者ヨハネス・ヨンストンは一六五七年の自著にこう記している。

ガマガエルは石を生み出す。その石はガマガエルそのもののかたちをしているものもある……この石はさまざまな効能を有しており、質（たち）の悪いできものや毒、胆汁質　丹毒、膿瘍（のうよう）、そして横痃（おうげん）（両脚のつけ根のリンパ節が炎症を起こして腫れたもの）に対して絶大な効力を発揮するとされている。牛にかけられた魔法を解くこともできる。袋に入れたり、もしくは何にも入れずに懐炉にしたり、患部にあてがって温めるために使われたりもする。魔女の魔法を打ち破る力もあり、臨月の女性や子どもたちにかけられた魔法にはことさらに効くとされている。魔法をかけられた者にただちに処方すると、石は大量の汗をかく。ペストにかかった者の胸に当てると心臓が力を取り戻す。心臓の病と癰（細菌感染症による腫れ物）、そして疫病の毒を抜く。あらゆる部位の硬化と腫れ物と静脈瘤を消し去る。[3]

ガマ石の正体はジュラ紀と白亜紀の岩石によく見つかる、レピドテスなどの原始的な条鰭類の魚の粉砕歯の化石だ。太古の魚の丸く滑らかな歯の先端部分であるガマ石（〝ヘビの眼〟と呼ばれることもあった）は万病に効くとされていた。悪性腫瘍、感染症、腺ペスト、癰、腫れ物、マラリア、猩紅熱、膀胱結石、そして癲癇といった病気や、発熱、陣痛、ひきつけ、下痢に至るまで、あ

ジュラ紀の原始的な条鰭類の魚ギロドゥス（Gyrodus）の顎の一部の化石。ずらりと並んだ丸い粉砕歯は、長いあいだ〈ガマ石〉とも〈ヘビの眼〉ともされてきた

りとあらゆる症状をもたらす毒素を消し去ってくれる万能薬とされていた。[4] そうしたさまざまな効能のなかでも、自分の背後をことさらに気をつけなければならない人間たちにとってなくてはならないものがあった——毒から身を護ってくれるのだ。ガマ石は指の肌に触れるように作られた指輪にはめ込まれることが多かった。エリザベス一世もはめていたと言われている。[5] 彼女の不倶戴天の敵だったスコットランドのメアリー女王も、負けじとガマ石を銀製の瓶に入れていた。[6] リチャード一世の乳兄弟だった神学者のアレクサンダー・ネッカム（一一五七～一二一七年）は『De laudibus divinae sapientiae（神の叡智の賛歌）』という詩で、ガマガエルは〝おぞましき生き物〟であるにもかかわらず、〝毒を追い払う力〟を宿した石を生み出し、人間の役に立っていると述べている。シェイクスピアも『お気に召すまま』にこんなことを書いている。

逆境が人に与える教訓ほどうるわしいものはない、
それはガマガエルに似て、姿は醜く毒を吐きはするが、
その頭にはガマ石という貴重な宝石を蔵しておる。[7]

ガマ石についての最古の記述は、ギリシアで一～二世紀頃成立した、鉱石・植物・動物の魔術的薬剤的効力についての書『キュラニデス』に見られる。編纂したのはアレキサンドリアの文献学者ハルポクラチオンとペルシア王キュラノスとされている。この医学書はガレノスやヒポクラテスの

教えではなく民間伝承に基づいたものなので、中世では眉唾ものだとされていた。クレモナのゲラルド（一一一四～八七年）によるラテン語訳版では、ガマ石の起源と〝薬効〟が論じられている。[8]

サコスと呼ばれるガマガエルは毒気をはらんだ息を吐き、脳髄のなかに骨を持つ。下弦の月の時期にこの骨を摘出し亜麻布に包む。四〇日後に布を切って取り出した骨は強力な護符となる。

わたし自身腰紐に下げてみたが、浮腫（むく）みと塞ぎの虫が治った。

ガマ石には〈ヘビの眼〉以外にもいくつもの別名がある――〈Bufoniius Lapis（ブフォニウス・ラピス）（ガマガエルの結石）〉〈ブフォナイト〉〈ボーラクス（質の悪い骨董品）〉〈ノーザ〉〈クラポンディヌス〉〈ケロナイティス〉などだ。ガマガエルから摘出する作業はコツが必要だった。聖職者のエドワード・トプセルが一六五八年に著した『The History of Four-footed Beasts（四足獣の歴史）』にはガマ石の摘出方法とこの石の伝統が記されている。

近頃の著述家たちは、この貴重な石はガマガエルの頭のなかにあると判で押したように断言している……この石は内臓のあらゆる不調や痛みを治してくれるとされており、指輪にして身につけている者も多くいる。が、この石を取り出すためには、一枚の赤い布を使って、ガマガエルを死に至らしめないように生きたまま頭を取り出さなければならないと言われている。古くは〈バ

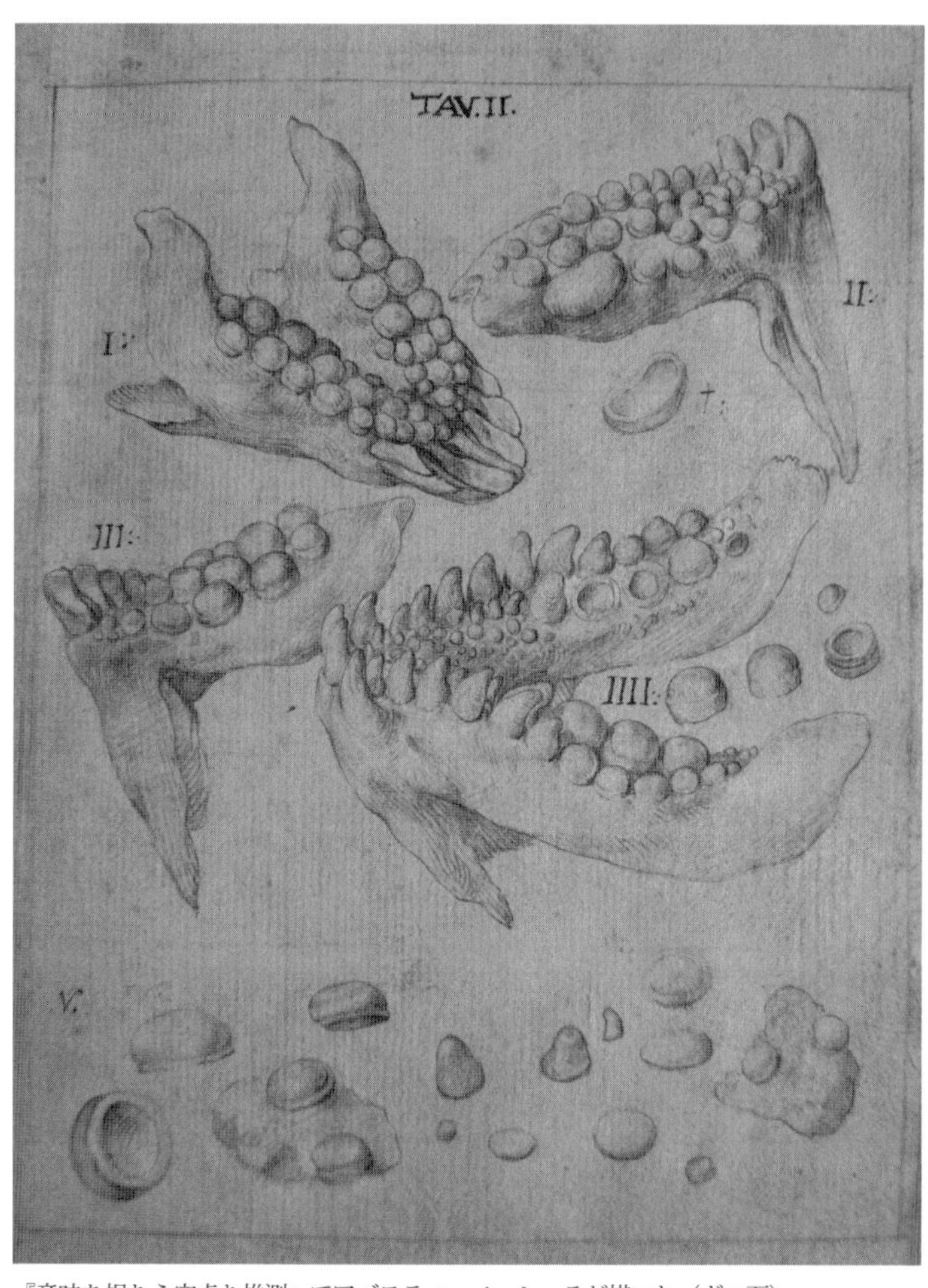

『意味を損なう空虚な推測』でアゴスティーノ・シッラが描いた〈ガマ石〉もしくは〈ヘビの眼〉の直筆鉛筆画

トラカイト〈貴重な石〉〉と呼ばれていたこの石には、膀胱のなかにできた石を砕いたりであるとか、病に倒れるのを防いでくれるという美点がある。さらにはこの石には毒を見つける力があり、毒があるとその色を変える。[9]

万病に効くガマ石は指輪にはめ込まれただけでなく服用薬にもされた。ドイツの神学者アルベルトゥス・マグヌス（一二〇〇～八〇年）は「この石を呑み込むと、腸のなかの汚物と排泄物を洗い流してくれると言われている」と述べている。[10] この服用法の優れているところは、ひとつのガマ石を何度も繰り返して使えるところだ。イタリアの医師カミロ・レオナルドゥスが一五〇二年に著した『宝石の鏡』にはこんな記述がある。「この石を呑み込むと腸のなかで転げまわり、なかに溜まっていた毒素を一掃したのちに肛門からそのまま排出される」[11]

しかし中世以前の時代の著述家がとくに注目したのは毒に対する使い方

前ページの鉛筆画のモチーフとなったタイセイヨウオオカミウオの顎の骨の標本。ケンブリッジ大学のセジウィック地球科学博物館所蔵

ヨハネス・デ・クーバの著書とされる博物誌『Hortus Sanitatis（健やかな庭）』の木版画。ガマガエルの頭からガマガエル石を採取する様子が描かれている

だった。スティーヴン・ベイトマンは一五八二年の自著『Batman uppon Bartholome,His Booke De Proprietatibus Rerum（バーソロミューのベイトマンが語る物質の性質の書）』で、ガマ石は〝毒がある場合、触れると火傷するほどの熱を帯びる〟と述べている。[12] ヘビに咬まれた傷の治療薬にもなるし虫を退治できる、とベイトマンは記している。別の著述家たちはクモやネズミに咬まれたりハチに刺された場合にも効くとしている。[13] 時代が下って一七世紀になり、驚異の万能薬などではなく、ただの魚の歯の化石だとわかると、ガマ石の人気は徐々にすたれていった。ところが今でもさまざまな治療目的に使われている歯の化石がある――龍歯（ロンシー）だ。

龍歯（ロンシー）ふたたび

スウェーデンの地質学者で考古学者のユアン・グンナール・アンデショーンは、中国漢方では龍歯（ロンシー）と龍骨（ロンクー）には幅広い治療効果があるとされていると、一九三四年の自著『黄土地帯（Den gula jordens barn）』で述べている。[14] 中国では、脊椎動物の歯と骨の化石が昔から掘り出され、さまざまな病気の治療薬として用いられてきた。赤痢、胆石、発熱、乳児の痙攣、内臓の病（やまい）、麻痺、〝婦人病〟、マラリアなど、あらゆる病気や症状に調薬された。伝説では、医療と薬学の父とされている炎帝神農は、龍歯は――実際にはハイエナやバクやゾウやサイの歯だったわけだが――気の昂ぶりと癲癇と精神障害、そして一二種類の小児ひきつけを癒すとしている。〝心のざわつき〟を抑えて〝気を静め〟、頭痛と憂鬱と発熱と〝気の触れ〟を癒し、邪を祓い、とくに肝の病に効くとされていた。

一二世紀のこんな話も残っている。落ち着きも堪（こら）え性もない男がいた（今でいえば精神的疾患のようなものだろう）。横になるたびに男の〝魂〟はどこかに飛んでいき、目覚めると〝魂〟は体に戻っていないという。[15] この症状は〝魂〟が宿っている肝の障（さわ）りが原因だとされ、黒蝶貝の真珠を挽いたものと龍歯の粉末を混ぜて作った丸薬が男に処方された。するとひと月も経たないうちに男の病は治ったという。化石にまつわる神話が世代から世代へと口承されていたことを示す話だ。

龍歯と龍骨については、二〇〇年から二五〇年ごろに編纂されたとされている、おもに植物の農業的・医学的価値を解説した『神農本草経』でも言及されていて、とくに精神障害の治療に有効だとしている。[16]

龍骨は甘く整った味がする。おもに心の臓と腸(はらわた)への邪気の流入、魂の毒化、そして亡霊に効く。咳、気の逆流、下痢、膿と出血を伴う赤痢、おりもの、腹のこわばりと癒着、子どもの癲癇などにも有効である。龍歯はおもに癲癇、気の触れ、躁病、心の臓の下の気の停滞、呼吸困難、そしてさまざまな類いの痙攣を癒す。心の乱れを正してもくれる。服用を続けると心身共に明朗軽快になり、寿命も長くなる。

現代の漢方医学では、龍骨の性味（薬種の基本的属性）は〝味は甘・渋、性は平〟となっている。服用すると神経を安定させ、気を落ち着かせ、発汗を抑えることができるとされている。外用薬としては、肌にすり込むと皮膚組織の再生を促進し、できものを消してくれる。高血圧や脳卒中や更年期ののぼせ、そしてさまざまな精神障害をもたらす、陰陽のバランスが崩れて陽が過剰になった状態（肝陽上亢）を鎮めてくれると考えられている。一方の龍歯の性味は〝味は苦、性は涼〟で、動悸を止めるとされ、癲癇の治療と心を落ち着かせるために使われる。なので躁うつ病、ヒステリー、不安、易刺激性、不眠などの治療に用いられている。龍骨は龍歯にはない働きをする――肝陽を低下させずに肝陽上亢を抑え、めまい、耳鳴り、頭痛、入眠困難を治し、精と体液の漏出を安定させる。[17]

南米大陸でも化石は医療目的で使用されている。ブラジル北東部のセアラー州の採石場では、白亜紀の地層からカメの化石が見つかると、甲羅を砕いて粉薬にする。それを落ち着きのない子どもに飲ませて気を落ち着かせる。おそらく、カメは動きがのろいので多動児に効くとされているのではないだろうか。[18]

南インドの伝統医療では、現在も化石の粉末を治療薬にしている。タミル地方とスリランカに伝わる、世界最古の伝統医療のひとつである〈シッダ医学〉ではカニの化石は〈ナンダカル〉と呼ばれ、その粉末は泌尿器や心、皮膚、胃腸、眼のさまざまな疾患の治療に使われ、解熱と解毒の作用もあり、さらには性病にも用いられている。[19] 化石は症状に応じてさまざまな成分と組み合わされる。たとえば泌尿器系の疾患の場合、化石をダイコンとポルパラという香草の汁と一緒に挽いたものを乾燥させて服用する。

ベレムナイトとオオヤマネコの石

一六九〇年の真冬の朝に腕足類の化石を初めて手にして以来、ジョン・ウッドワードは長年にわたって一万点になんなんとする岩石と鉱物と化石を収集した。そのコレクションのなかに、石とも鉱物とも化石とも判じかねる、何百年にもわたって人々を悩ませてきた標本が数多くある。俗に〝雷石〟であるとか〝妖精の吹き矢〟などと呼ばれていたものは、今では白亜紀末期に絶滅した軟体動物のベレムナイトの化石だということがわかっているが、一六世紀と一七世紀の学者たちはその正体がわからず、あれこれと推論を重ねていた。没後の一七二八年とその翌年に出版されたウッドワードのコレクション目録には、イングランド南部で収集されたベレムナイトの化石が多数載っている。彼が最初に化石を見つけたシェボーンの近くのものも一点ある。その一点は銃弾のようなかたちの一般的なベレムナイトの化石だったが、ウッドワードが言うところの長石や方解石といった結晶性鉱物の〝スパー〟でできていた。岩の塊のなかに貝殻の破片と一緒に見つけたときのことを、ウッドワードはこう記している。「岩のなかに入っていたベレムナイト[20]」この標本には〈*d.24〉という標本番号がつけられた。

ウッドワードはすべての標本に番号を振り（多くの標本に今でも確認できる）発見場所と何の標本なのかを入念に記した。一六九六年に博物標本の収集・分離・管理の心得を説く本すら出すほどだった[21]。この本に記された戒律の多くは今でもしっかりと守られている。ウッドワードは〈*d.24〉にさらなる情報を記しているが、それは化石そのものではなく、地元住民たちがこの化石をどのようにして使っているかについてのものだった。「この地ではベレムナイトを細かく挽いたものを馬の眼の病に処方する。腎炎の内服薬としても推奨されている[22]」

ベレムナイトの化石の粉末は、スコットランドでは一八世紀から一九世紀にかけて広く使われていたらしい。スカイ島の例を挙げてみよう。

ベレムナイトは粘土質の塊のなかで育ち、一二インチ（三〇センチ）ほどになることもある。片端に向かって細くなっていくベレムナイトを、この島の民は〈ボッツ・ストーン〉と呼んでいる。[23] なぜなら、この石を数時間浸した水をボッツ症にかかった馬に飲ませると、胃のなかにいる病気を引き起こしている虫を退治できるとされているからだ。[24]

ベレムナイトは牛にかけられた魔法を解くこともできるとされていた。[25] 博物学者でアシュモレアン博物館の初代館長だったロバート・プロットは、ベレムナイトは膀胱結石の治療に使われ、〝イングランド全土で馬の怪我とジステンバーの薬としても使われている〟と記している。[26] 小児疾患の治療に使われていたという証拠も残っている。オックスフォードにあるピットリヴァース博物館には二点のベレムナイトの化石が展示されている。一点はオックスフォードシャーで収集されたもので、ラベルには〝発疹性疾患にかかった子どもに、削って粉末にしたものを水に溶かして飲ませていた〟と記されている。もう一点はドーセットのもので、ラベルには〝護符とされた雷石〟とある。何に対しての護符だったのかは記されていない。

最晩年の一七二八年にベレムナイトの分類を試みたジョン・ウッドワードは、これは結局のところ有機物に由来するものではなく、岩石もしくは鉱物に属する〝現地の発掘物〟だと結論づけた。

その考えに立ち、彼はコレクションの岩石と鉱物を〝雪花石膏（アラバスター）〟、〝スパー（方解石）〟、〝白雲母〟、そして鍾乳石と石筍にグループ分けした。その過程でベレムナイトは〈Lapis（ラピス）・Lyncis（リンチス）〉であり、おそらく昔で言うところの〈Lyncurinus（リンクリヌス）〉ではないかと指摘した。[27] つまりベレムナイトは、昔から知られていた〈lynx（リンクス）（オオヤマネコ）の石〉だとウッドワードは考えていたのだ。

　紀元前四〜前三世紀の古代ギリシアの哲学者で博物学者のテオフラストスが最初に言及したオオヤマネコの石は黄色または

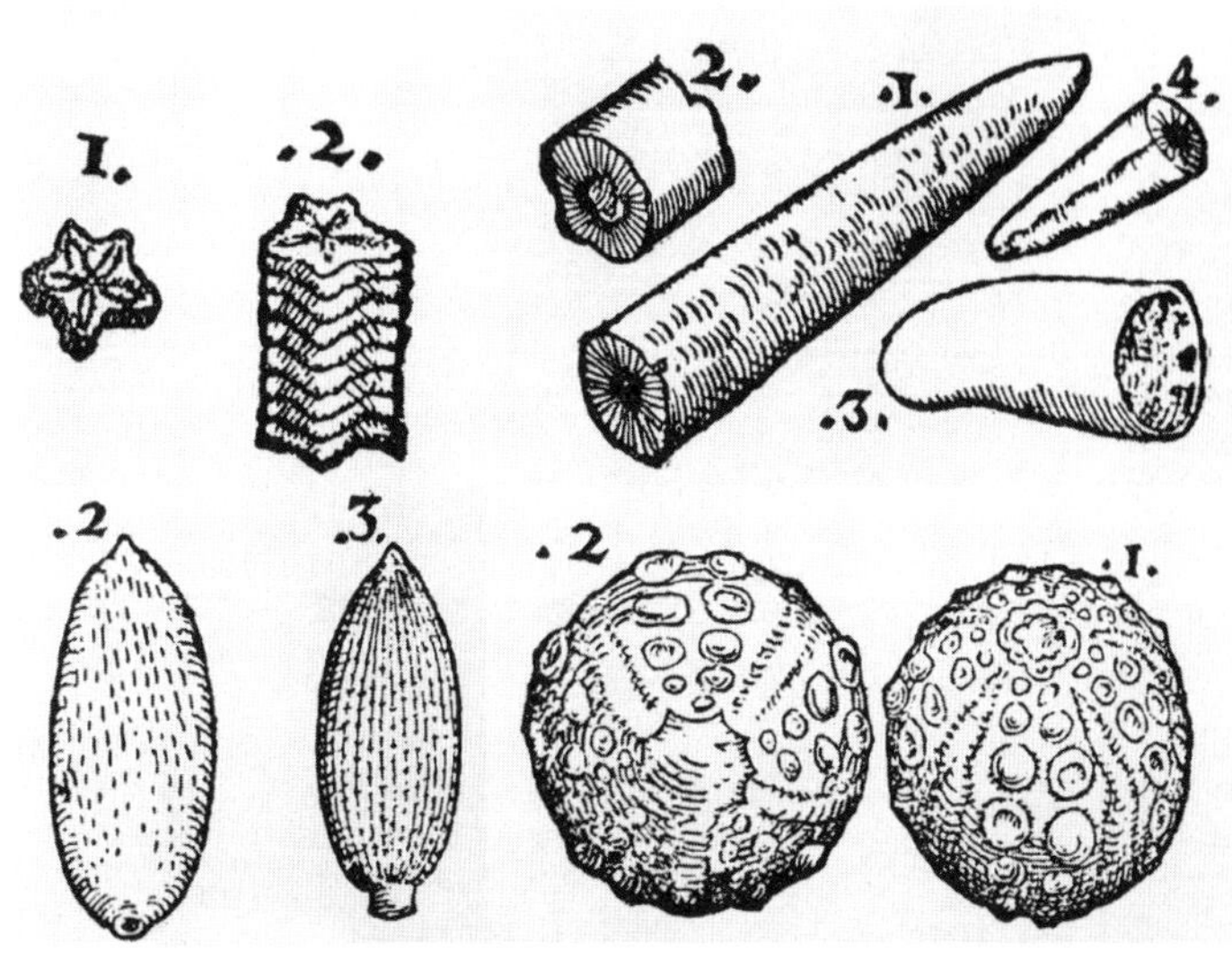

スイスの博物学者コンラート・ゲスナーが1565年に出版した『石化した物体、おもに石と貴石の形状と外見』の木版画。上段左の２点はウミユリの小管の化石である〈星石〉、その右の４点はベレムナイトの化石である〈妖精の吹き矢〉。下段左の２点はバラノシダリス（Balanocidaris）というウニの化石の棘である〈ラピス・ジュダイクス〉、右側の２点はゲスナーが〈オウム・アングイヌム（ヘビの卵）〉と呼んでいる、シダロイド（cidaroid）というウニの化石

茶色の結晶体で、その薬効については古典文献で広く論じられていた。薬としてのオオヤマネコの石の記述の最古のものは、紀元前二世紀の魔術師ダミゲロンによるものとされている。[28] 紀元一世紀、ローマ帝国の千人隊長ルキニウス・フロンティヌスはティベリウス帝の名代としてアラビアの王に贈り物を届けた。その返礼品がダミゲロンが著した『De virtutibus lapidum（石の効力）』という、〝世界中のありとあらゆる治療石〟についての書物だった。[29] そのなかにこのように記されている。「リングルスもしくはリングリス（オオヤマネコの石）は家内安全をもたらし、そして妊婦と子どもの不安を払う最高の石である。身につけたり、挽いて粉にしてワインとともに飲んだりすると腺病除けにもなる」オオヤマネコの石はオオヤマネコの尿が凝固したものだと長いあいだ考えられていた。しかし大プリニウスと薬理学者のペダニウス・ディオスコリデス（四〇年頃〜九〇年）はその説を疑問視した。ディオスコリデスはこう述べている。「しかしながらオオヤマネコの尿はリンキュリウムと呼ばれ、排出されるなりたちまちのうちに石化すると考えられている。莫迦げた話としか言いようがない」[30]

女子修道院長であり神秘家、作曲家のヒルデガルト・フォン・ビンゲン（一〇九八〜一一七九年）は医療石についての自著で、オオヤマネコの石をワインや水やビールに一五日間浸すことを勧めている。[31] オオヤマネコの石を朝食後に服用すると腹痛止めになるとされていた。石化した尿だと信じられていたので、排尿障害などの膀胱疾患の治療に頻繁に用いられていた。腹痛と膀胱疾患の強力な特効薬であるオオヤマネコの石を別の症状に使用すると、心臓が止まるか頭蓋骨が砕けてしまうだろうとヒルデガルトは警告している。オオヤマネコの石が石化した尿だとする説は中世末期まで根強く残った。

オオヤマネコの石は尿ではなく樹木の樹脂が化石化した琥珀である可能性は否めないし、なかにはそうだったものもあるのだろう。しかし当時の地質学者たちはベレムナイトだとした。ベレムナイトとは何なのかを最初に解明した書は、スイスの博物学者コンラート・ゲスナー（一五一六〜一五六五年）がペストに斃れた年に出した『石化した物体、おもに石と貴石の形状と外見』だ。ゲスナーはベレムナイトを人工物（この場合は吹き矢）に似た〝地質物質〟だとした。[32] 注目すべきなのは、その当時ベレムナイトは〈Lapis lincis（ラピス・リンチス）〉と呼ばれ、膀胱結石の治療に使用されていたとゲスナーが述べているところだ。その一方でフランドルの博物学者で鉱物学者のアンセルムス・デ・ボーツは、ベレムナイトは石化したオオヤマネコの尿だとし、黄色い結晶体のものが多いと一六四四年に記している。[33] さらにボーツは、ベレムナイトを焼くとオオヤマネコの尿のにおいがすることが多いとも述べている。同時代のイングランドの宝石学者トマス・ニコルズは「ベレムナイトを酒に混ぜて飲むと淫夢を見なくなるし、魔術を無効にする」と述べている。[34]

興味深いのは、ジョン・ウッドワードはベレムナイトがオオヤマネコの石と同一視されていることを知りつつも、雷石という俗称も併せて使っているところだ。しかしもう一方の雷石であるウニの化石については、ウッドワードはこの俗称を一回も使っていない。邪を祓うであるとか来世への旅路の安全を確かなものにするであるとか、それこそ星の数ほどの使われ方をしていたウニの化石だが、意外にも薬として使われることはほとんどなかったようだ。しかしそのごくわずかな医療目的の使用例をウッドワードは挙げている。白亜質堆積層から採れたウニの化石は〝胃のなかの刺激性体液を抑える特効薬のひとつ〟とされ、イングランドでは船乗りたちが服用していると彼は記している。

初めて船に乗ったときに吐くこともない海慣れした人間は下痢を催しがちである。その下痢は時として長引き、厄介で危険なものとなることもある。そうした下痢には白亜(チョーク)がよく効くことが知られており、経験豊かな海の男たちは必ずチョークを携えて海に乗り出していく。彼ら船乗りはおもにエキーニ・マリーニ(海のウニ)の殻に含まれている、きめが細かく純粋なチョークを服用する。〈チョークの卵〉と呼ばれるこの殻の売買は大きな商いとなっており、パーフリートやグリーンヒザやノースフリートといったテムズ川の両岸にあるチョーク層から多く掘り出され、船乗り相手になかなかの値で売られている。[35]

ウニの〝殻〟の化石の薬効はあまりなかったのかもしれないが、それが〝棘〟の化石となると話は別だ。

ユダヤ石とウニの棘

そのふたつのウニにはどちらも五芒星の模様があるが、似ているところはそこだけで、ほかの多くの点で異なる。若干〝不正形〟なハートやヘルメットのかたちをした、微細な毛のような棘で覆われたウニは、白亜紀の海の底を覆う乳白色の泥を、今のウニと同じようにかき分けて動きまわっていた。そして長い長い時を経て化石になった。そのなかの少数は何百万年ののちに人間に発見され、しばらく保有され、崇拝され、そして〈モード〉の墓のように地に戻された。もう一方の〝古風な〟正形類のウニはまったく異なる暮らしをしていた。そのウニは中世の騎士も羨む強固な鎧(よろい)で身を包み、二億年以上にわたって海底や浅瀬や磯場をうろつきまわっていた。そのなかのシダロイド(cidaroid)という種などは、いびつに並んだ尖った棘や棍棒のような棘で捕食動物から身を護った。しかしこうしたウニは前者のウニのようにはうまく化石化されなかった。海底の泥にまみれて暮らし、そして命を終え、化石になる条件がすべて整っていたウニとはちがって、波にさらされる岩がちの海底を棲み処としていたこちらのウニは、寿命を終えるとその体は食べられたり荒れた海に壊されたりした。殻はばらばらになり、棘は殻から取れた。しかし棘は炭酸カルシウム(カルサイト)の結晶が密に絡んだ網目状の頑丈な構造になっていて、殻の破片よりも化石化しやすかった。なのでシダロイド類のウニの化石はもっぱら棘ばかりだ。

ジュラ紀の海の現在の地中海にあたる海域に生息していたバラノシダリス・グランディフェラ

（Balanocidaris glandifera）というシダロイド類のウニが生やしていた棘は、長きにわたって人間を惹きつけてきた。おそらく化石になってよく見つかるからだが、実際のところはそのかたちが〝腫れあがったペニス〟に似ているからだろう。ベイルートの北東一〇キロのところにあるクサール・アキルという岩窟住居の遺跡内の堆積物から発見されたこのウニの棘の化石は、少なくとも四万年前に収集されたものだ[36]。洞窟のある岩にはこれらの化石は見られないので、どこかから持ち込まれたと見てまちがいない。この住居は最終氷期極大期が始まる以前のもので、内部の堆積物からは今でも食用になっている貝の殻が大量に見つかっている。しか

正形類のティロシダリス・クラヴィゲラ（Tylocidaris clavigera）の化石。この"腫れあがったペニス"のような棘は〈ラピス・ジュダイクス（ユダヤ石）〉と呼ばれていた

しどうしてウニの棘の化石を集めたのだろうか？ グラヴェット文化期のマンモスの狩人たちが残したゴミから、衣類に縫いつけるために棘の化石が収集された可能性があることを示す証拠がある。クサールアキルの洞窟の住人たちも、やはり身を飾るために集めていたのだろうか？ それとも食べるためだったのだろうか？

バラノシダリス・グランディフェラのふくらみを帯びた棘は東地中海沿岸部以東で収集され、その歴史はかなり長い。現在でもヨルダンやイランやイラク、さらにはアフガニスタンやインドやパキスタンなどで薬効があるとされていて、売買されている。[37] 医療目的としての歴史は、少なくとも二五〇〇年前のエジプト第二六王朝にまでさかのぼることができる。[38] 中世ヨーロッパの医学書では、ユダヤの地で昔から見つかっているという単純な理由から〈Lapis judaicus（ユダヤ石）〉とされている。ペルシア語では〈サンエ・ヤフダン〉、アラビア語では〈ハジャル・ヤフード〉と呼ばれている。かたちが男根に似ているとされたことから、おもに膀胱疾患、とくに膀胱結石と尿結石の治療に用いられた。

ラピス・ジュダイクスの薬効を最初につぶさに論じたのは、紀元一世紀のギリシアの薬理学者であり植物学者で、ネロ帝治世下のローマで軍医として仕えたペダニウス・ディオスコリデスが著したとされる医学書『De Materia Medica（薬物誌）』だ。[39]

ユダヤの地に生えるとされるラピス・ジュダイクスは白く、その形状はかなり立派な男根に似

ていて、筋が入っている。挽いたものを溶かした水は無味無臭だ。コップ三杯のぬるま湯に溶かして服用すると、排尿困難を緩和し、膀胱の結石を砕くことができる。[40]

地質学者のクリス・ダフィンは中世および近世の医学書に記されている処方例を詳細に研究し、ラピス・ジュダイクスは大抵の場合は混合薬にすると最も効き目が強いとされていたことを示した。[41]フランドルの医師グアテルス・ブルエレが一五七九年に著した『Praxis medicinae theorica et empirica famillarissima（簡明理論経験医学実地）』には、ラピス・ジュダイクスと混ぜるべき薬種の数々が記されている。[42]ドイツの医師クリストファー・ヴェッツオンは膀胱結石の緩和だけでなく、たぶんスパニッシュフライと思われる甲虫を配合する予防薬の調合法を記している。[43]ほかには〝サソリを焼いた灰〟、〝牡鹿の血〟、〝野ウサギとセキレイの灰〟、そしてユキノシタやキャラウェイといった香草やタチアオイの種、胡椒、ゼニアオイ、クジャクシダ、そしてバラを混ぜるといいとある。[44]

イングランドでは、ラピス・ジュダイクスは一九世紀になっても膀胱疾患の治療に用いられつづけた。[45]一六世紀から一七世紀にかけてのエリザベス一世とチャールズ二世の治世下では大量に輸入され、一ポンド（四五三グラム）につき一シリングの関税がかけられたほどだった。[46]中世期の中東では膀胱や腎臓の結石だけでなく、内臓の出血や傷、刺し傷、ヘビの咬傷の治療にも使われた。[47]抗毒素としての使用は一二世紀スペインのユダヤ教徒のラビであり医者のモーシェ・ベン＝マイモーンが記している。ラピス・ジュダイクスの粉末にワニの脂身とハトとアヒルと山羊の糞、タマネギ、ハチミツなどを加えたものを漆喰と混ぜて湿布として傷口に当てると毒が抜けるという。[48]

一七世紀末になってようやくラピス・ジュダイクスの正体が判明した。アゴスティーノ・シッラは、一六七〇年にラピス・ジュダイクスに似たマルタ島の化石がウニの棘であることを示した。しかしジョン・ウッドワードは、ラピス・ジュダイクスがウニの棘の化石だと最初に特定したのは自分だと断言した。彼のコレクション目録には、自分が収集したラピス・ジュダイクスをどう解釈したのかを解説する、ロンドンのグレシャム・カレッジでの薬学教授としての初講義の講義録が記載されている。

さまざまな大きさと形状のウニの棘が、〈ラピス・ジュダイクス〉という名でシリアから大量に持ち込まれてきたが、博物学者たちは単なる石だと見なしていた。しかしわたしが一六九三年五月一九日にグレシャム・カレッジでの講義でウニの棘だという証拠を示して説明すると、聴衆は大いに納得した。[49]

さまざまな手稿とともにケンブリッジ大学のセジウィック地球科学博物館に所蔵されているこの美しい手書きの目録には、一七二九年の出版時にこぼれ落ちた情報が詰まっている。たとえば、おそらくウッドワード自身による、その個所を削除するよう植字工に指示した鉛筆のアンダーラインが見られる。そこには、自分が唱えた説が盗用されたことをほのめかす記述がある。

そのなかには、ダービーのジョン・オズボーン卿、コーンウォールのウォルター・モイル卿、タンクレッド・ロビンソン博士、H・ブルックス博士、ノースコート博士などがいた。数カ月後に刊行された、デールズ氏による薬理学の書の九〇ページには〝それらはウニの棘が石化したものと思われる〟とある。この書の執筆中、デールズ氏はロビンソン博士と頻繁に連絡を取っていたのはまちがいない。序文の最後の部分で、氏は博士に謝辞を捧げている……が、デールズ氏がこの説を教わったのはロビンソン博士からなのか、それともほかの諸氏からなのか、もしくはラピス・ジュダイクスおよびそれに類するものの本質についての推論を披露したわたしの講義に出席していた誰かが誰かに話し、それが巡り巡って氏の耳に届いた結果なのかは、わたしにはわからない。

実はウッドワードとロビンソン博士は終生犬猿の仲だった。[50] ウッドワードの眼にはロビンソンが黒幕で、デールズ氏ははからずもその手先になってしまったと映った。一七三九年の再版で、デールズ氏の薬理学書にラピス・ジュダイクスの正体がウッドワードの説として掲載された。[51] あと一〇年少々長生きしていたら、ウッドワードは溜飲をいくらか下げたかもしれない。

現在では、化石を使ってさまざまな病気を治療する民間療法や伝統医療はすべからく奇矯で見当ちがいで、まったく効果がないとされている。現代医療は西洋医学が主流なのだから無理もない話だ。ところがである。化学分析とイランでの臨床試験からラピス・ジュダイクスには腎臓結石に効果があることを示す論文が立て続けに発表された。

二〇一三年に発表された論文では、ウニの棘の化石にあるとされる薬効力を研究するべく、イランの市場で〈サンエ・ジャフダン〉の名で売られているものを多数購入した。[52] 面白いことに、さまざまな種類の化石が集まった。たしかにその多くはバラノシダリス・グランディフェラの化石だったが、それ以外のウニの化石も腕足類の化石もあった。集められたサンエ・ヤフダンことラピス・ジュダイクスはすり潰され、尿路結石の主成分であるシュウ酸カルシウムの蓄積にどのような影響を及ぼすのか調べられた。その結果、ラピス・ジュダイクスの微粉末はシュウ酸カルシウム結石の大きさを二日後に三五パーセント、五日後には五八パーセント減少させた。

二〇一四年の論文では、腎臓結石を抱える六〇人の患者を被験者として研究が行われた。[53] そのうち三〇人には偽薬（プラシーボ）を、残りの三〇人にはラピス・ジュダイクスの粉末を二グラム、どちらのグループにも一〇日間投与した。化石の粉末を飲んでいたグループの結石は大幅に減少し、完全消滅が九例も見られた。これはバラノシダリス・グランディフェラの棘を構成している炭酸カルシウム（カルサイト）の結晶に豊富に含まれているマグネシウムが結石の溶解に重要な役割を果たしたからだと思われる。ディオスコリデスやヴェッツオンらが唱えていたラピス・ジュダイクスはよく効く薬になるという説は、あながち的外れではないのかもしれない。

本章の締めくくりとして、博学の徒トマス・ブラウンの言葉を紹介しよう。形而上的な著述家で医師で博物学者でもあったこの才人は、一六四六年の『荒唐世説』で〝化石と鉱物の偽りの薬効〟と魔力を簡潔に、ユーモアたっぷりに否定した。

石は薬力（やくりき）だけでなく魔力も有していることは、偉大なる先人たちの書にも記してある。ラピスラズリには浄化の力があることはわかっている……ラピス・ジュダイクスは利尿に、サンゴは癲癇に効くことは否定できないだろう。紅玉髄（カーネリアン）、血玉髄（ブラッドストーン）、碧玉（ジャスパー）、そしてヘリオトロープのそれぞれが有しているとされる薬効については、実例と効果が確認できるのであれば認めざるを得ないだろう。が、アメジストが酔い止めに効くであるとか、エメラルドは性交の最中に温めると割れるであるとか、枕の下に置かれたダイヤモンドは妻の不貞を暴くであるとか、サファイアには防腐の効果があるであるとか、緑玉髄（クリソプレーズ）は黄金への執着をなくしてくれるであるとかについては否定する向きもある。しかし正直に言うと、我々はこうした効能をいまだに信じていて、したがって不義密通もじきに根絶されるものと考えている。[54]

9章　化石のダークサイド

大抵の人間は、化石はいいものだと考えている。いいものだからこそ収集する価値がある。加えて、化石は何度も何度も襲いかかってくる災難から身を護り、溢れんばかりの幸運をもたらしてくれると何千年にもわたって信じられてきた。そして言うまでもなく病気を直してくれるともされてきた。そうしたさまざまな〝ご利益〟を持ち主にもたらしてくれる化石は、その一方で地中や岩のなかで満喫していた快適な眠りを破る者たちには不穏な顔を向けることがあった――化石には暗黒面もあったのだ。しかも往々にしてどす黒い一面が。というのも、化石は悪霊や悪魔、さらにはいたずらな妖精や小鬼といったさまざまな精霊の玩具(おもちゃ)でもあったからだ。こうした暗黒界の住人たちは、他者に災いをもたらす力を化石に与えたと考えられていた。その力のなかにはどう見ても穏やかなものではないものもあった。危険を呼び込む力すらあった。ここにも人間の想像力の暴走が見られる。

呪術の石

化石は武器にもなった。サセックスで暮らしていた少年時代に、わたしは怪しげな昔話を聞かされたことがある。曰く、一二六四年にシモン・ド・モンフォール率いるイングランド諸侯の反徒たちとヘンリー三世の軍が干戈（かんか）を交えたルーイスの戦いで、投石器の弾（たま）としてウニの化石が使われたというのだ。この眉唾ものの話が史実だとする証拠は、残念ながら見つけることができなかった。それでも、少々狡猾な手段で危害を加えるために化石が使われたという話なら見つかった。オーストラリアのアボリジニは、ある種の化石には災厄をもたらす闇の魔力を吹き込むことができて、相手に怪我を負わせて死に至らしめることすらできると信じていた。ほかの化石にしても、隙のある相手に向けて投げつけると実際に大きな怪我を負わせることができると信じられていた。オーストラリアの人類学者キム・アケルマンが大陸北西部のキンバリー地域に暮らすアボリジニから一九六〇年代後半に譲り受けた化石の護符のなかには、呪術に用いられたとされるものがふたつあった。あるアボリジニは悪霊の力を化石や尖った骨や石英に注入して、相手にできるだけ多くの害と苦痛を与えるためだけに投げつけ、殺してしまうこともあったという。[1] この魔力は物自体に宿っていると信じられていた。それでも大抵の場合、呪文を唱えて魔力を注ぎ込んだ。そうした呪文は悪霊にまつわる歌の一部だったのかもしれない。そうした呪術で最もよく知られていたものは、死者の骨を呪具とする〈ボーン・ポインティング〉だ。

アケルマンが譲り受けた護符のなかに、ゴム樹脂に歯を埋め込んだものに〝そこそこ擦り切れた、長さ一九インチ（四八センチ）ほどの毛〟をつけたペンダントがある。[2]元の持ち主によれば、この〈チャゴラ〉という護符は魔術に用いるものだという。珍しい石や骨、貝殻、歯などもチャゴラとして使われた。[3]アケルマンが受け取った護符に埋め込まれていた歯は、四万年前に絶滅したザイゴマトゥルスというバッファローほどにも巨大なディプロトドン類の有袋類のものだ。赤い母岩が付着しているところを見ると、この歯は化石と見てまちがいない。ここでもとくに興味深いのは、狩りの護符として使われていた巨大カンガルーのプロコプトドンの歯と同様に、ザイゴマトゥルスの化石が見つかる地層はキンバリー

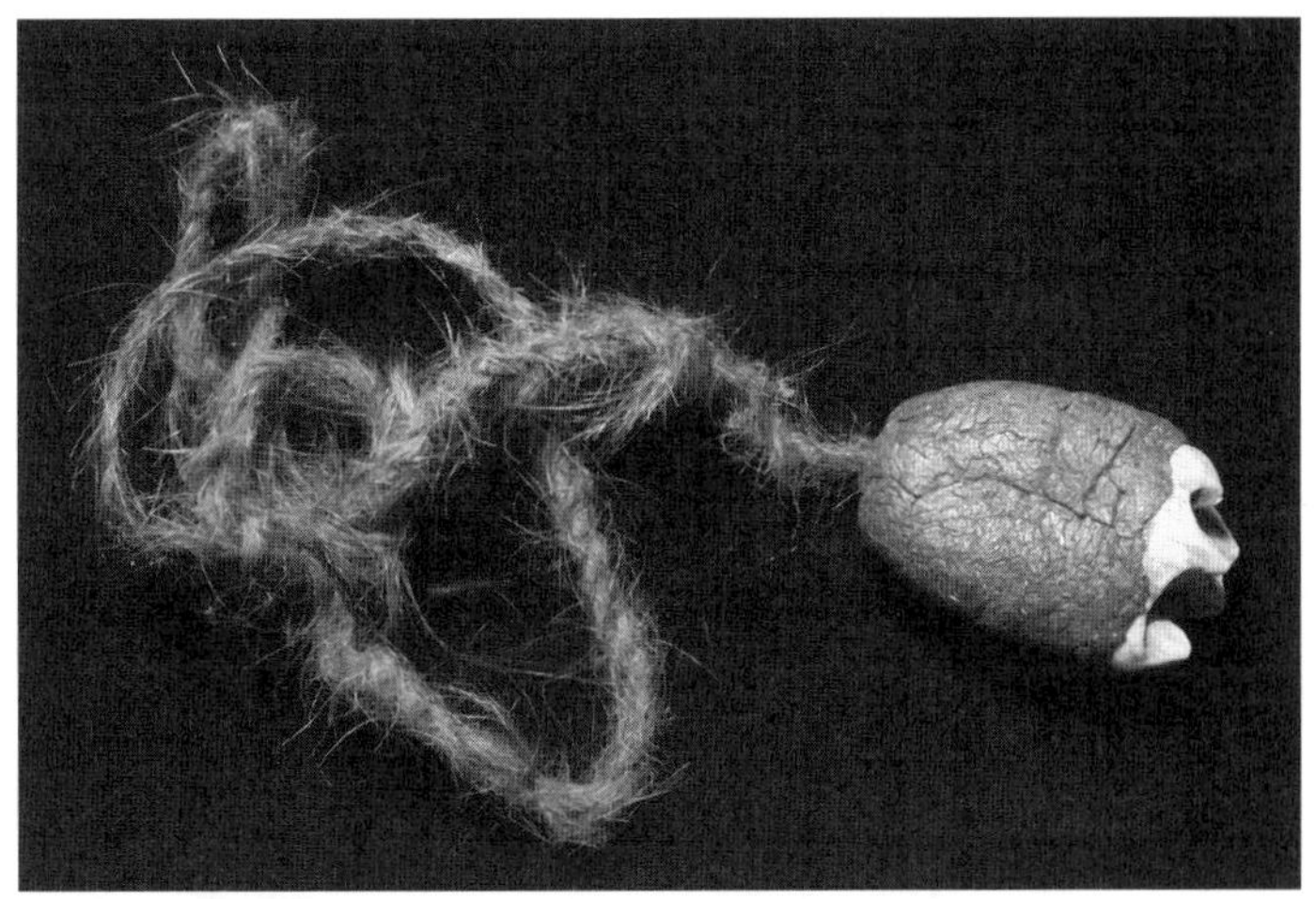

アボリジニが魔術に用いていた護符。絶滅したディプロトドン類のザイゴマトゥルスの歯の化石をゴム樹脂に埋め込み、“そこそこ擦り切れた、長さ19インチ（48センチ）ほどの毛„をつけてペンダントにしてある。西オーストラリア州キンバリー地域のハート山からもたらされた

南西部から遠く離れていることだ。直近の産出地層は南に一五〇〇キロも離れたマーチソン近辺にある。

キンバリー地域に近いところにもディプロトドン類の化石が出てくる地層はあるが、その化石は全部別種の、サイほどに大きいものだ。さらに言うと、ザイゴマトゥルスはより湿潤な南西部に生息していたことがわかっている。一方のディプロトドンの化石が見つかるのは乾燥した北部だ。[4] つまり強力な魔力を宿したこの歯の化石は一〇〇〇キロを超える旅をしたということだ。持ち主であるアボリジニにとって大きな文化的意義があったと見てまちがいない。

アケルマンが譲り受けた化石のなかに、呪術に使われていたとされるベレムナイトもあった。ベレムナイトの化石もキンバリー地域の近辺からは見つからないので、遠くから運ばれたり取引されていたと思われる。ベレムナイトもまた遠く離れた地から持ってこられて護符として使われ、おそらくかなり長い期間にわたって邪な目的のために使われていたと思われる。ベレムナイトが魔術に使う護符とされていたのか、それとも武器として使われていたのかについてはアケルマンは聞き出していない。ベレムナイトはヨーロッパの多くの地域で医療という〝ライトサイド〟の目的で使用されていたにもかかわらず、〝ダークサイド〟の貌も持ち合わせていた――吹き矢や矢じりとして苦痛を与えたり、病気をもたらすとも信じられていたのだ。

ベレムナイトの不都合な真実

啓蒙の光がまだ届いていなかった中世ヨーロッパを生きていた人々は、どうして体の具合が悪くなったり病気になったりするのかほとんどわからなかった。アングロ・サクソン時代の護符のなかには、悪霊を祓って病気や体調不良を治すために用いられていたと思しきものがある。しかし悪霊はどうやって人間の体のなかに忍び込んでくるのだろうか？ それは妖精たちの仕業だ。人間や家畜の病気や原因不明の痛みはエルフなどの超自然的な生き物の邪悪な行為がもたらしたものだと、広く中世の人々は信じていた。妖精といえばティンカーベルのようなかわいいものと思われがちだが、これはごく最近にできたイメージだ。中世の妖精はもっぱら邪悪な存在で、突然襲ってくる謎の痛みは〝妖精の一撃（エルフ・ショット）〟を受けたからだとされた。

科学と医学の歴史家のチャールズ・シンガーは、一九一九年の英国学士院（ブリティッシュ・アカデミー）での講演でこう述べている。

エルフやエーシル神族（北欧神話の神々）といった超自然的な存在は、多種多様な疾患を引き起こすと考えられていた。アングロ・サクソン時代、さらには中世に入っても、病気は人間に仇なす超自然的存在の矢が引き起こすものだとする記述がふんだんに見られる。この病気の起源説を簡潔に〈エルフ・ショット説〉と呼ぶことにする。アングロ・サクソン族は、こうした邪悪なエルフはありとあらゆるところに存在するとし、ことに未開の荒野で通りかかった者をその矢で射ることを好んだと考えていた。[5]

大量のエルフたちに襲われたときは呪文を唱えて矢傷を癒した。呪文のなかで最も有名なのは、おそらく一〇世紀後半のものとされる〈Wið færstice（突然の、激しい刺すような痛みに対して）〉だ。[6] 考古学者で歴史家のオードリー・ミーニィは『Anglo-Saxon Amulets and Curing Stones（アングロ・サクソン時代の護符と治療石）』にこの呪文の直訳を載せている。


彼らは馬を駆り、雄叫びをあげながら墳丘墓を越えた。彼らの騎行は苛烈だった。

いざ身を護れ、さすればこの敵から逃れることができるかもしれぬ。

ここにいるのなら槍を掲げよ！

わたしは菩提樹の下、光の盾の下に立っていた。そこでは屈強な乙女たちが力を寄せ合い、
叫び、槍を突き出していた。

飛んできた一本の矢を、わたしは彼らに向かって送り返す。

ここにいるのなら槍を掲げよ！

鍛冶屋が小さなナイフを鍛造している。

鉄の武器は大いに傷ついている。

ここにいるのなら槍を掲げよ！

六人の鍛冶屋が槍を鍛造している。

槍を掲げよ！

ここに一片の鉄があるのなら――

魔女の所業は溶けてしまう。

敵の矢がかすったり刺さっても、さらには刺さって血が出ても骨に達しても、もしくは手足に刺さっても、その矢じりは命にまで届くことはないだろう。

それが神が射たものであれ、エルフが射たものであれ、魔女が射たものであれ、わたしはあなたを助けるだろう。

山の頂を飛びまわる。

健やかであれ。主があなたを助けますように。それではナイフを取り、それを液体に浸せ。[7]

スコットランドでは一九世紀になっても〈エルフ・ショット説〉は信じられていた。たしかにウシバエに刺された牛の肌の丸い傷はエルフ・ショットにやられた痕のようにも見える。ウェールズの博物学者で旅行家のトマス・ペナントは、一七七一年の『Tour in Scotland（スコットランド旅行記）』にこう記している。

エルフ・ショット、つまりこの島の古の住人たちの石の矢じりは妖精の武器とされている。牛のさまざまな病気はこの矢で射られたからだとされている。病気を治すには、牛にエルフ・ショットを触れさせるか、エルフ・ショットを浸した水を飲ませる。[8]

エルフ・ショットとも〈妖精の吹き矢〉とも呼ばれていたこの小さな妖精の武器はベレムナイトの化石だった。そもそもベレムナイトという名前はギリシア語の〈βέλεμνον（吹き矢）〉に由来する。博物学者のロバート・プロットは、オックスフォードシャーではベレムナイトの化石は雷石と呼ばれ、〝その形状は矢じりに似ており、たしかに俗人は天の矢だと思うだろう〟と一七〇五年に述べている。[9] ミーニィは〈妖精の吹き矢〉と雷石は同じものを指すと指摘し、「雷に打たれることはエルフ・ショットを受けることのひとつとされていた」と述べている。[10] トマス・ブラウンも、ベレムナイトとウニの化石には邪悪な一面があると『荒唐世説』で指摘している。

石や白亜や泥灰土の採取場で普通に見つかる、俗に〈妖精石〉であるとか〈エルフの拍車〉などと呼ばれているものは、その呼び名とは裏腹に、その実は〝海のハリネズミ〟と矢石にしか過ぎない。しかしこのふたつの俗名にはおぞましい響きがある。[11]

ブラウンは迷信には惑わされず、化石の〝正体〟を看破していた。そのことを著して世に出したのは、おそらくイングランドではブラウンが最初だろう。しかし彼が指摘しているように化石に〝おぞましい響き〟があったということは、やはり〈妖精石〉への用心を怠るわけにはいかなかったということだ。

妖精と化石の呼び名

才人ブラウンは〈妖精石〉が〝海のハリネズミ〟、すなわちウニの化石だということを理解していた。そしてウニの化石には〈妖精のパン〉、〈妖精の錘（おもり）〉、〈妖精の砂糖パン〉、〈妖精の心臓〉、〈妖精の顔〉といった、妖精にちなんださまざまな名前がつけられていたようだ。[12] とくに〈妖精のパン〉は、サフォーク、エセックス、バークシャー、サリーの各州ではヘルメット形のエキノコリスの化石を指す言葉として一九四〇年代まで使われていた。サフォークではウニの化石はマントルピースの上に置かれていたが、その目的は飾りとしてだけでなくパンに事欠かないようにするためでもあった。パン屋もこの化石をパンをちゃんと膨らませるための護符にして、パン窯の横に置いた。[13] ケントとサセックスでは〈砂糖パン〉と呼ばれていた。[14] ノーフォーク州北部ではエキノコリスとミクラステルの化石は〈妖精の砂糖パン〉だった。[15]

ウニの化石を〈妖精のパン〉と呼ぶのは、ただ単純に昔は妖精が焼いたパンだと信じられていたからではないだろうか。妖精にちなんだウニの化石の俗称はほかにもある。ドーセット州では一八七〇年代に〈妖精の頭〉と呼ばれていた。医師で最初に恐竜の化石を発見したギデオン・マンテルは、シダロイド類のウニの殻の化石は〈妖精のナイトキャップ〉とも〈妖精のターバン〉とも呼ばれることがあると一八四四年に記している。[16] 1章で紹介した、オックスフォードシャーの〝生け垣に囲まれた居酒屋〟の女将が店に飾っていた〈妖精のナイトキャップ〉は、おそらくヘルメット形のエキノコリスの化石だったのだろう。ワイト島では〈妖精の錘(weight)〉と呼ばれていた。[17] もしかしたら人間や生き物、そして妖精や魔女などの超自然的存在をも意味した古英語の〈Wight(ワイト)〉が転訛(てんか)したものかもしれない。妖精の体の一部は化石でできているとも信じられていた。ドーセット州では、化石は妖精の〝台所用品〟にもなぞらえられ、魚の背骨の化石は〈妖精の塩入れ〉とされた。[18] ウッドワードの時代の人々が〈エントローキ〉と呼んでいたウミユリの小管の化石は、ただ単に〈妖精石〉と呼ばれることもあった。ウッドワードのコレクション目録の標本番号 xd.56 と xd.57 は〈エントローキ〉で、〝ウェストモーランドのスティックランド・ヘッドを流れるフェアリーストーン・ブルークと呼ばれる小川で収集〟と記されている。[19]

ピクシーも妖精の一種だ。ピクシーはペクシーともコロペクシーとも呼ばれていて、ウニの化石は〈コロペクシーの頭〉とも呼ばれていた。[20] 〈フェアリシー(pharisee)〉は妖精(fairy)の転訛だが、サフォークでは

〈妖精のパン〉は〈フェアリシーのパン〉と呼ばれることもあった。それがさらに転訛されて〈ファーシーの石〉となり、農場の馬の飼い主はこの化石をポケットに入れて、馬鼻疽腫除けの護符にしていたという。民俗学者のジョージ・エワート・エヴァンスは、イースト・アングリアの民間伝承を集めた書『The Pattern Under the Plough（畑の下の模様）』（一九六六年）で、〈フェアリシー〉という単語はゲール語の〈ファー・シー〉に由来する〈フェリシーン〉が変化したものとしている。[21] 大元の〈ファー・シー〉とは〝丘の男〟、すなわち男の妖精という意味だ。

妖精は神秘的で美しい世界に棲んでいると信じられていた――そこは〈他界〉と呼ばれていた。

そこは世界で一番愉快な世界だ。葉が茂り花が咲き乱れる木々は、たわわに実った果樹の重みで倒れんばかりだ。ハチミツとワインには事欠かず、死も衰えも眼にすることはない。ただご馳走を食べ、酒を飲み、遊んでいればいい。甘美な調べが流れ、金銀財宝も手に入る。[22]

この魔法の世界には洞窟や湖からも入ることができるが、もっぱら新石器時代と青銅器時代の墳丘墓が出入り口とされていた。こうした古墳には、アイルランドでは〈sidhe（妖精）〉が暮らしているとされていた。古墳の地下に広がる空間も〈シー〉と呼ばれていた。この地下世界はアングロ・サクソン時代には〈biorh〉と呼ばれていた。この世界に住まうと信じられていた神々が、時を経るにつれて妖精へと姿を変えていった。妖精は呪術を駆使する精霊とされ、人間にちょっかいを出す悪者になった。人間と家畜がいきなり原因不明の病気にかかるのも、農作物の不作をもたらす天候不順も妖精の仕業だとされた。[23] 子どもを盗むことに長け、動物たちも妖精たちを恐れた。畢竟（ひっきょう）、奇妙なかたちをした化石のような説明のつかないものが見つかると、それは妖精の持ち物にちがいないとされた。

他界に棲まう妖精は歳を取らず、苦痛にも病気にも悩まされることはなかった。〈バー〉の世界には、死者を甦らせる力のある食べ物を無限に作り出す魔法の釜があるとされた。他界は死者の魂の世界でもあり、現世と来世の狭間に囚われたまま現世に戻る機会をうかがっている亡者たちの世界でもあった。新石器時代以降の墳丘墓から化石が、とくにウニの化石が多く発見され、そして妖精にちなんだ名前がさまざまにつけられていたところを見ると、どうやら化石は他界の神話の一部とされていたらしい。さらに言うと、亡骸（なきがら）とともに化石を埋めるという古い習慣は、死者の魂の他界への旅路を助けるために化石が使われた可能性を示している。であれば〈妖精のパン〉は、死者の再生を確かなものにするための精霊の食べ物と見なされていたのではないだろうか。

ウニの化石はさまざまな名前で呼ばれていたが、そうした俗称のなかで最も謎めいているのは、おそらくイングランド南部で広く使われていた〈羊飼いの冠（shepherds' crown）〉だろう。たしかにこの化石は見ようによっては中世の被りものに見えるかもしれない。それでもこの化石を見つけていたのはもっぱら畑を耕す農夫で、羊飼いたちが普段からしょっちゅう眼にしていたとはあまり思えない。この俗称は、結局のところ羊飼いとは無関係なのではないだろうか。おそらくケルト語の〈sidhe（シー）〉の転訛したものだろう。シー（妖精）が棲む墳丘墓の内側は〈biorh（バー）〉と呼ばれていた。つまり〈sidhe（シー） biorh（バー）（妖精の棲み処）〉は長い歳月を経て〈she-pherd〉に変化したとも考え得る。ドームのようにも見えるエキノコリスの化石が墳丘墓のかたちによく似ているところも偶然とは思えない。それでも〝冠（crown）〟との関連は謎のままだ。

噂をすれば影（Speak of the Devil）

わたしは太古の祖先たちの化石収集の習慣を解き明かし、化石の意味を探る彼らの追究の足跡をたどってきた。それはまた、わたしもまた化石収集の遺伝子を受け継いでいる理由を解明するための、わたし自身のチャレンジでもあるのかもしれない。化石を多く含む白亜紀の地層に富むサセックス州では、採石場でも燧石（フリント）がごろごろと転がる畑でも、見目麗しい化石がよく見つかる。そんな化石コレクターの理想の地でわたしは育った。化石収集をしているあいだ、わたしはいつも〝悪魔〟の存在を肌で感じていた。化石収集が悪しき習慣だからだと言うわけではない。たしかに中世には、化石は場所によっては〝悪魔の落とし子〟と見なされていた。それはおそらく、この時代では一般には説明のつかないものに悪魔の名が冠されることがままあり、それを迂闊（うかつ）な人々が本当に悪魔にまつわるものだと勘ちがいしたのだろう。とくに奇妙な地形や石や鉱物は悪魔扱いされた。

少年時代のわたしは、化石を集めていないときは地元のプロサッカーチーム〈ブライトン・アンド・ホーヴ・アルビオンFC〉の試合を観に行っていた。このチームは現在は真新しい〈ファルマー・スタジアム〉をホームにしているが（ここはかつては泥だらけの荒野で、わたしが通っていた学校のクロスカントリーレースのコースだった）、昔は〈ゴールドストーン・グラウンド〉でプレーしていた。〝ゴールドストーン〟とはチームスポンサーの企業の名前ではなく、近くの公園に鎮座する、うずくまるガマガエルのようなかたちの、自動車ほどの大きさのサルセン石の巨石のことだ。サルセン石は五〇〇〇万年から四五〇〇万年前の新生代初期に形成された、非常に硬い暗褐色の粗い石英砂岩だ。この時期の地球は現在よりもかなり温暖で、大気中の二酸化炭素濃度ははるかに高く、岩石の風化も激しかった。その結果、地下水に豊富に溶け出した溶解ケイ素と鉄化合物が強力な接着剤となり、この硬い砂岩ができた。サルセン石の巨石はイングランド南部によく見られる。ストーンヘンジの大きな石柱と〝まぐさ石〟はサルセン石でできている。ウィンザー城に使われている石材の六割はサルセン石だ。

そのサルセン石であるゴールドストーンは、言い伝えによれば怒った悪魔によって置かれたという。その悪魔は、ブライトンの背後に広がるサウス・ダウンズの丘陵地帯の北側にあるキリスト教会を一掃しようと企んだ。一帯を水浸しにしてやれと考えた悪魔は、海までの水路をひと夜のうちに掘ることにした。ところが（少なくとも悪魔にとっては）困ったことに、この轟音は何事かと驚いた女性が、ランタンを手に家から出てきた。ランタンの灯りを陽の出だと勘ちがいした悪魔は、

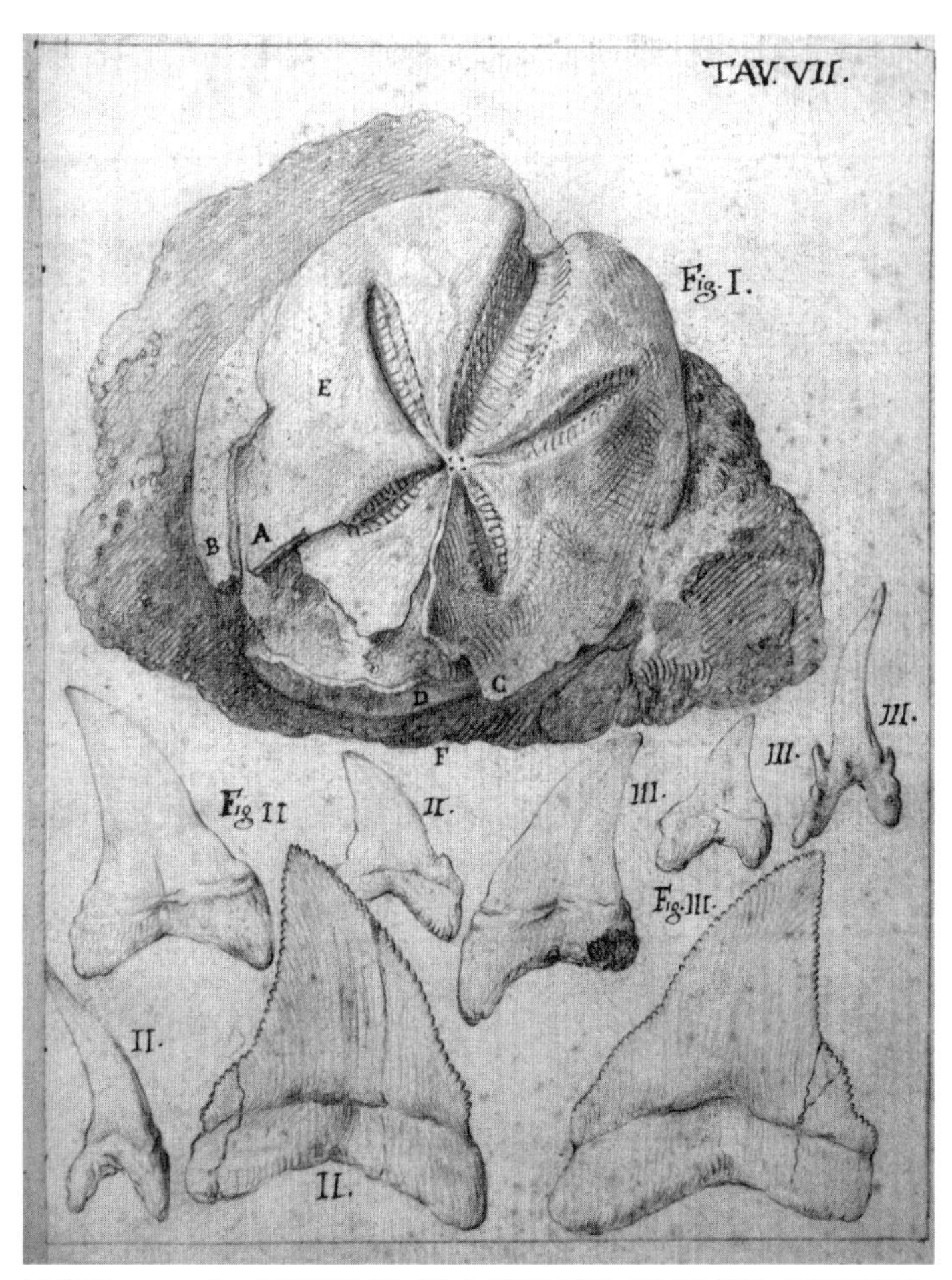

アゴスティーノ・シッラが1670年に出した『意味を損なう空虚な推測』の直筆鉛筆画。上に描かれている不正形類のスキザステル（Schizaster）というブンブクチャガマ科のウニは、マルタ島では〈悪魔の足跡〉とも〈悪魔の踏み段〉ともされていた。下はさまざまな〈ヘビ石〉。シッラはサメの歯だと見ていた

くやしまぎれに丘の上にあったサルセン石を蹴飛ばした。そのサルセン石がゴールドストーンだとされている。未完成の水路は〈デヴィルズ・ダイク（悪魔の水路）〉と呼ばれる谷になった。この壮観な谷の大部分は、実際には最終氷期極大期の最終期に融けた永久凍土層から流れ出した水が白亜層を削ってできたものだ。キリスト教の到来より少々早い時期の出来事ではあるが、大昔の人々は悪魔のなせる業だと考えたのではないだろうか。

悪魔はサセックスに地形学上の足跡を残したが、ほかの地では古生物学でもその姿を見せ、その体の一部か持ち物とされるものをあちこちにばら撒いた。ナポリの北北西五〇キロに位置するロッカモンフィーナ火山の乾いた斜面には、三八万五〇〇〇年から三二万五〇〇〇万年前の三組の人間の足跡がある。[24] 噴火直後の熱い火山灰の上を歩くことができるのは灼熱の地獄にいる悪魔だけだと信

ジョン・ウッドワードの化石コレクションのなかにある、俗に〈悪魔の足の爪〉と呼ばれるジュラ紀初期の牡蠣の一種グリファエア・ディラタータ（Gryphaea dilatata）の化石

じられていたことから、この足跡は〝Ciampate del Diavolo（チャンパーテ・デル・ディアボロ）（悪魔の足跡）〟と呼ばれている。ポーランドのシフィエントクシスキ（聖なる十字架）山地にある足跡も悪魔のものとされていた。おそらく小型の獣脚恐竜のものと思われるその三つ指の足跡を、地元の人々は悪魔が通った跡だと考えていた。その悪魔は、カミエンナ渓谷を跳び越えることができるかどうか天使と賭けをした。左足をついた岩に跡が残るほどの大跳躍だったという。この地にはほかにも恐竜の足跡が見つかっているが、それらは魔宴（サバト）や悪魔の神殿に出かけた悪魔が残したものと考えられていた。[25] マルタ島では、悪魔はうまい具合にウニの化石に足跡を残した。不正形類のスキザステル（Schizaster）というウニの五芒星の模様がくぼんでいるので、この島では〈悪魔の足跡〉とも〈悪魔の踏み段〉とも呼ばれている。[26]

　悪魔は自身の体のさまざまな部位も岩のなかに残した。ルーマニアのクルジュ県にある洞窟で見つかった骨の化石は悪魔の骨だと考えられていた。[27] ノース・ヨークシャーのスカボローのジュラ紀の岩から見つかった骨の化石にしても同様で、神に逆らったサタンに同調して地に堕とされた天使の化石だと考えられていた。[28] 岩のなかから最も多く見つかる悪魔の体の部位は、何と言っても足の爪だ。太い鉤爪のようにも見えるジュラ紀初期の牡蠣の一種グリファエアの化石は、イングランド南部と西部の多くの場所で古くから〈悪魔の足の爪〉として知られ、ウォリックシャーでは〈悪魔の親指〉とされていた。ベレムナイトの化石は悪魔の指と見なされていた。丸い腕足類のコエノテイリス・ブルガリス（Coenothyris vulgaris）の化石は、ハンガリーでは〈悪魔のボタン〉とされていた。[29] 悪魔はあちこちに金もばら撒いたようだ。大きなコインのようなかたちの有孔虫ヌムリテスの化石は、フランスでは〈Monnaie du Diable（ムネ・ドゥ・ジャブル）〉、ドイツでは〈Teufel Pfennige（トイフェル・ペニガー）〉、フランドルでは〈Duivels munt（ダイフェルス・ムンツ）〉の名で知られ、どれも〝悪魔のコイン〟という意味だ。ハンガリーでは〈az ördög tallerjai（アズ・アルザク・ターラリヤイ）（悪魔のターレル銀貨）〉だ。[30]

悪魔自身と化石は頻繁に結びつけられているが、その持ち物についてはほとんど悪魔性を帯びていない。ここまでそのつもりで語ってきたのだが、化石というのものは大抵の場合はポジティブな側面を持つものとされている。しかしどんなことにも例外があるものなのだ……。

危険な願掛け

スイスの博物学者で辞書編纂者でもあったコンラート・ゲスナーは、一五六五年に『石化した物体、おもに石と貴石の形状と外見』を上梓した。ほどなくしてゲスナーはペストでこの世を去った。一六世紀で最も偉大な博物学者であるゲスナーが著したこの書は、古生物学が科学として発展していくうえで重要な役割を果たしたとされている。[31] ゲスナーは、化石は太古の昔の生物の遺骸だとする説を最初に唱えた人物のひとりだ。ゲスナーの偉業はほかにもある。それは、一般的な化石を木版画の挿絵にして初めて本に載せたことだ。ゲスナーは自著の版画挿絵に自信満々で、こんなこと

ジュラ紀の典型的なシダロイドの化石。縦に走る歩帯のあいだに突き出た“こぶ„が特徴で、両者のあいだには曲がりくねったヘビのように小さなこぶが並んでいる。こうした化石は〈オウム・アングイヌム（ヘビの卵）〉と呼ばれることもあった

を言っている。「母なる自然が画家のように筆を揮（ふる）い、自分自身の姿かたちを描いたかのようなこの版画を見ると、必ずや歓びを感じることだろう」[32]

ゲスナーは貝の化石を、似た形状の現生類の貝と比べて分類した。ゴカクウミユリ科のウミユリの茎の断面は星のかたちをしているので、〝天体の綱〟に入れた。〈妖精の吹き矢〉ことベレムナイトの化石は〝人工物の綱〟だった。ウニの化石は三つの綱に分けられた。ひとつ目の綱はシダロイドのウニの棘の化石であるラピス・ジュダイクスで、ゲスナーは樹木もしくはその一部の綱に入れた。ふたつ目の雷石もしくはブロンティナとされた不正形類のウニの化石は〝天からの落下物〟の綱、そしてある正形類のウニの化石だけは〝昆虫もしくはヘビに似た〟綱とした。アンモナイトもこの綱に入れられた。そしてローマの昔から〈ovum anguinum（オウム・アングイヌム）（ヘビの卵）〉として知られていたものも、この綱に入れられた。ゲスナーの書のかなり高品質な木版画挿絵から、彼の言うオウム・アングイヌムとはウニ

の化石のことだとはっきりわかる。しかしそのウニは〈羊飼いの冠〉や雷石のような不正形類ではなく、正形類のシダロイドだ。この種のウニの特徴は、球形の殻の表面に不規則に並んでいる水泡のような小さな〝こぶ〟だ。このこぶの先には、球関節を介して長くて太い棘がついている（この棘の化石がラピス・ジュダイクスだ）。こぶとこぶのあいだには五条の歩帯が小さなヘビのように走っている。この化石をオウム・アングイヌムと命名するにあたって、ゲスナーは大プリニウスが記したこの化石にまつわる民間伝承に言及している。

　ゲスナーのオウム・アングイヌムの解釈は同時代の博物学者たちから支持された。医師でヴァチカンの植物園の園長だったミケーレ・メルカティも一五七四年に出版した自著でシダロイドの化石を描き、やはりオウム・アングイヌムだとした。この時代のフランスでは、シダロイドの化石は〈les oeufs des serpents（レ・ズー・デ・セルポン）（ヘビの卵）〉として知られていた。ウェールズでは〝ヘビ石〟と呼ばれることもあった。どうしてシダロイドの化石はヘビの卵だとされたのだろうか？　この化石にはどんな力があるとされていたのだろうか？　少なくともイングランドでは、ヘビとドルイドのあいだには関連があると思われる。ドルイドとはケルト人社会の司祭のことだが、彼らは〈naddred（ナドレッド）（ヘビの司祭）〉と呼ばれることもあった。脱皮を繰り返すことからヘビは再生の象徴とされていたことを暗に示していると思われる。

　ロバート・プロットは一六七七年に刊行した『オックスフォードシャーの博物誌』で、ウニのシダロイドがヘビと関連づけられているのは、球状の殻に曲がりくねって走っている五条の歩帯のせいだと述べている。

ボエティウスとゲスナー、そして過去の著述家たちは、この石をオウム・アングイヌム、つまりヘビの卵と呼んでいる。それはおそらく、底部から上部へと伸びている五本の筋がヘビの尻尾

大プリニウスの『博物誌』にあるオウム・アングイヌムの記述に基づいた、1497年制作とされる木版画。“ヘビの卵”を盗んだ男がうごめくヘビたちの上で高くジャンプし、宙に放り投げた卵を布でキャッチしようとしている。地面に落としてしまったら卵の魔力は失われてしまう

のようにのたくっているからだろう。それらはヘビの唾液もしくは粘液から生じるという話もある。フランスのドルイドたちから非常に重宝されている。[33]

クラウディウス帝（紀元前一〇～紀元五四年）が下した、かなり辻褄の合わないとある裁定の中心にはウニの化石があったようだ。大プリニウスが『博物誌』に記しているが、皇帝のこの行動は、化石には悪用ができるという明確な〝ダークサイド〟があることを示している。

そのうえ、ガリアでたいへん有名な一種の卵がある。ところがギリシア人はそれについて何も言っていない。ひじょうにたくさんのヘビがからみあって、前に述べた交尾をしているとき、彼らの顎から出る唾液と、からだから分泌する泡でそのような丸いものをつくる。それは「かぜたまご」と呼ばれている。ドルイドたちの言うところでは、そのものはヘビがしゅっと息を吹くときに吹き上げられるもので、それは地に触れるまでに軍用外套で受け止めなければならない。そして、それを捕らえたものは馬に乗って逃げなければならない。というのは、ヘビが途中川で隔てられるまで、彼らを追いかけて来るからだと言っている。純粋な卵の目安は、それを金の台に嵌めておいても、水流に逆らって浮んでいることだ。マギ僧どもが、自分たちの欺瞞を包み隠す抜目のない悪知恵はひどいもので、彼らは自分たちの説として、その卵は月の一定の期間に捕らえねばならないなどと言っている。まるでそういうことをしようというヘビと月との間の取決めが、人間の意志によって左右されるかのように。実際わたしはその卵を見たことがある。それは中位の大きさの丸いリンゴに似ていて、そして軟骨性の茶碗のくぼみのような穴、言ってみれば、タコの触手にあるようなものがいっぱいある堅い表皮が珍しい。ドルイドたちはそれを法廷において勝利を与えるもの、権勢家に接近しやすくするものとしておおいに大事にする。こういうことにも彼らの欺瞞は深いので、ウォコンティイ族の一ローマ騎士が裁判の間にそういう石を懐中にしていたということで、彼は故クラウディウス帝によって処刑された。ただそういう理由だけで。[34]

オウム・アングイヌムが本当にウニの化石だとすれば、『博物誌』はウニの化石について最初に言及した書だということになる。オウム・アングイヌムはケルトのドルイドたちにとっては強力な魔術具だったと大プリニウスは記している。この石には、解毒や病気退散、そしてまちがいなく魔除けといったさまざまな力があるとされていた。そうした力がどうして化石の〝ダークサイド〟となるのだろうか？　自己弁護を望むウォコンティイ族の騎士について言えば、かなり突飛な行動を取ることで知られていたクラウディウス帝の御前で冷え冷えとした小石に力を頼むことなど愚の骨頂だった。そのせいで裁判で負けたばかりか命まで失ってしまったのだから。

このクラウディウス帝の振る舞いは、まったく不条理なものというわけではなかったのかもしれない。ローマ人たちがドルイドを嫌っていたことはよく知られている。そのドルイドにつながりのあるオウム・アングイヌムを裁判で使ったので、クラウディウス帝は激怒したのではないだろうか。自分たちも残虐な所業に走っていたにもかかわらず、ローマ人たちはドルイドの儀式を恐れていた。紀元前一世紀のギリシアの歴史家、シケリアのディオドロスは『Bibliotheca Historica（歴史叢書）』にこう記している。

ドルイドたちは奇矯で信じがたい儀式で重要な事柄を占う。彼らは生贄のへその上の部分をナイフで刺して屠り、そののちに生贄の四肢の痙攣と血の滴り具合で未来を予言する。これは古より続く伝統であり、彼らは必ず当たると信じている。[35]

　悶え死ぬ人間で未来を占うことなど、クラウディウス帝ですら常軌を逸した所業と見なしていた。ローマでは、生贄の動物の臓物から未来を占うという〈ハルスペクス〉が根づいていた。その神聖な儀式をドルイドたちは愚弄しているように思え、皇帝は怒りを覚えた――ドルイド滅ぶべし。ウォコンティイ族の騎士を情け容赦なく処刑したのは、不合理で野蛮なクラウディウス帝ならではのことだったのかもしれないが、裏にはそれ以上の意味があったのかもしれない。おそらくクラウディウス帝は、ドルイドの信仰体系全体を心底嫌っていたのかもしれない。こうしたケルト人の生贄の習慣を根絶させようとしてきたローマ帝国に対する反発にも我慢ならなかったのかもしれない。それとももしかしたら、皇帝はただ単に化石が好きではなかったのかもしれない。

10章　時の戯れ

こうしたものが岩のなかに閉じ込められていることを、偶然の産物であるとか、あるいは得も言われぬ生成の力がもたらした〝自然の戯れ〟と決めつけるなど、幻想もいいところなのです！　馬鹿馬鹿しいにもほどがあります！　海に棲む貝はやがて朽ちていく。これは自然ではなく時の戯れなのです（アゴスティーノ・シッラ、一六七〇年）。

化石にまつわる迷信や民間伝承、そして神話と伝説は、古代ギリシアの哲学者たちが化石の正体をあれこれ考えるようになると一斉にぐらつき始めた。中世アラビアの数学者たち、そして絵画と人体の謎についての大胆な仮説などで偉大な足跡を残したルネサンス期の博学者たちは、化石は単なる〝自然の戯れ〟にとどまらないのではないかと考えた。そして模様がある奇妙なかたちの石についての経験的説明がおずおずと始まった。

地中海の島に暮らす画家が化石の真の意味を理解したのは一七世紀中頃のことだった。その画家は鉛筆を振るい、化石の民間伝承と伝説と神話を棺に入れ、とうとうその蓋に釘を打ちつけた。画家が描いた精微な絵は、岩のなかで想像を絶するほど長い時を経たのちに石と化した生き物たちの不思議な世界をつまびらかにした。

一〇〇〇万年から五〇〇〇万年前にかけて、ある島の一群が海から出てきた。海底に棲み、海底に死んでいった無脊椎動物の貝殻が粒となり堆積してできた山が地殻変動の力で押し上げられ、新たな大地が形成された。この島の黄金色と灰色の石灰岩のなかには、二〇〇〇万年から一〇〇〇万年前の暖かな浅い海に棲んでいた動物たちの物語が閉じ込められていた。周辺の海では現生種よりもかなり大きなサメたちが泳ぎまわっていた。海底の泥の上となかには、平べったいものや丸々としたもの、棘だらけのものやごつごつしたものなど、とにかくさまざまなウニがいた。ホタテガイはウニたちとほかの二枚貝たちの上で殻をぱかぱかと開閉して泳ぎ、巻き貝たちはただひたすらに海底を這いまわっていた。それらが生きた名残は石化して後世に残された。

この島はマルタと名づけられた。マルタ島に最初に定着した人々の眼は、岩のそこかしこにある海の生き物たちの化石にいやがうえにも留まった。八〇〇〇年前にやってきたその人々は農耕を開始したが、じきに島の地力（ちりょく）を使い果たしてしまった。そのあとにやってきた人々は、石灰岩の巨石を使って死者を称える壮麗な神殿を建てた。五五〇〇年から四五〇〇年前にかけてのことだ。彼らは化石を集めて神殿に置いただけでなく、化石を模した彫刻も作った。島の人々は化石についての独自の物語を紡いでいった。それらは神話に取り込まれ、新たな伝説として生まれ変わり、現在に至るまで語り継がれている。この島の不思議な化石はとうとう古代ギリシアのとある詩人の想像力を刺激したが、そのイメージは二〇〇〇年以上にわたってほとんど顧みられることはなかった。その詩人のイメージに好奇心をかき立てられた、三五〇年前のシチリア島に暮らしていた画家はマルタの島々の風変わりで多種多様な化石を見事に描写し、思いを巡らせ、その正体を正確に世界に伝えた。

イデアの神殿

約五五〇〇年前にマルタ諸島に移り住んだ人々は、優れた建築技術だけでなく壮大なモニュメントを建てて死者を弔うという観念（イデア）を持ち合わせていた。マルタ島とそのすぐ北に浮かぶゴゾ島では、一〇〇〇年ほどのあいだに三〇基以上の巨石神殿が建立された。左右対称に造られているこれらの建造物は、化石を豊富に含む島の石灰岩を切り出した巨大なブロックでできている。少々引っ込んだ位置にある高い正面（ファサード）にしつらえた狭い入り口の先には丸天井の石室がある。[1] 内部には祭壇や聖堂がある。神殿は死者たちの聖域でもあった。ハル・サフリエニの地下墳墓からは、二〇世紀初頭の発掘調査で七〇〇〇体もの亡骸が見つかった。[2]

これらの驚異の巨石神殿群を建てた社会では、絶海の孤島に生きるがゆえに経済面と環境面の圧力が増大しつつあった。[3] 神殿はより大きく、より複雑になっていった。やがて社会全体が取り憑かれたように神殿を建てつづけた。こうした死者崇拝の儀式は人々が暮らす住居を建てることすらままならないほど肥大化し、ついには島の社会を崩壊させてしまった。それでもヨーロッパ最大級の新石器時代の巨石神殿群は残った。内部からは神への供物が無数に見つかり、そのなかにはこの島の石灰岩にそれこそ無数に含まれる化石もあった。

建築に熟達したマルタの人々は、自分たちが建てた威風堂々とした建物に使用した岩に含まれていた化石に興味をそそられた。彼らは不思議な石のようなものを集めて神殿に置いた。そのなかには人間の手ほどにも大きな、てらてらと光るサメの歯もあった。長年使い込んで深みのある色合いになった錫器（ピューター）のような灰色で、研ぎ澄まされたナイフのように鋭い鋸（のこぎり）状のサメの歯は、二〇世紀初頭の発掘調査で九基の神殿のうち五基から見つかった。神殿を建てた人々は、こうした化石のことをどう考えていたのだろうか？　島を取り囲む海にいるサメの口を見て、その歯と似ていると思わなかったのだろうか？　彼らは想像力を刺激する珍しい化石を集めた――ホタテガイなどの二枚貝や、そして大きなナツメヤシの実のような化石などだ。そうした化石の端に穴をあけ、紐を通して吊るした。サメの背骨の円盤状の化石は神殿内に思慮深く置かれていた。現代人から見れば、それらは石でできたチェッカーゲームの駒にも見える。

　神殿内の特別な場所に置かれるほど重要視された化石もあった。四つの神殿からなるタルシーン神殿からは驚くほど多くの工芸品が見つかり、大半は供物だった。この神殿の柱の一部には牛やらせん状の模様が精巧に彫り込まれていた。一本の柱の基部のすぐ上には浅いくぼみが五つあった。おそらくそこに供物が捧げられたのだろう、磨かれた黒い石やウニの化石が置かれていた。[4]別の神殿には拳大のウニの化石が置かれていた。そのドーム形の表面にはあでやかな五弁の花の模様があり、ピンで丹念にあけられたような小さな穴の列があった。

　これらの化石はたまたま神殿内にあったわけではない。その多くは神殿の石材以外の岩に見つかるものなのだから、石材から自然に剝がれ落ちたわけではない。丹念に収集されて神殿に持ち込まれ、護符や偶像、もしくは死者の魂を慰めるものとされたのだ。こうした供物を手中にすることで、凝った儀式を取り仕切る祭司は力を得たかのように感じたのかもしれない。

　化石は芸術も喚起した。石灰岩と粘土に丁寧に手を加えて、おそらく珊瑚石灰岩に見られる、尖ったらせん状の内部構造が見える巻き貝の化石を模したものが作られた。偶然だろうが、レヴァントのナトゥーフ文化の芸術家たちも円錐形の石に縦に筋を入れて巻き貝を模したものを作っている。どこからどう見てもウニの化石に似ているものもある。[5]マルタの芸術家たちはさらに創造力を発揮し、化石そのものを芸術工具にした。ガルダラム洞窟とタルシーン神殿から見つかった壺には小さな穴が緩いカーヴを描いてぽつぽつとあいている模様があるが、これは、絶滅した巨大ザメのムカシオオホホジロザメの歯を粘土に押し当てて作ったものだということがわかっている。[6] 胴体部分が大きく平らな円になっている不思議なかたちの粘土人形の装飾にも同じ技法が使われている。[7]

マルタの神殿を建てた人々は、どうして化石を収集して供物にしたのだろうか。今となっては知る術（すべ）はない。彼らのあとに島にやってきた人々は想像力を働かせ、伝説を生み出してその理由を説明した。しかし最後の石灰岩造りの神殿が建てられてから二〇〇〇年の時を経たのちにこの島にやってきた哲学者でもあったギリシアの著述家は、この島で眼にした化石とは何なのかを考えた。

哲学者で詩人のクセノパネスは、現在のトルコにあたるイオニアの古代ギリシアの都市コロポンで紀元前五七〇年頃に生まれた。九〇歳を超える長寿で、没年は紀元前四七八年から前四七五年のあいだとされる。二五歳のときに故郷がペルシアに侵略されると旅に出て、以来七〇年ものあいだ古代ギリシア世界を巡った。一時期（マルタ島からは一〇〇キロほど離れている）シチリア島にいたことがあるとされる。クセノパネスの著書の大半は失われてしまったが『Πρὶ Φύσεως（ペリ・ピュセオース）（自然について）』はローマの神学者ヒッポリュトス（紀元一七〇年頃〜二三五年）が要約している。ヒッポリュトスによれば、クセノパネスは世界の大抵のことは理解することができないと考えていたという。それでも彼は、太陽は小さな火の粒子が毎日寄り集まって生まれ、大地には無限の広がりがあり、空にも天界にも囲まれているわけではないという説を唱えていた。太陽と月は無限にあるともしていた。しかし岩石のなかに化石があることの意味を説明し、化石はかつて生きていた生き物の名残だと唱えている。クセノパネスは化石の本質を推察した最初の人物だと見てまちがいない。この自説を発展させる上で重要な役割を果たしたのが、旅先で見かけたマルタ島の化石だった。クセノパネスはこんなことを述べている。

かつて大地と海は混ざり合っていたが、時を経るにつれて水は徐々に引いていった。その証拠に内陸部や山中で貝殻が見つかるではないか。シュラクサイ（現在のシチリア島のシラクサ）の石切り場では魚とアザラシの痕跡が、パロス島では岩のなかに錨(いかり)のようなものがあり、マルタ島の地層にはありとあらゆる海の生き物の名残がある。そうしたものはすべて昔の時代の生き物で、その名残は泥のなかに埋もれ、乾いた。しかし秩序ある世界が大災厄に見舞われ、大地は海に呑まれて泥となり、人間はすべて滅ぼされた。[8]

歴史家で著述家のリュディアのクサントス（紀元前五世紀中頃）もクセノパネスと同様の説を唱え、アルメニアやフリギアといった海から遠く離れた地で石になった貝殻を見たと記している。これらの地はかつては海に覆われていたにちがいないと彼は考え、化石はその昔に生きていた動物の遺骸だとした。しかし哲学者で博物学者のテオフラストス（紀元前三七〇年～前二八五年頃）のように別の考え方をする者もいた。地中から象牙と巨大な骨のような石が出てきたとき、テオフラストスはそれらは自然界にはたらいている未知の力によって地中で成長したものではないかとした。[9]

化石がかつて生きていた動物や植物に似ているのは偶然に過ぎないとする〝自然発生説〟は、博物学全般の聖典とされた『博物誌』で大プリニウスが支持したこともあって、ヨーロッパでは二〇〇〇年にわたって広く信じられつづけた。もちろん〝生命起源説〟に与(くみ)する声もないわけではなかった。たとえばペルシアの博学者イブン・スィーナー(ヨーロッパではアヴィケンナ、九八〇〜一〇三七年)はこんなことを言っている。

石と化した動植物について言われていることが本当なのであれば、その原因は鉱化と石化の力が特定の石がちな場所で強く作用しているか、もしくは地震や地盤の沈下時に地中から突如として湧き出てきて、その力に触れたものはすべて石と化してしまうからだ。実際のところ、動物や植物の体が石化することに比べたら、水がさまざまな形態をとることのほうがよほど奇っ怪である。[10]

こうした哲学者たちの考察には大きな意味があるが、それでもマルタ島の人々にとってはどうでもいいことだった。この謎めいた石の起源を説明する、極めて独創的な民間伝承を作り上げていたのだから。その過程で島外との交易も盛んになった。

マルタ島の化石伝説

マルタ島の化石伝説の大部分は、皮肉なことにキリスト教のなかでも聖人中の聖人とされている使徒パウロにまつわるものだ。[11] ローマ帝国に反逆者として捕らえられたパウロは、二〇〇人超の囚人たちと一緒に海路でエルサレムからローマに送られる途中、マルタ島の沖合で難破の憂き目に遭った。何とか島に泳ぎ着いたパウロにさらなる災難が待ち受けていたと伝説は語る——毒ヘビに咬まれたのだ。しかしパウロは苦しまなかった。この厚かましいヘビに怒り、パウロは即座に島のヘビすべてから毒を奪ったとされている。パウロはヘビに呪いをかけ、舌と眼も奪ったという言い伝えもある。そして奪われた舌は〝ヘビの舌の石〟、つまりグロッソペトラとなり、眼は〝ヘビの眼（マルタ島以外ではガマ石）〟となった。マルタの人々に厚くもてなされたパウロは、島の石と化石に祝福を授けて恩に報いた。さらに毒に抗う力も与え、とくに〝模様のある石〟には再生と増殖の力も授けた。[12] 結果、〝ヘビの舌の石〟に不思議な力が宿っているのは聖パウロのおかげだとされるようになった。一部の島民たちは、この舌のようなかたちの化石は島の異教徒たちを改宗させた聖パウロの言葉が具現化したものだと信じ、〈Ilsien San Pawl（イエシエン・サン・パウロ）（聖パウロの御言葉）〉と呼んでいた。聖パウロの説教は硬い岩をも貫くほど力強いものだったと信じる者たちもいた。[13]

マルタでは、医師のジャコモ・ブオナミーコ（一六三〇～八〇年）が一六六七年の自著で述べた、島でよく見られる舌のかたちをした石はヘビの舌でも聖パウロの御言葉でもなく、岩のなかで〝自然に成長した〟ものだとする説が広く信じられていた。[14] 生物起源説を支持するものは少数派だった。島の周辺の海を泳いでいるサメの歯と似ているという声も上がらなかった。自然発生説のほうは一七七二年出版の『Malta Illustrata（マルタ図版）』で島の歴史家ジョ・アントニオ・チャンタル伯爵も唱えており、舌の石は年を経るにつれてどんどん大きくなると述べている。[15] かたちが整っていなかったり壊れた化石については、ブオナミーコは〝発生不良〟によるものだとした。彼はまたサメの歯の根元にある小さな歯のような突起物は親から株分かれしつつある子どもだとし、舌の石は子どもを産むと考えていた。

〝ヘビの舌の石〟はさまざまな魔力を発揮した。粉末にしてワインや水に溶かすと強力な解毒剤になるとされた。石そのものを酒に入れて毒を打ち消すこともできた。ネックレスにして首から下げると身を護ってくれた。お産の護符として臨月の女性が身につけることもあったし、出産を早めてくれるともされた。それだけではない。マルタの病院では、一八世紀の半ばまで〝ヘビの舌の石〟の粉末は三〇以上の処方薬に使われていた。[16] 〝ヘビの眼〟にも毒を防ぐ力があると強く信じられていた。島の言い伝えでは、マルタに漂着して三カ月のあいだ身を隠していた洞窟の石灰岩に、聖パウロは毒に抗う力を授けたという。その洞窟の石灰岩で作られた杯は〈Contra-veleno（コントラ・ヴェリーノ）（抗毒）〉と呼ばれ、最強の効き目があるとされた。[17] 聖パウロに祝福された石灰岩でできているというだけで毒に対して効果があるのに、そこに毒に効く化石を足したらさらにパワーアップするのだろうか？

大英博物館所蔵のハンス・スローン・コレクションのなかにマルタ島の〈コントラ・ヴェリー

ノ〉がある。[18]とは言え、杯の基部と側面の一部しか残っていない。基部の外側にはヘビが描かれ、内側にはマルタ島で作られた本物だということを示す〝マルタ島謹製〟の紋章と、〝毒に効く聖パウロの石〟と記された印が押されている。杯の抗毒力をさらに強力なものにするべく、内側には五個の化石がちりばめられている――三個の〝ヘビの眼〟（条鰭類の魚の歯の化石）と、ゴカクウミユリ目のウミユリの小管の化石が二個だ。ウミユリの小管の化石が毒から身を護ってくれるという言い伝えはひとつもないと思われるが、それでも聖パウロの祝福を授かったマルタ島の石でできているというだけで、杯につけ加える理由に充分なり得た。

　意外なことに、中世のマルタでは化石の取引が盛んに行われていた。それは新生代の石灰岩に富むこの島が、当時のヨーロッパで解毒剤として広く使われていた〝舌の石〟、つまりグロッソペトラの一大供給源だったからだ。この島で採れるさまざまな化石のなかでもサメの歯のものはひときわ多く、しかも一番効き目のあるグロッソペトラはマルタ産だとされていた。〈ナターンツンゲン・バウム（毒ヘビの舌の木）〉に使うグロッソペトラとしてマルタ産のものが好まれていたのは聖パウロの伝説のおかげだったのかもしれない。グロッソペトラの輸出は活況を呈し、ヨーロッパ中の薬種商と宝石商のもとにマルタのサメの歯の化石が持ち込まれた。地質学の先駆者で、グロッソペトラの正体を最初に看破したひとりであるニコラウス・ステノ（一六三八〜八七年）は、化石をひとつも積まないままこの島から出港する船は皆無に近いと記している。この〝グロッソペトラ景気〟は一八世紀になっても続いた。[19]

島の言い伝えでは、聖パウロはほかの化石にも足跡を残したという。この聖人は自分の言葉だけでなく、体のかなり意外な部分を石灰岩のなかに置いて島を去った——岩から突き出ている、指の爪ほどにも小さくて平らな菱形の板がある。島の人々には、それが乳首に見えた。そんなものが岩から生えてどうなるというのだ？　これは誰の乳首だ？　島の岩のあちこちに自分の言葉を埋め込んだ男の姿が島民たちの頭をよぎった。これは奇蹟の人、パウロさまの乳首にちがいない。そんな妄想めいた言い伝えができあがった。

一五六六年三月二八日、ヴァレッタの教会の礎石設置の際の説教で、アウグスティノ修道会の修道士スピリト・ペロ・アングショーラは、島の岩のそこかしこに見られる聖パウロの体の一部とされるものを指す〝Vestigie di San Paolo（聖パウロの遺物）〟について言及した。そのなかには〝Lingue（舌）〟と〝Mammelle（乳首）〟と〝Pedate（足跡）〟だけでなく、〝Bastoncino（いちもつ）〟もあると修道士は言った。〝いちもつ〟とは小指ほどの長さのものもある棒状の化石のことだ。その正体は〝Mammelle di San Paolo（聖パウロの乳首）〟のようなこぶと球関節でつながっているウニの棘の化石に過ぎないが、その流れで陰茎のような形状のものも多くある棘は〝Bastoncino di San Paolo（聖パウロのいちもつ）〟とされたのだろう。この点については古人類学者のケネス・オークリーによるユーモラスな五行詩が一番よく表している。[20]

ロッサル出の男がおりました

その男は並々ならぬ化石を見つけました
曲がり具合と
端にある〝こぶ〟から
その化石は使徒パウロの〝股間の道具〟だと男は言い当てました

科学の光

化石を取り巻く瘴気(しょうき)のような迷信と空疎な御託を見透かし取り払ったのは、鋭敏な観察眼を持つ画家だった。その画家は、対象の形状と色彩を、穏やかに澄んだ海をのぞき込むようにはっきりと摑むことができた。魚が乱舞しイルカが身を躍らせる、生命が脈動する海を画家は見つめた。その海にはウニもホタテガイもいた。画家が暮らす陸(おか)には聖パウロの体の一部とされた石の欠片とガマ石と舌石があった。そうしたものすべての本当の姿を、画家は看破した――岩でできた墓に永遠に閉じ込められた、歳月を経てぼろぼろになった過去の生き物の残滓(ざんし)だということを。亡霊のような〝空虚な推測〟の首根っこを摑み、その鼻に腐りかけのウニを突きつけ、地面にある石化したウニを無理やり見せてやりたい。画家はそんなことを考えていた。そしてこの思いを絵で表現し、自著の衝撃的な口絵にした。画家がものした書は化石の神話と迷信を打ち砕き、近代的な古生物学の扉を開いた。画家の名はアゴスティーノ・シッラという。シチリア人であるシッラは、この時代のお決まりの題材、つまり宗教画と威厳のある紳士の肖像画を描いていた。しかしシッラは動物や果物、貝殻、風景といった自然界の題材を極めて正確に描写する技術に長けていた。[21] そして筆も立った。ふたつの才能を駆使して書き上げた本に、シッラは『La vana speculazione disingannata dal senso（意味を損なう空虚な推測）』という題をつけた。

すべては箱に収められたマルタ島の化石に興味をそそられたときから始まった。そのときのことをシッラはこう語っている。

たまさか見かけたその小箱には、マルタ島の鉱山から掘り出された舌石が複数個収められていました。わたしは、その何点かを手に入れたいという思いに駆られました。こうした石についての自分の考えが正しいことを確かめたくもあり、同時にその考えと相反する意見を受け入れるべく、ほかのものをもっとのんびりと観察したいからでもありました。小箱には舌石以外に岩の欠片がひとつ入っており、そこには小型のサメの歯と貝殻の半分、そして外側骨のない魚の背骨が認められました。この欠片を眼にすれば、それが自然の真の姿とその偉大なる奇跡の御業の表れ以外の何ものでもないことは、多少なりとも知恵を持ち合わせていれば納得し、もっとよく言えば見抜くことができるはず。わたしはそう確信しました。少々考えれば、そのような奇跡はそうそう拝めるものではないことなどわかるはずですし、大抵は理に適った推論をするもので、恐怖

アゴスティーノ・シッラの『意味を損なう空虚な推測』（1670年）の口絵。地面に見える化石は、実は男が手にしているウニのように大昔の生物の名残だという事実を、亡霊のような"空虚な推測"にむなしく説明していることを示す寓意画

と反感と奇抜さと徹底的な不条理に満ちた説明などしないものです。[22]

こうした化石をもっと見たいと思ったシッラは、同郷の友人で植物学者のパオロ・ボッコーネ（一六三三～一七〇四年）に宛てて手紙をしたためた。その返信についてシッラはこう記している。「いつものようにあたふたとしつつ、マルタの鉱山で採れる、ほかのものが交ざった舌石を手に入れてほしいと丁重に頼みました。ところが返ってきたのは、突然の稲光のような返事でした」思うに、ちょっと意地悪をしてやれと思ったのだろう、なんとボッコーネは、化石については自然発生説を支持する医師のジャコモ・ブオナミーコに、自分に代わって返事を出してほしいと頼んだのだ。もちろんふたりが正反対の考えを抱いていることを承知した上でだ。ボッコーネのいたずら心が呼んだ落雷はシッラの心に火を点けた。その結果生まれたのが、マルタ島とシチリア島の化石を描いた二八点の緻密な鉛筆画と、一六三ページにわたるブオナミーコへの回答だった。正直言ってシッラは、化石は地面から生えてくる〝さまざまなかたちや模様の石〟にしか過ぎないと主張する男のことを滑稽としか思えなかった。シッラの回答は広範かつ濃厚で、煌（きら）めくような機知と合理的かつ分析力に富む解釈の両方が混在し、さらには自身の絵画とブオナミーコがマルタから送ってきた化石の素描がふんだんにちりばめられたものだった。

舌石はさまざまな魚の口のなかにあったものだということは、シッラにとっては疑いようのない事実だった。「どうかわかってください、マルタの舌石は動物の体の一部なのです」ブオナミーコ

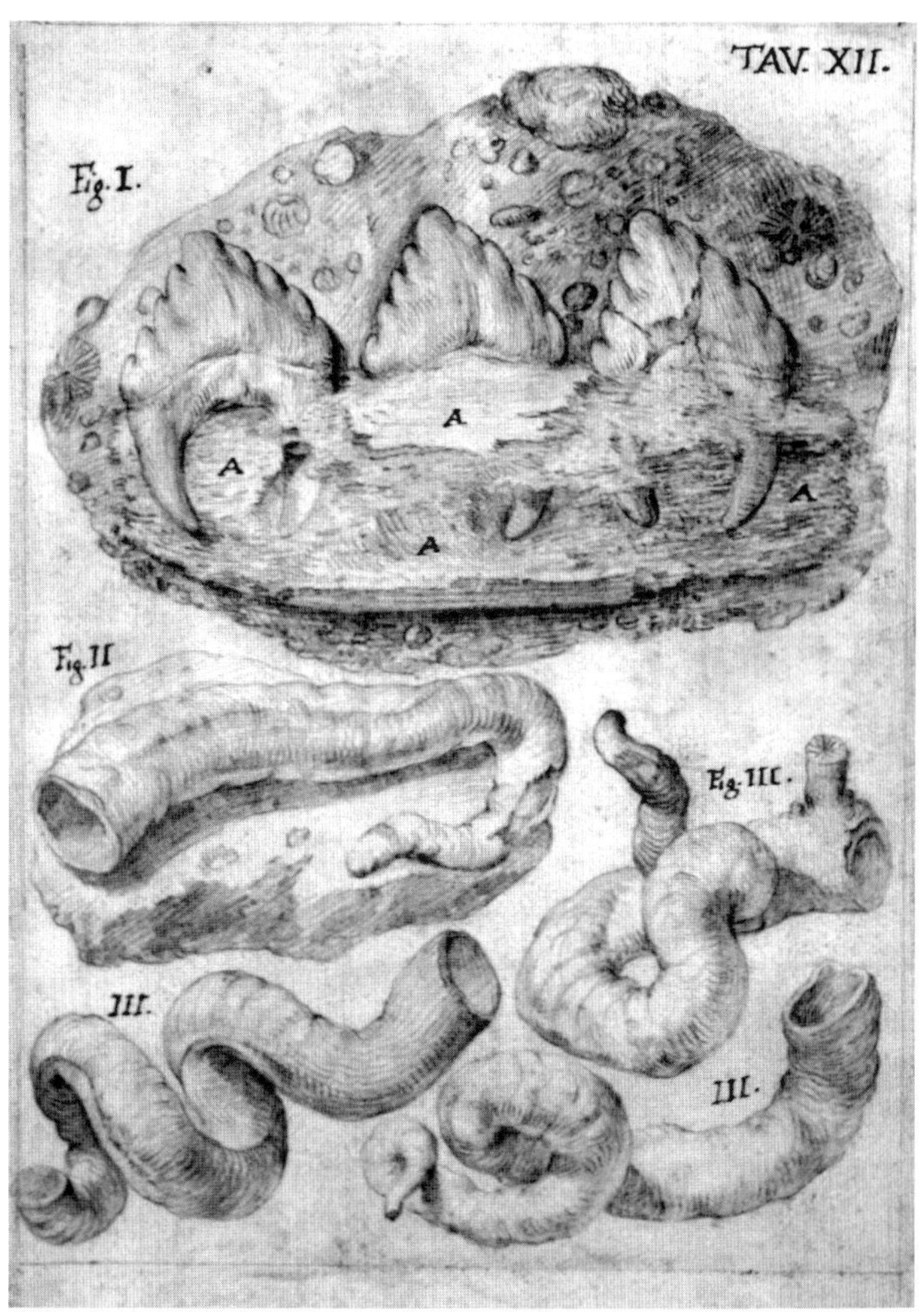

アゴスティーノ・シッラの『意味を損なう空虚な推測』（1670年）の直筆鉛筆画。絶滅したイルカの一種スクアロドン・メリテンシス（Squalodon melitensis）の、歯が3個ある顎の骨の一部と、マルタでは〈Serpe petrificato（石になったヘビ）〉と呼ばれていた多毛綱カンザシゴカイ科に属する環形動物（ゴカイ）の化石

にこう訴えている。舌石はサメなどのさまざまな魚の体の一部だとするシッラの説は、そのかたちにしても大きさにしても実に多岐にわたるという事実を大きな拠りどころにしていた。シッラは舌石の状態をつぶさに観察した。「それでは舌石を存分にご覧下さい。舌石には根元の部分が腐食したり侵食されていたり、大部分が腐っているものもあります。外皮が一切ないものもあれば割れたものもあれば、まるまる全体がそっくり残っているものもあります。このようにさまざまに異なりますが、サメの歯によく似ているという点ではどれもまったく同じなのです」舌石もしくはグロッソペトラは生物の名残だという説を最初に唱えたのは、実はシッラではない。博物学者かつ解剖学者で、フランスのモンペリエ大学で医学の教鞭をとっていたギヨーム・ロンドレ（一五〇七〜六六年）と、イタリアの植物学者ファビオ・コロンナ（一五六七〜一六四〇年）も舌石に関心を寄せていた。ロンドレは地中海沿岸の市場でグロッソペトラがサメの歯と似ていることに気づき、一五五四年から二年をかけて執筆した『Libri de piscibus marinis（海産魚概要）』で〝グロッソペトラは岩のなかではなくサメの口に生える〟と記した。一方のコロンナは一六一六年の『De glossopteris dissertatio（グロッソペトラ論）』でこう述べている。「この歯のようなものの本質は骨であって石ではないことを初見で看破できない者ほど愚かな人間はいない」[23] しかしふたりの意見は吹きすさぶ迷信の嵐に向かって叫ぶ孤独な声に過ぎず、支持する人間はごくわずかだった。

さまざまな化石の特徴をひとつひとつつぶさに記述するだけでなく、その姿を極めて丹念かつ正確に描いたシッラは、ロンドレとコロンナをはるかに凌駕していた。その筆力と画力は彼の主張に

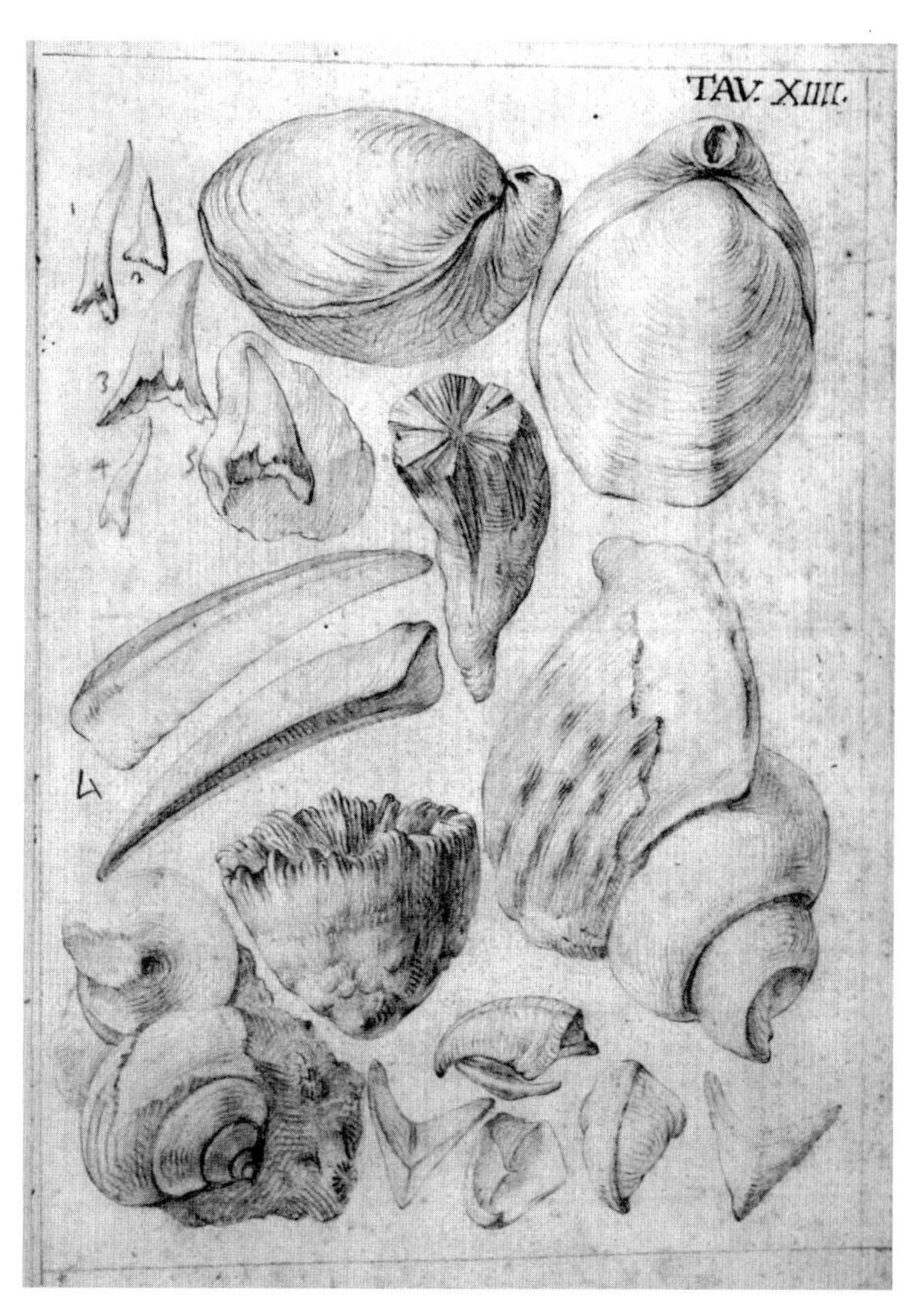

アゴスティーノ・シッラの『意味を損なう空虚な推測』（1670年）の直筆鉛筆画。サメの歯、腕足類、サンゴ、巻き貝、フジツボなどのさまざまな化石。シッラはどれも生物の死骸だと考えていた

説得力を与えた。眼と脳さえ使えば化石の正体を見抜くことができる。シッラはそう考えていた。

以上のことと前述した証拠を考え併せると、貝殻や海のハリネズミおよびヤマアラシ（どちらもウニのこと）や（舌石と呼ばれる）歯、脊椎動物、サンゴ、海綿、カニ、海のジャガイモ（不正形類のウニ）、巻き貝の貝殻などに似た、〝自然の戯れ〟によって純然たる石から生成されると信じられている無数の物体は、かつては生き物だったということになります。そればかりか、海に棲んでいたそれらの生き物たちは、なんらかの事象によってそれらを含む物質と共に内陸に運ばれたのです。そうした物質は今では砂や泥灰土（マール）や多孔質の石灰華（トゥファ）や岩となり、丘や山に顔を出しています。

シッラの関心はマルタの石灰岩のそこかしこに見られるガマ石にも向けられた。たとえて言うならば、彼はオオカミウオの口のなかに頭を突っ込むことで、ガマ石の正体を世界に知らしめることができた。これらの化石が〈Occhi di Serpe（オッキ・ディ・セルペ）（ヘビの眼）〉とも呼ばれていることをシッラは知っていた。「マルタでは昔から〈ヘビの眼〉は宝石もしくは貴石とされていますが、それはどうやら誤りのようです」彼は『意味を損なう空虚な推測』でそう述べている。そしてその正体を迷いも見せずにこう言い切った。「〈ヘビの眼〉と呼ばれる小石が魚の〝歯〟だということは極めて明々白々です」この小さな石があるのはガマガエルの頭でもヘビの頭でもなく、オオカミウオの口のなかだ。

彼はそう主張した。タイセイヨウオオカミウオ（Anarhichas lupus）は海底にいる軟体動物や棘皮動物や甲殻類を、ずらりと並んだ丸みを帯びた杭のような小さな歯ですり潰して食べる。この魚の歯の化石はマルタでもシチリアでもよく見つかることをシッラは知っていた。ユーモアのセンスに溢れていたシッラは、石を彫って作ったヘビの頭にガマ石をふたつ嵌め込み、らんらんと光る眼にした。この〝標本〟はシッラの化石コレクションのなかに現存する。

ブオナミーコが送ってきた化石はほかにもあった。それはマルタで昔から〝ジャスミンの花の石〟として知られていたものだった。ビスケットのように薄く平らな石の表面に刻まれた五芒星の模様が〝花びら〟に見えることからそう呼ばれていた。シッラはそれが〝ウニの一種が死んだあとに石と化したもの〟だと気づいた。ブオナミーコが送ってくれた化石と、自分で集めたシチリア島の化石を見るにつれ、シッラは〝ウニはさまざまに異なる多くの種類がある〟と

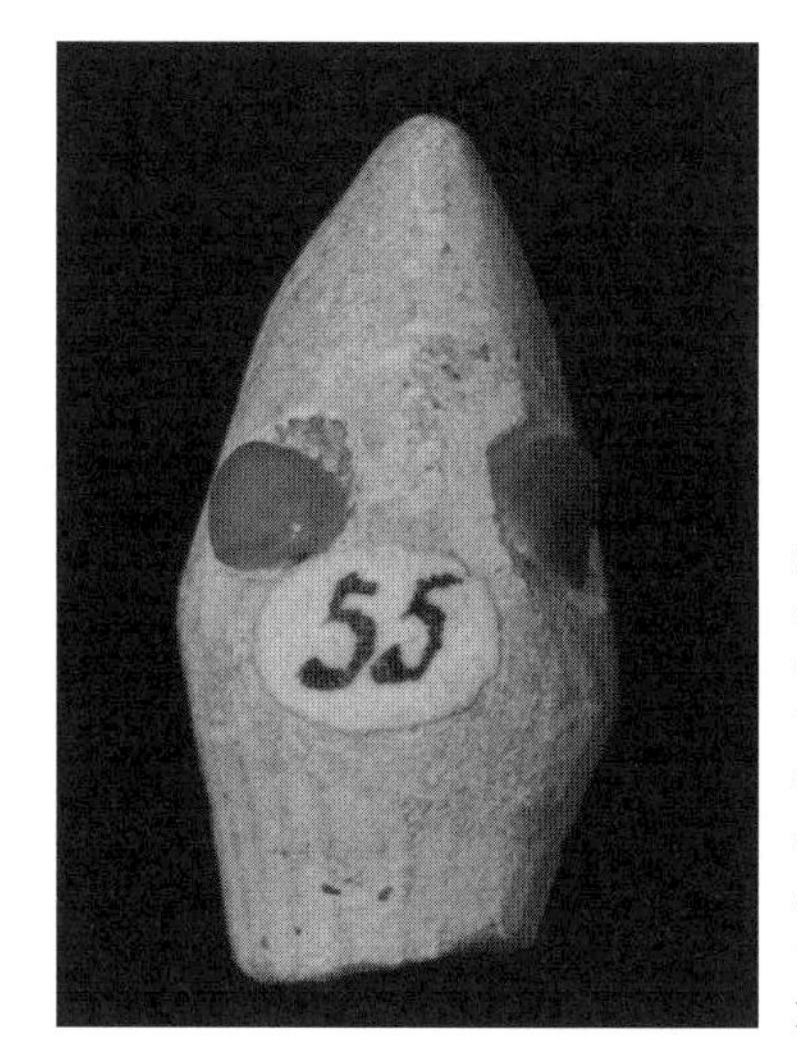

2個の〈オッキ・ディ・セルペ（ヘビの眼）〉が嵌め込まれた、ヘビの頭部を模して彫られた石。ジョン・ウッドワードが1717年に入手した、アゴスティーノ・シッラの化石コレクションのひとつだ。時としてユーモラスになることもあるシッラの見解を反映したものなのかもしれない。ケンブリッジ大学セジウィック地球科学博物館所蔵

いうアリストテレスの説がだんだんと正しいと思えるようになっていった。

誰でもよく知っているウニですが、実はとんでもないほど多くの種類がいるのです。どこから見てもほぼまん丸なものもあれば、片側が少しだけへこんでいて、その反対側は少しだけ出っ張っているものもあります。棘にしても多いもの、少ないもの、太いもの、細いものとさまざまです。これは普通のウニ（正形類）だけでなく、たとえば〝海のジャガイモ（不正形類）〟などでも同じことです。〝ウニ〟と言えば、わたしは棘のあるものを思い浮かべますし、その正確な分類には興味がありません。それでも観察した結果、母なる自然はウニの体のなかの仕組みをつくり、それから殻および外側の造りを五つに分けたことに気づきました。その五つの部分はすべて単純なものになるか、それとも〝ジャスミンの花〟と言われるほど繊細な造りになるかです。この花から、わたしは真実の甘美な香りをかぎ取りました。

シッラはウニの化石を割り、そのひとつひとつの細やかな内部構造に驚かされた。

こんなに小さな空間が巧みに配されていたとは。わたしは称賛の声を上げるしかありませんでした。「自然の何と慎ましやかなことか！　真実の何と美しいことか！　これまで自然は自身の手並みを器用に見せつけてこなかったし、これからもそんなことはしないだろう。それでも真実は常に惜しみなく証拠を示すものだ。それに気づかないものは何かしらの心の障りを抱えている。さもなければ、広く知られた真実を否定するという愚を犯しているのだ」

シッラは、郷里のメッシーナで昔から石灰岩に見られる〝口〟と呼ばれるものは、実際はカニの爪の化石だと強い口調で主張した。

その地での常識が、実際には誤りだったと認めることは、そのうち赦されることでしょう。たとえば〝口〟と呼ばれている、顎の骨に似たものは、実際には大きなカニの爪が石と化したものだということを、本書に示してあるわたしの絵は雄弁に語っています。そのものは重さやほかの無数の物体にずっと圧し潰されつづけているうちに、あらゆるものをずけずけと挟み、吊るし上げてきました。それもこれもあなた方を説き伏せ、その考えを変えるためだったのです。縞模様のある貝殻も挟んだことがあるのでしょうか？　もちろんあるはずです！　そして周知の真実に異議を唱えるという罪を犯すことなく、このカニがメッシーナの丘で生まれたものだろうと言える人間などひとりもいないと、わたしは断言できます。

マルタ島とシチリア島の石のなかにシッラが見た化石は、すべて島の周辺の海にいる生き物のものばかりだった。舌石はイルカのもの一点を除いてさまざまな魚類の歯だった。〈ヘビの眼〉もオ

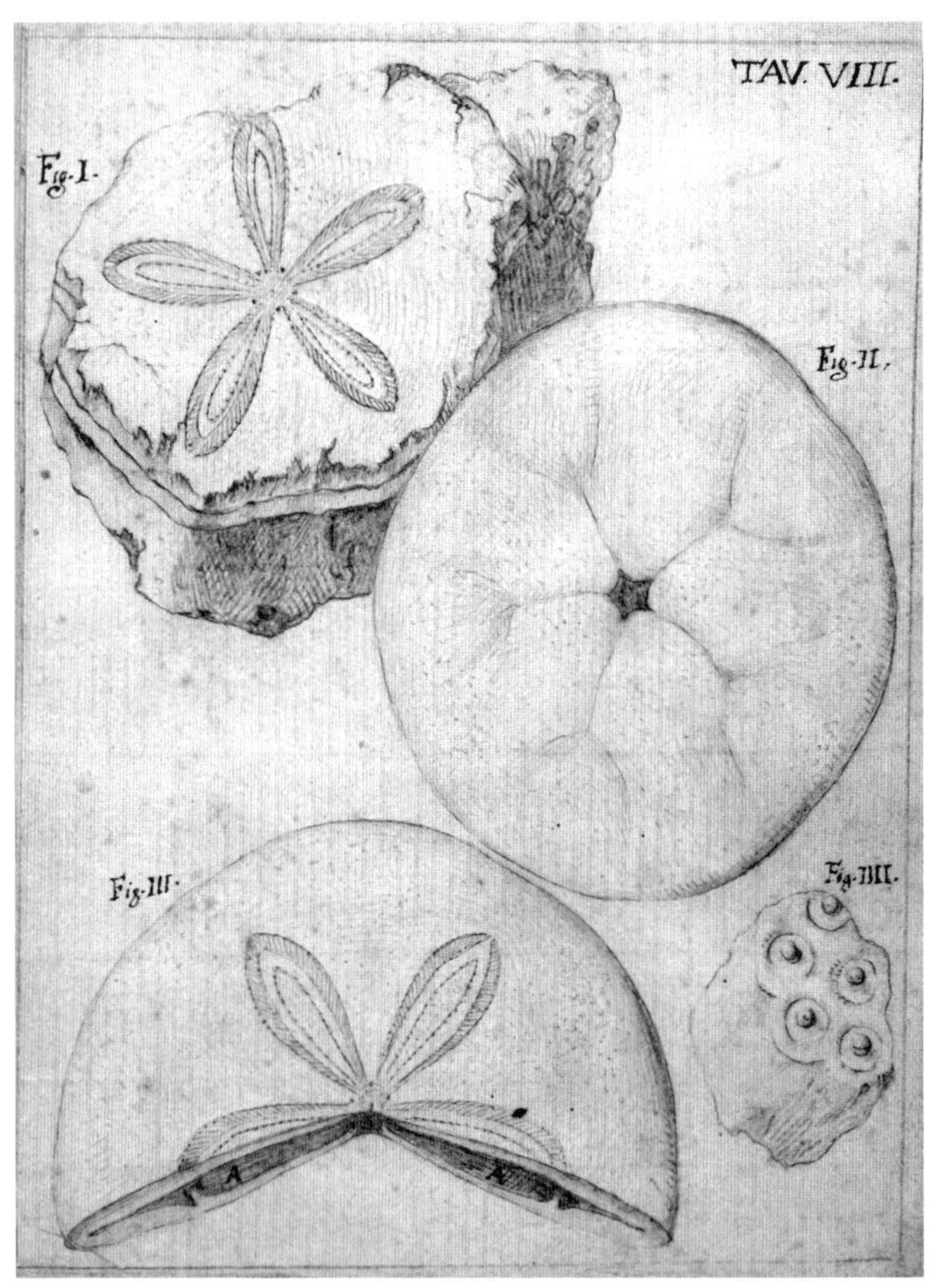

アゴスティーノ・シッラの『意味を損なう空虚な推測』(1670年)の直筆鉛筆画。このクリピーステロイド(Clypeasteroid)というウニの化石は、マルタではジャスミンの花が石化したものとされていた

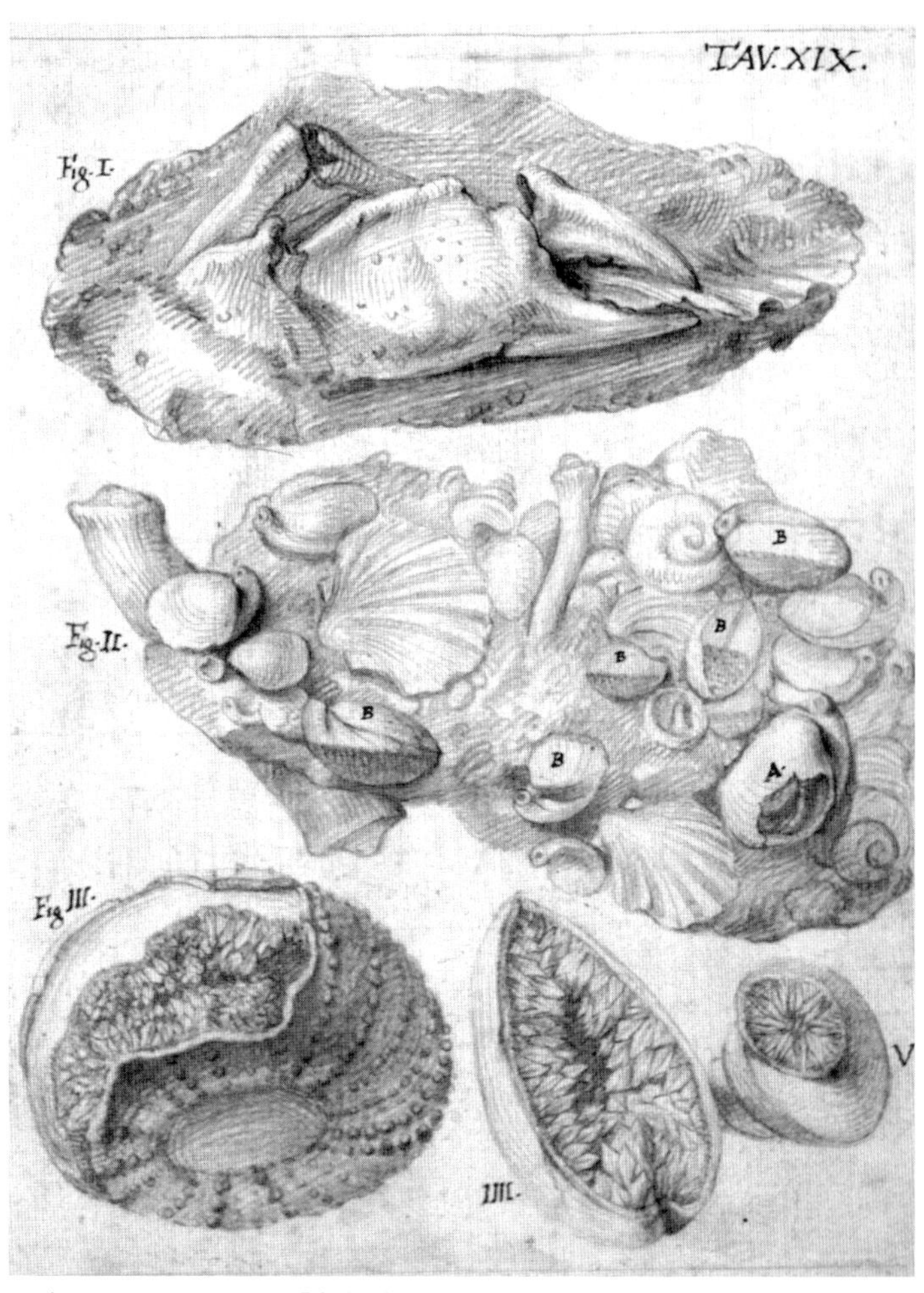

アゴスティーノ・シッラの『意味を損なう空虚な推測』（1670年）の直筆鉛筆画。上段のものは口であるとか顎の骨とされていたが、シッラはカニの爪だと主張した。中段はメッシーナで見つかった腕足類やホタテガイや巻き貝の化石。下段は正形類のウニと二枚貝と巻き貝。化石化の過程で殻の内部に成長した方解石の結晶が描かれている

オカミウオの歯だとシッラは考えていた。〈ヘビ石〉は実際にはゴカイの一種の化石だった。〈聖パウロの乳首〉はある種のウニの殻にあるこぶで、その先にくっついている〈聖パウロのいちもつ〉は棘だ。石になった二枚貝も巻き貝もサンゴも、全部元々は海で生きていたものだということをシッラは示した。

イタリア語で書かれたせいだろうが、シッラの説はイングランドではそれほど注目を集めなかった。それでもロンドンの王立協会の会報誌『フィロソフィカル・トランザクション』で一六九五年から九七年にかけて彼の『意味を損なう空虚な推測』が論じられたことで、ようやく広く知られるようになった。[24] 協会フェローの神学者ウィリアム・ウォットンによる好意的な評論は、当時のイングランドでの化石の見方にまぎれもなく多大な影響を与えた。とくにウォットンは、この本で唱えられている化石の生物起源説に強い説得力を持たせる挿絵に感銘を受けた。[25] 博物学者のなかにはマーティン・リスターのように自然発生説を堅持する者もいたが、一八世紀に入る頃には生物起源説に異議を唱える声はほとんど上がらなくなった。

が、この時代の古生物学にパラダイムシフトをもたらした本はシッラの『意味を損なう空虚な推測』以外にもあった。この書に先立つこと五年の一六六五年に出版された、ロバート・フックの名著『ミクログラフィア（顕微鏡図譜）』だ。極小の世界への扉を開いたフックは、化石化した樹木の切片を顕微鏡を使って詳細に調べた。彼は樹木の化石だけでなく化石全般の生物起源説について説得力のある主張を展開した。フックもシッラのように合理的な推論を用い、化石は生物の名残以外には考えられないという結論を導き出した。フックにすれば、自然発生説以外は〝限りなく思慮深い自然と相反する〟ということだ。[26] 博学多才の徒だったフックは、これもまたシッラと同様に優れた画家でもあった。さらにフックは少年時代に生まれ故郷のワイト島の南岸で〈羊飼いの冠〉集めに興じていた（彼は〝かぶと石〟と呼んでいた）。『ミクログラフィア』の出版後ではあるが、フックも化石を見事に描写した絵を描いた。それらの絵はフックの死後の一七〇五年に友人のリチャード・ウォラーの編纂による遺稿集に掲載された。フックの手による原画は失われたとされていたが、二〇一二年にケンブリッジ大学の楠川幸子教授によって王立協会の書庫で発見された。[27]

これもまたシッラと同様に、フックが生物起源説を導き出すことができたのは、化石を細部に至るまで描くためにかなりの時間を費やして観察したおかげだった。見れば見るほど、どうしても生物にしか見えなくなってしまった。芸術家の眼が科学の謎を解き明かしたのだ。フックはこう指摘している。

わたしが真に言わんとすることについては、各人が石と貝殻を丹念かつ厳正に調べ、一方を他方と比較してもらったほうが、言葉を尽くしてあれこれ説明するよりも必ずやよりよく理解してもらえるはずだ。こうした物言わぬ証人たちの声なき声ほど説得力のある言葉はないのだから。[28]

フックは、貝などの生物が死後に化石になる過程を詳しく説明した。

　このように奇妙な形状の石のようなものの多くは、大地に備わりし可塑力によってかたちづくられたのではなく、大洪水や氾濫や地震といった諸々の天変地異によってもたらされた貝殻なのである。貝殻の内部は泥や粘土や〝石化水〟やその他の物質で満たされた。我々が眼にするのは、そうした物質が時間の経過と共に硬化し、貝殻の形状になったものなのだ。[29]

そしてこう結論づける。

　我々は長きにわたって観察を実施し、精査し、系統的に整理してきた。その結果、たとえば雷石やラピス・スレラリやラピス・ジュダイクスといった数多くの不思議な形状の石の本当の起源もしくは生成過程は、完全かつ確実に判明しているのかもしれない。[30]

　フックは一六六二年に王立協会の〝実験監督（キュレーター）〟に任命され、六四年にはグレシャム・カレッジの幾何学教授に就任した。[31]そして一六九二年にはジョン・ウッドワードが同大学で薬理学の教鞭をとるようになった。その前年、ウッドワードはフックの推薦で王立協会のフェローに選ばれている。フックもウッドワードもカレッジで暮らし、それぞれに化石コレクションを保管する部屋を与えられていた。フックは王立協会の博物学コレクションの管理責任者だった。そのコレクションには

〝アルマジロ、ワニ、巨人の大腿骨、そして女性の秘部の形状の石〟などがあった。[32]
ウッドワードのコレクションはそれらほど奇矯なものではなく、津々浦々からもたらされた。ますます増えるばかりの地学標本と古物で占められていた。彼は寄贈をさかんに募ったが、金であがなうこともあった。コレクション目録には、アゴスティーノ・シッラの標本が記載されている。おそらくシッラの晩年の一六九〇年代に譲り受けたのだろう。『フィロソフィカル・トランザクションズ』誌でウィリアム・ウォットンが絶賛したこともあって、シッラの化石コレクションが重要なものだとわかっていたと思われる。シッラの死から数年後、ウッドワードはシッラが自著の挿絵の題材とした標本の大部分を含むコレクションを首尾よく入手した。スイスの博物学者ヨハン・ヤーコブ・ショイヒツァー（一六七二〜一七三三年）に宛てた一七一七年六月二二日付の手紙で、ウッドワードはアゴスティーノ・シッラの化石コレクションをすべて購入したと書いている。[33] しかしシッラの著書の銅版画挿絵のもととなった鉛筆画も手に入れていたことは書かずにおいた。これら素描の重要性をわかっていたウッドワードは二九点を綴じて冊子にした。その扉頁に、ウッドワードはこんなことを書いている。

一七二七年十月七日
本冊子は国外から集めた化石の目録の付表とするにふさわしいと思われる。その中身は、かつてはアゴスティーノ・シッラの陳列棚に置かれていた標本についての解説とその図版である。それをわたしが購入し、国外コレクションに加えた。
これらシッラ氏の化石は目録に記されている。それゆえ本冊子の記述は頻繁に引用されているので、是非とも付表として置くべきである。

シッラの化石コレクションとその鉛筆画は、現在もウッドワードのコレクションの一翼を担っている。どちらも一七二八年にケンブリッジ大学に寄贈され、現在はセジウィック地球科学博物館に所蔵されている。

四種の〝ホモ〟は、五〇万年以上の歳月をかけて化石の意味を探究してきた。その悠久の旅路のなかで、化石は石器の飾りになった。石器そのものになることもあった。人間の体を飾ったり護ったりすることもあった。薬とされることも、幸運を呼び込む護符とされることも、副葬品として死者と一緒に埋められることも、芸術表現を喚起するものにも家を護るものにもされた。伝説を生み出し神話の一部となった。化石は地中や石のなかからもたらされたが、星々のなかで生み出されるものだとされることもままあった。化石の誕生譚は無数にある。しかしフックやシッラのような先人のおかげで、今を生きるわたしたちは以前とはまったく異なる理由から化石に興味を抱いている。化石は地質年代を教えてくれる。化石は、何十億年もの歴史がある地球の生態系を解き明かす手がかりを与えてくれる。化石は、ゆっくりとではあるが決して止まることのない生物の進化の歩みのパターンとプロセスを示してくれる。そして多くの化石は、何百万年にもわたって生じていた過去の気候変動の記憶を留めている。そして化石は、大量絶滅が生物の多様性を何度も壊滅させた地球の歴史の語り部でもある。化石は何千年ものあいだ、人間を魅了し、刺激し、安心をもたらしてきたと言えるだろう。しかしこの星の過去を散々語り尽くしてきた現在、化石の一番の役割はこれからやってくることの先触れなのかもしれない。

終章

西オーストラリア州の北西部にキンバリーと呼ばれる地域がある。大きな町は人口一万四〇〇〇人ほどのブルームしかない。そのブルームからダンピア半島を海岸線沿いに数十キロほど北上したところに、西洋科学に通暁する人々が〝恐竜の足跡が最も多く見られる地〟と表現した場所がある。種類は二〇以上、数は数百もあり、踏み固められた獣道（けものみち）ならぬ〝恐竜道〟とでも呼べそうなものすら確認できる。[1]最も多いのは、ティラノサウルス・レックスが属する獣脚類の三本指の足が作った足跡だ。鳥の足跡に似ているが、鳥は獣脚類から進化したとされていることを考えると驚くようなことではないのかもしれない。

こうした巨大肉食恐竜が闊歩していた砂地は、太古のキンバリー地域を貫き始源インド洋に注いでいた大河が形成した広大なデルタ地帯にあった。一億三〇〇〇万年前の砂地は時の経過とともに固まっていき、朱色の硬い〈ブルーム砂岩層〉となった。ブルーム砂岩層は周辺の海に生息していた多種多様な動物の痕跡を記録していた。そして植物も生きていた証拠を、まさしく版画のように砂岩に残していた。その版画は、この地には球果植物とシダ類、そしてソテツに似た絶滅種のベネチテス目という羽根のような葉の裸子植物が生い茂っていたことを描写している。[2]
しかし六万年前からこの地に暮らしているアボリジニのバルディ族の人々は、これらの化石についてまったくちがう見方をしている。彼らは砂岩上にある規則的なパターンに意味を持たせた。〝恐竜道〟は別の、より抽象的なことを示しているとした──アボリジニの天地創造の時代である〈夢の時代〉を示すもの、もしくは〈ソングライン〉としたのだ。オーストラリア全土に走るソングラインは、この大地の実際と精神の地図を描き出す。神話の存在が歌を歌いながらこの道をたどり、世界を創造し、その世界を統べる法の精神的本質を構築していった。ダンピア半島の沿岸部では、太古の存在が砂のなかにその痕跡を残したソングラインは〈ブガリガラ〉と呼ばれている。[3]
ブガリガラを作ったとされる最も重要な存在のひとりが〝エミューマン〟のマララだ（エミューはオーストラリアに生息するダチョウと同じように飛べない大型の鳥）。マララはこの地の人々に幸福をもたらす行動規範を定めた。海岸線に沿って北に向かうマララが描くソングラインは、海に入ったり出たりすることもあった。マララが通ると三本指の足跡が残った。旅路のうちに休憩して腰を下ろすと、そこには尾羽の跡が砂に残った。西洋科学では獣脚類のメガロサウルスの足跡とベネチテス目のシダであるプティロフィルム・クチェンセ（Ptilophyllum cutchense）の葉の化石とされるものは、バルディ族の言い伝えではマララの足跡と尾羽の跡とされている。マララは人間に近い姿になることもあり、砂のなかにそのときの痕跡も残した。ブルームの北の浜辺の岩に残っていた一億二〇〇〇年前の〝人間の足跡〟は、マララの物語の一部となっている。[4] 葉の化石はブガリガラにまつわる別の物語でも重要な役回りを演じている。葉の化石は、ダンピア半島を巡ったもうひとりの重要な神話的存在の儀式の御印だとされている。

アボリジニの〝法の番人〟で治療師とも賢者ともされる〈ジャルングングル〉で、芸術家でもあり伝説の語り部でもあったブッチャー・ジョー・ナンガン（一九〇〇～八九年）によると、マララはアボリジニ文化の偉大な英雄だった。足跡を残しながら海岸沿いを旅していたマララは、あるとき見知らぬ存在に声をかけられたとナンガンは語る。その存在は〝イーグルマン〟こと〈ワラカラナ〉だった。マララはワラカラナに水をもらえないかと頼んだが、ワラカラナはマララを槍で突いた。マララはブルームの南にある海に突き出たガンソームポイントの石柱に自分が死んだ痕跡を残したという。ガンソームポイントはマララの野営地だとする言い伝えもある。しかしマララの文化の英雄像を損なう言い伝えもこの地にはある。ガンソームポイントにある小さな岩は、マララにレイプされてうずくまる〝シーウーマン〟こと〈ンジャガ・ンジャガ〉もしくは〈クマンバ〉だとされている。高くそびえ立つ石柱は、マララを内陸部の〝マンガタの泉〟に追いやった指導者だとされている。そしてそこでマララはワラカラナの槍に斃れた。

マララの国はヨーロッパ人がダンピアランドと呼ぶ地にあった。その呼び名は、ヨーロッパ人としてオーストラリア大陸に最初の足跡を残したイングランドの海賊で博物学者のウィリアム・ダンピアにちなんでいる。一六八八年、チャールズ・スワンの私掠船シグネット号に乗るダンピアは現在のダンピア半島に上陸し、数週間にわたって周辺を探検した。ダンピアは一六九九年に自分の指揮するローバック号でオーストラリアに戻り、前回よりも南のシャーク湾に上陸した。そしてヨーロッパ人として初めてオーストラリアの動植物を記録した。彼の探検記録『A New Voyage Round the World（最新世界周航記）』（一六九七年）と『A Voyage to New Holland（ニューホラントへの航海）』（一七〇三年）はベストセラーとなった。

二回目のオーストラリア探検で、ダンピアは二三種の植物を採集した。[6] 彼は出版されたばかりの、匿名の人物が〝さる高潔な方からの依頼を受けて作成し、王立協会に提出した〟パンフレットに書かれていた方法に忠実に従い、採集した植物を標本にして母国に持ち帰った。ところが帰路の途中、ローバック号は南大西洋に浮かぶアセンション島付近で難破してしまった。ダンピアと船員たちは島に漂着し、五週間後に通りかかったイングランド海軍の軍艦に救出されてカリブ海のバルバドス島にたどり着いた。ダンピアがローバック号から持ち出すことができたのは自分のトランクだけだった。幸いなことに二三種の植物標本はそのトランクに入っていた。ダンピアらはバルバドスで別の船に乗り換え、一七〇一年八月にイングランドに帰還した。[7] 帰国するなり、ダンピアは自分の植物標本を、例の標本の採集と保管を指南するパンフレットを書いた人物に渡した。[8] その人物こそ、一一年前の一六九〇年一月の凍てつく朝にブドウ畑をうろつき、小石のような貝殻をたまたま手に取ったジョン・ウッドワードだった。

謝辞

本書の根幹をなしているさまざまな情報および知見は、覚えているかぎりでは何十年にもわたって集めてきたものだ。その間、妻のスー・ラドフォードはわたしを励まし、支えてくれた。人間がなぜ、どうやって化石を収集してきたのかという議論を何度も交わし、さまざまな博物館や遺跡に一緒に行ってくれて、わたしが我を忘れて旧石器時代にふらふらとタイムスリップしてしまっても我慢してくれた方々に心から感謝する。本書の原稿を読み、理知的で的確なアドヴァイスと激励をくれた息子のジェイミー・マクナラマにも感謝する。

大切な標本に触れさせていただいた、さまざまな博物館の学芸員の方々に感謝の念を申し上げたい——西オーストラリア州立博物館のモヤ・スミスとロス・チャドウィック、タンブリッジ・ウェルズ博物館のイアン・ビーヴィス、リヴァプール博物館のゲイリー・ブラウン、そしてケンブリッジ大学セジウィック地球科学博物館のダン・ペーバートン。情報提供というかたちで長年にわたって協力していただいた方々にも感謝する——ジェイムズ・ダイアー、エレン・ディサーナーヤカ、ジョン・クーパー、クリスティアン・ノイマン、ステン・ヴィクナー、マイケル・コノリー、アンドレイ・シニツィン、ディルク・クラウス、ダウン・シェレ・トマエ、リチャード・クッシング、ダウン・キャンスフィールド、パトリック・ワイズ・ジャクソン、そしてラース・クレマス。写真を提供していただいた方々にも感謝する――イモジェン・ガン、ゲイリー・ロールフソン、フィリップ・エドワーズ、イアン・ビーヴィス、サラ・ハモンド、トニー・ローチ、ヤエル・バルシャック、スティーヴン・アトキンソン、そしてエノリケッタ・レオスポ。

もう何年も前のことになるが、ヨルダンの遺跡でウニの化石を見せてくれて、この化石についての研究をすればいいと勧めてくれたデイヴィッド・リーズに感謝する。オーストラリアのアボリジニと化石の関係についての理解に惜しみなく協力してくれたキム・アケルマンにも感謝する。化石の民間伝承に関する文献を多数提供してくれたクリス・ダフィンにも感謝。ベルギーで発掘した化石が含まれる石器の写真を多数送ってくれたロラン・メリスと協力してくれたジョン・ヤクには特別な感謝を捧げたい。

〈リークション・ブックス〉の面々にも感謝する――マイケル・リーマンには取り憑かれたような支援を、エイミー・ソルターには洞察力に富む編集力を、そしてハリー・ギロニスには優れたイラストレーションと上質で優雅なユーモアを。

本書に誤りがないことを祈るばかりだが、あった場合は当然ながらすべてわたしの責任だ。最後に、アゴスティーノ・シッラの『意味を損なう空虚な推測』の冒頭の一文をもって本書の締めくくりとさせていただく。

本書の出版にあたって、親愛なる読者諸兄に少々申し上げておきたいことがあります――わたしは、自らの誤りを甘受せず、それどころかその責を出版業者に負わせるというやり口に倣うつもりはございません。社交性に著しく欠ける人々が、たったひとりの紳士に罵詈雑言を浴びせることが当たり前になっているご時世ですが、そんな行為がいつから、どうして始まったのか皆目見当がつきません。その紳士が成し遂げたことに感謝するどころか、迂闊で無知な夢想家呼ばわりする始末です。人間はすべからく過ちを犯しやすいもの、そう言われています。ところがそれが著述家となると、月並みな誤りをあっさりとしでかすことがあるなどとはなかなか信じてもらえないのです。なので読者諸兄が博学で綴りに通暁している方々ばかりなのであれば、おそらくわたしと印刷業者を赦し、あまつさえ双方の誤りすら正していただけることでしょう。博学でも何でもなければ、それはそれでまったく構いませんし、誤りを犯したわたしを赦してくれとことさらに頼むつもりもありません。

訳者あとがき

二〇二〇年一〇月に刊行された、古生物学者ケン・マクナマラの著書『*DRAGONS' TEETH AND THUNDERSTONES:The Quest for the Meaning of Fossils*（龍の歯と雷石——化石の意味の探求）』の全訳をお届けした。

本書の翻訳をしていてふと思い出したのだが、わたしの実家にも化石がひとつある。何歳の頃のことか忘れてしまったが（たぶん小学校低学年のときだろう）どこかの林道の脇に転がっていたものだ。茶褐色なので、今にしてみれば燧石（フリント）だと思しきその石は将棋の駒のかたちをしていて、大きさは手のひらにすっぽりと収まる程度、そして表面には小さな貝の化石がリベットのように浮き出ていた。削られた痕はまったくないので、残念ながら〈アシュール・ハンドアックス〉ではない。この石を手に入れてからしばらくのあいだは、にやにやしながらためつすがめつしていたことを憶えている。化石に魅せられたことのない子どもなどいないのではないだろうか。恐竜のものではあるが、化石の発掘を疑似体験できるキットは人気を博しているし、それをさらに簡略したチョコレート（化石を模したチョコを型抜きする）も売っている。大型書店では化石の展示と販売が定期的に行われている。

この化石熱に、人類は歴史が記述される以前の太古の昔からうかされていたことを、著者のマクナマラは東西の神話や伝説、そして考古学研究に基づいて証明していく。わたしたちの祖先が化石を装身具とし、護符とし、薬としてきた事実を明らかにしていく。それだけではない。現生人類よりもさらに古いホモ・ネアンデルターレンシスとホモ・ハイデルベルゲンシス、さらにはホモ・エレクトゥスも化石に魅せられていたという仮説を、マクナマラはさまざまな発掘事例を列挙して立てていく。この四種の〝ホモ〟たちが化石を収集してきた理由については確かなことはわからないし、おそらく今後も解明されることはないだろう。それでもかまわないとわたしは思う。化石のような〝模様のある石〟に魅せられ集めるという遺伝子が、種を超えて何十万年も受け継がれていることのほうがよっぽど重要だ。

著者のケン・マクナマラは、さまざまな化石伝説が語り継がれているイングランドのサセックス生まれ。アバディーン大学で地学の優等学位を得たのちにケンブリッジ大学で古生物学の学位を取得。ケンブリッジ大ダウニング・カレッジの副学長、セジウィック地球科学博物館館長などを歴任し、現在は同カレッジ名誉フェローおよび西オーストラリア大学の非常勤教授、そして西オーストラリア州立博物館研究員。著書は多数あるが、邦訳としては『動物の発育と進化——時間がつくる生命の形』（田隅本生訳、二〇〇一年工作舎刊）がある。

学生時代、わたしは澁澤龍彦と荒俣宏にかぶれ、両氏の著書を貪（むさぼ）るように読んでいた。そんなわたしにとって、大プリニウスをはじめとしてゲスナー、トプセルといった名だたる博物学者がオンパレードの本書の翻訳は、三〇年近く眠っていた好奇心を目覚めさせ、さらなる知見を広げてくれる、心ときめく作業だった。またもや素晴らしい書を紹介してくれた原書房の相原結城氏に感謝する。そしてあいもかわらず英語の質問にいちいち答えてくれた、長年の友人W・ブリュースター氏にも感謝する。

最後にひとつ。本書の翻訳に誤りがないことを祈るばかりだが、あった場合は当然ながらすべてわたしの責任だ。

◆著者　ケン・マクナマラ　Ken McNamara
イギリスの古生物学者。スコットランドのアバディーン大学で地学、ケンブリッジ大学で古生物学の学位を取得。専門は三葉虫やウニ類の化石の研究。ケンブリッジ大ダウニング・カレッジの副学長、セジウィック地球科学博物館館長などを歴任し、現在は同カレッジ名誉フェローおよび西オーストラリア大学の非常勤教授、そして西オーストラリア州立博物館研究員。これまでに進化に関する数冊の著書や編著書を出している。邦訳書に『動物の発育と進化――時間がつくる生命の形』（工作舎刊）がある。

◆訳者　黒木章人（くろき・ふみひと）
翻訳家。立命館大学産業社会学部卒。訳書に『わたしはナチスに盗まれた子ども』『独裁者はこんな本を書いていた』『フェルメールと天才科学者』『悪態の科学』（原書房）、『ビジネスブロックチェーン ビットコイン、FinTechを生みだす技術革命』（日経ＢＰ）など。

図説　化石の文化史
神話、装身具、護符、そして薬まで

2021年1月16日　第1刷

著者……………………ケン・マクナマラ
訳者……………………黒木章人
ブックデザイン………永井亜矢子（陽々舎）
カバー写真……………iStockphoto
発行者…………………成瀬雅人
発行所…………………株式会社原書房
〒160-0022 東京都新宿区新宿 1-25-13
電話・代表　03(3354)0685
http://www.harashobo.co.jp/
振替・00150-6-151594
印刷……………新灯印刷株式会社
製本……………東京美術紙工協業組合

ISBN 978-4-562-05885-3 Printed in Japan

図版クレジット

著者のコレクションよりp. 33, 47
著者提供p. 61, 253
著者撮影p. 47, 123, 135, 151, 174, 189, 203
Brighton Muscum: p. 169, 170
British Muscum, London: p. 208
Michael Connolly: p. 133, 134
Phillip Edwards: p. 127
from AdrienJacques-François Ficatier, Communication de M. Philippe Salmon, L'Age de la Pierre', in Bulletin de la société d'anthropologie et de biologie de Lyon, VI (1891): p. 112
from Conrad Gesner, De Rerum fossilium, lapidum et gemmarum maximé, figuris el similitudinibus liber... (Zürich, 1565): p. 221
from (Robert Hooke), The Posthumous Works of Robert Hooke, M.D., S.R.S., Geom. Prof Gresh. Ed. Containing his Cutlerian Lectures, and other Discourses read at the meetings of the illustrious Royal Society (London, 1705): p. 13
Institute of Archaeology and Anthropology, Yarmouk University, Jordan (photo K. Brimmell): p. 103, 123
John Jagt: p. 23, 99
The Jordan Museum, Amman (on loan to the Musée du Louvre, Paris): p. 121
Kerry County Museum, Tralee, Co. Kerry: p. 135, 136
Dirk Krause: p. 163
Department of Archaeology, La Trobe University, Melbourne, Australia: p. 127
Landesamt für Denkmalpflege im Regierungspräsidium Stuttgart: p. 163
Liverpool Museum: p. 91
Museo Egizio, Torino, Italy, used by permission of Ministero per i Beni e le Attività Culturali-Soprintendenza per i Beni Archelogici del Piemonte e del Museo Antichità Egizie: p. 150
Museum of Archaeology and Anthropology, University of Cambridge: p. 95
photo © National Monuments Service, Department of Culture, Heritage and the Gaeltacht, Dublin: p. 144, 145
Natural History Museum, London (photo © The Trustees of the Natural History Museum): p. 193

from Ortus sanitatis (Mainz, 1491): p. 215
from Richard Owen, 'On Fossil Remains of Mammals found in China, Quarterly Journal of the Geological Society of London, XXVI (1870): p. 35
from James Parkinson, The Villager's Friend and Physician, or a Familiar Address on the Preservation of Health, and the Removal of Disease, on Its First Appearance (London, 1804): p. 17
private collections: p. 63, 189
Rockefeller Archaeological Museum (formerly the Palestine Archaeological Museum), Jerusalem: p. 128
Gary Rollefson: p. 120
Royal Pavilion and Museums, Brighton: p. 195
from Agostino Scilla, La vana speculazione disingannata dal senso: lettera risponsiva circa i corpi marini, che petrificati si trouano in varii luoghi terrestri (Naples, 1670): p. 15
Sedgwick Museum of Earth Sciences, University of Cambridge (photos Sedgwick Museum): p. 9, 11, 45, 51, 67, 73, 74, 160, 187, 210, 213, 214, 226, 247, 248, 251, 271, 273, 275, 277, 280, 281
photo Sedgwick Museum: p. 15
Andrei Sinitsyn:p.98; from Worthington G. Smith, Man, the Primeval Savage: His haunts and relics from the hilltops of Bedfordshire to Blackwall (London, 1894): p. 6
Staatliche Kunstsammlungen Dresden: p. 185
Dawn Scher Thomae, Milwaukee Public Museum: p. 177, 178
Tunbridge Wells Museum, Kent: p. 57
Wardown Park Museum, Luton (formerly Luton Museum & Art Gallery): p. 171
Western Australian Museum, Perth, Western Australia: p. 235
photo Wilson44691: p.63

原注

★は訳者注

1章　時を超える執着

1. John Feliks, 'The Impact of Fossils on the Development of Visual Representation', *Rock Art Research*, xv (1998), p. 112.
2. W. Bray, ed., Memoirs, *Illustrative of the Life and Writings of John Evelyn, Esq. F.R.S.*, vol. ii (London, 1819), p. 16.
3. J. Woodward, *An Attempt Towards a Natural History of the Fossils of England: In a Catalogue of the English fossils in the Collection of J. Woodward*, vol. i, Pt 2 (London, 1729), p. 1.
4. M. Lister, 'A letter of Mr Martin Lister, written at York August 25, 1671, confirming the observation in No. 74, about Musk sented [sic] insects; adding some notes upon D. Swammerdam's book of insects, and on that of M. Steno concerning petrify'd shell', *Philosophical Transactions*, vi (1671), p. 2282.
5. R. Hooke, *Micrographia; or, Some Physiological Descriptions of Minute Bodies Made by Magnifying Glasses, with Observations and Inquiries Thereupon* (London, 1665).（ロバート・フック『ミクログラフィア図版集：微小世界図説』永田英治・板倉聖宣訳、1985年仮説社刊）
6. A. Scilla, *La vana speculazione disingannata dal senso* (Naples, 1670).
7. J. Woodward, *Fossils of all Kinds, Digested into a Method, Suitable to their Mutual Relation and Affinity* (London, 1728), p. 10.
8. 同 p. 11.
9. J. Parkinson, *Organic Remains of a Former World: An Examination of the Mineralized Remains of the Vegetables and Animals of the Antediluvian World Generally Termed Extraneous Fossils* (London, 1804), pp. 2–4.
10. A. Mayor, *The First Fossil Hunters: Paleontology in Greek and Roman Times* (Princeton, nj, 2000).
11. C. J. Duffin, 'Fossils as Drugs: Pharmaceutical Palaeontology', *Ferrantia* (Luxembourg, 2008).
12. K. J. McNamara, 'Fossil Echinoids from Neolithic and Iron Age Sites in Jordan', in Echinoids: Munich, ed. T. Heinzeller and J. Nebelsick (Rotterdam, 2004), pp. 459–66; K. J. McNamara, *The Star-crossed Stone: The Secret Life, Myths and History of a Fascinating Fossil* (Chicago, il, 2011).
13. K. P. Oakley, 'Folklore of Fossils', *Antiquity*, xxxix (1965), pp. 117–25.
14. Mayor, *The First Fossil Hunters*.

2章　神話の時代

1. P. B. Hall, 'Robert Swinhoe (1836–1877), frs, fzs, frgs: A Victorian Naturalist in Treaty Port China', *Geographical Journal*, cliii (1987), pp. 37–47.
2. R. Swinhoe, 'Zoological Notes of a Journey from Canton to Peking and Kalgan', *Proceedings of the Zoological Society of London*, xxix (1870), pp. 427–51.
3. アンダーソン『黄土地帯――先史中国の自然科学とその文化　完訳新版』松崎寿和訳、1987年六興出版刊

4. A. Forke, trans., *Lun Heng Philosophical Essays of Wang Ch'ung* (New York, 1962), p. 357.
5. アンダーソン『黄土地帯』
6. J. Chinnery, 'China's Heavenly Mandate', in *Mythology: The Illustrated Anthology of World Myth and Storytelling*, ed. C. S. Littleton (San Diego, ca, 2002), p. 404.
7.R. Owen, 'On Fossil Remains Found in China', *Quarterly Journal of the Geological Society of London*, xxvi (1870), pp. 417–36.
8. J. P. McCormick and J. Parascandola, 'Dragon Bones and Drugstores: The Interaction of Pharmacy and Paleontology in the Search for EarlyMan in China', *Pharmacy in History*, xxiii (1981), p. 56.
9. 同
10. 同 p. 57.
11. C. Manias, 'From Terra incognita to Garden of Eden: Unveiling the Prehistoric Life of China and Central Asia, 1900–30', in *Treaty Ports in Modern China: Law, Land and Power*, ed. R. Bickers and I. Jackson (London, 2016), p. 185.
12. 同、アンダーソン『黄土地帯』p.76
13. M. Schlosser, 'Die fossilen Säugethiere Chinas nebst einer Odonto-graphie der recenten Antilopen', *Abhandlungen der mathematisch-physikalischen Klasse der königlich Bayerischen Akademie der Wissenschaften*, xxii (1906), pp. 5 and 6.
14. アンダーソン『黄土地帯』
15. 同 p. 77.
16. 同 pp. 74–80.
17. 同 p. 97.
18.『プリニウスの博物誌6　縮刷版』中野定雄・中野里美・中野美代訳、2013 年雄山閣刊
19. Agricola quoted in F. D. Adams, *The Birth and Development of the Geological Sciences* (New York, 1954), p. 118.
20. R. Plot, *The Natural History of Oxford-shire, Being an Essay toward the Natural History of England* (Oxford, 1677), p. 90.
21. H. R. Ellis Davidson, *Myths and Symbols in Pagan Europe: Early Scandinavian and Celtic Religions* (Manchester, 1988), pp. 204–5.
22. K. J. McNamara, *The Star-crossed Stone: The Secret Life, Myths and History of a Fascinating Fossil* (Chicago, il, 2011), pp. 145–53.
23. Mark 3:17, King James version: 'And James the son of Zebedee, and John the brother of James; and he surnamed them Boanerges, which is, The sons of thunder.'
24. McNamara, *The Star-crossed Stone*, p. 48.
25. S. Leslie et al., 'The Fine-scale Genetic Structure of the British Population', *Nature*, dixx (2015), p. 313.
26. J. Kershaw and E. C. Røyrvik, 'The "People of the British Isles" Project and Viking Settlement in England', *Antiquity*, xc (2016), pp. 1670–80.
27. McNamara, *The Star-crossed Stone*, p. 145.
28. かく言うわたしもサセックスでの少年時代、嵐が過ぎ去ると外に飛び出して雷石を探したものだ。しかし実際に探していたのは化石ではなく、白亜層によく見られる黄鉄鉱の小塊だった。
29. McNamara, *The Star-crossed Stone*, pp. 135–8.
30. 同 p. 127

3章　伝説の成り立ち

1. J. Needham, *Science and Civilization in China, vol. iii: Mathematics and the Sciences of the Heavens and the Earth* (Cambridge, 1959), p. 615.
2. K. P. Oakley, 'Animal Fossils as Charms', in *Animals in Folklore*, ed. J. R. Porter and W.M.S. Russell (Cambridge, 1978), p. 214.

3. 同

4. C. C. Emig, '*Nummulus brattenburgensis* and *Crania craniolaris* (Brachiopoda, Craniidae)', *Carnets de Géologie* (2009), p. 1.

5. 同

6. K. J. McNamara and S. P. Radford, 'Professor Tennant's Fossils: A Founding Collection of the Western Australian Museum', *Studies in Western Australian History* (in press).

7. 化石をオーストラリアに送る手配をしたのは、ロンドン自然史博物の地質学部門の責任者で、バーナード・ウッドワードの伯父のヘンリー・ウッドワードだった。同参照。

8. A. G. Credland, 'Flint Jack – A Memoir', *The Geological Curator*, iii (1983), pp. 435–43.

9. W. Camden, *Britannia; or, A Chorographical Description of Great Britain and Ireland, Together with the Adjacent Islands*, trans. W. Gibson (London, 1722), p. 109.

10.『プリニウスの博物誌（縮刷版　第VI巻）』中野定雄・中野里美・中野美代訳、2013年雄山閣刊

11. Gaius Julius Solinus, quoted in C. M. Nelson, 'Ammonites: Ammon's Horns into Cephalopods', *Journal of the Society for the Bibliography of Natural History*, v (1968), p. 2.

12. J・G・フレイザー『金枝篇——呪術と宗教の研究２　呪術と王の起源（下）』神成利男訳・石塚正英監修、2004年国書刊行会刊

13. M. Lister, 'A Description of Certain Stones Figured like Plants, and By Some Observing Men Esteemed to be Plants Petrified', *Philosophical Transactions*, viii (1673), p. 6186.

14. T. Nicols, *A Lapidary; or, The History of Pretious Stones: With cautions for the Undeceiving of all Those that Deal with Pretious Stones* (Cambridge, 1652).

15. O. Abel, *Vorzeitliche Tierreste im Deutschen Mythus, Brauchtum und Volksglauben* (Jena,1939)

16. E. Lankester, ed., *Memorials of John Ray, Consisting of his Life by Dr Derham, Biographical and Critical Notices by Sir J. E. Smith, and Cuvier and Dupetit Thouars, With his Itineraries, etc.* (London, 1846),pp. 150–51.

17. N. G. Lane and W. I. Ausich, 'The Legend of St Cuthbert's Beads: A Palaeontological and Geological Perspective', *Folklore*, cxii (2001),p. 66.

18. F. Grose, *The Antiquities of England and Wales* (London, 1783), vol. iv, p. 120.

19. ★ウォルター・スコット『マーミオン』佐藤猛郎訳、1995年成美堂刊

20. B. Faussett, *Inventorium Sepulchrale: An Account of some Antiquities Dug up at Gilton, Kingston, Sibertswold, Barfriston, Beakesbourne, Chartham, and Crundale, in the County of Kent, from ad 1757 to ad 1773* (London, 1856).

21. フォーセットが発掘した標本はリヴァプール博物館に所蔵されている。

22. Faussett, *Inventorium Sepulchrale*, p. 69.

23. J. Woodward, *An Attempt Towards a Natural History of the Fossils of England: In a Catalogue of the English Fossils in the Collection of J. Woodward*, vol. i (London, 1729), vol. ii (London, 1728).

24. H. Hurd, 'Exhibit of Finds from Graves in Anglo-Saxon Cemetery at Broadstairs', *Proceedings of the Society of Antiquaries*, xxiii (1910), pp. 272–6.

25. H. Taylor, 'The Tyning's Barrow Group: Second Report', *Proceedings of the University of Bristol Speleological Society*, iv (1933), p. 92.

26. R. F. Read, 'Second Report on the Excavation of the Mendip Barrows', *Proceedings of the University of Bristol Speleological Society*, ii (1924), p. 145, pl. x, no. 6.

27. K. P. Oakley, 'Decorative and Symbolic Uses of Fossils', *Pitt Rivers Museum University of Oxford, Occasional Papers on Technology*, xiii

(1985), p. 38.
28. J. W. Jude, ' La Grotte de Rochereil, Station Magdalénienne et Azilienne', *Archives de l'Institut de paléontologie humaine*, xxx (1960), p. 38.
29. N. Goren-Inbar et al., 'Pleistocene Milestones of the Out-of-Africa Corridor at Gesher Benot Ya'aqov, Israel', *Science*, ccliiiix (2000), pp. 944–7; and N. Alperson-Afil et al., 'Spatial Organization of Hominin Activities at Gesher Benot Ya'aqov, Israel', *Science*, cccxxvi (2009), pp. 1677–80.
30. N. Goren-Inbar, Z. Lewy and M. E. Kislev, 'The Taphonomy of a Bead-like Fossil from the Acheulian of Gesher Benot Ya'aqov, Israel', *Rock Art Research*, viii (1991), pp. 83–7.
31. R. G. Bednarik, 'Middle Pleistocene Beads and Symbolism', *Anthropos*, c (2005), pp. 537–52.

4章　化石のファッション化

1. J. Burnby, 'John Conyers, *London's First Archaeologist*', *London and Middlesex Archaeological Society*, xxxv (1984).
2. 同 p. 64.
3. British Library, Harl ms 5933, ff. 112–13, 同 p. 65.
4. K. J. McNamara, *The Star-crossed Stone: The Secret Life, Myths and History of a Fascinating Fossil* (Chicago, il, 2011), p. 22.
5. J. Feliks, 'The Impact of Fossils on the Development of Visual Representation', *Rock Art Research*, xv (1998), pp. 109–34.
6. K. P. Oakley, 'Decorative and Symbolic Uses of Fossils', *Pitt Rivers Museum University of Oxford, Occasional Papers on Technology*, xiii (1985), pp. 27–8.
7. F. Poplin, 'Aux origines néandertaliennes de l' Art. Matière, forme, symétries. Contribution d'une galène et d'un oursin fossile taillé de Merry-sur-Yonne (France)', *L'Homme de Néandertal*, vol. v: La Pensée (Liège, 1988), pp. 109–16.
8. D. L. Hoffmann et al., 'U-Th Dating of Carbonate Crusts Reveals Neandertal Origin of Iberian Cave Art', *Science*, cccdix (2018), pp. 912–15.
9. F. A. Karakostis et al., 'Evidence for Precision Grasping in Neandertal Daily Activities', *Science Advances*, iv (2018).
10. D. Néraudeau, 'Les silex fossilifères du nord du littoral Charentais et leur utilisation au Paléolithique', Bulletin *A.M.A.R.A.I.*, no. 17 (2004).
11. McNamara, *Star-crossed Stone*, p. 91.
12. K. J. McNamara, 'Fossil Echinoids from Neolithic and Iron Age Sites in Jordan', in *Echinoids: Munich*, ed. T. Heinzeller and J. Nebelsick (Rotterdam, 2004), pp. 459–66.
13. K. J. McNamara, 'Fossil Echinoids', in *Basta IV.1: The Small Find and Ornament Industries*, ed. H.G.K. Gebel, Bibliotheca neolithica Asiae meridionalis et occidentalis and Yarmouk University, Monograph of the Faculty of Archaeology and Anthropology (in press).
14. D. Reese, K. J. McNamara and C. Sease, 'Fossil and Marine Invertebrates', in *Busayra: Excavations by Crystal M. Bennett, 1971–1980*, ed. P. Bienkowski, British Academy, Monographs in Archaeology (2002), pp. 441–63.
15. F. Demnard and D. Néraudeau, 'L'utilisation des oursines fossilies de la Préhistoire à l' époque gallo-romaine', *Bulletin de la Société préhistorique Française*, xcviii (2001), pp. 693–715.
16. McNamara, *Star-crossed Stone*, p. 210.
17. S. L. Kuhn et al. 'Ornaments of the Earliest Upper Paleolithic: New Insights from the Levant', *Proceedings of the National Academy*

of Sciences, xcviii (2001), pp. 7641–6.

18. 同 p. 7645.

19. P. Valde-Nowak, A. Nadachowski and M. Wolsan, 'Upper Palaeolithic Boomerang Made of a Mammoth Tusk in South Poland', *Nature*, cccxxix (1987), pp. 436–8.

20. P. Valde-Nowak, 'Worked Conus Shells as Pavlovian Fingerprint: Obłazowa Cave, Southern Poland', *Quaternary International*, cccdix–x (2015), pp. 153–6.

21. Valde-Nowak et al., 'Upper Palaeolithic Boomerang', p. 438.

22. A. A. Sinitsyn, 'Figurative and Decorative Art of Kostenki: Chronological and Cultural Differentiation', in *L'Art Pléistocene dans le Monde*, ed. J. Clottes (Tarascon-sur-Ariège, 2012), pp. 1339–59.

23. D. Nuzhnyi, 'The Latest Epigravettian Assemblages of the Middle Dnieper Basin (northern Ukraine)', *Archaeologia Baltica*, vii (2005), pp. 58–93.

24. A. Ficatier, 'Étude Paléoethnologique sur la Grotte Magdalénienne di Trilobite à Arcy-sur-Cure (Yonne)', in *Almanach historique de l'Yonne*, ed. A. Gallet (Auxerre, 1887), pp. 3–25.

25. Sinitsyn, 'Figurative and Decorative Art' (2012).

26. M. Vanhaeren and F. d'Errico, 'Aurignacian Ethno-linguistic Geography of Europe Revealed by Personal Ornaments', *Journal of Archaeological Science*, xxxiii (2006), pp. 1105–128.

27. M. Peresani et al., 'An Ochered Fossil Marine Shell from the Mousterian of Fumane Cave, Italy', *Plos One*, viii/7 (2013) e68572, https://doi.org/10.1371/journal.pone.0068572.

28. M. Soressi and F. d'Errico, 'Pigments, Gravures, Parures: Les comportements symboliques controversés de Néandertaliens',in *Les Néandertaliens: Biologie et culture*, ed. B. Vandermeersch and B. Maureille (Paris, 2007), pp. 297–309.

29. D. L. Hoffmann et al., 'Symbolic Use of Marine Shells and Mineral Pigments by Iberian Neandertals 115,000 Years Ago', *Science Advances*, iv (2018), 10.1126/sciadv.aar5255.

30. Hoffmann et al., 'U-Th Dating of Carbonate Crusts', pp. 912–15.

5章　心を愉しませる化石

1. G. O. Rollefson, A. H. Simmons and Z. Kafafi, 'Neolithic Cultures at 'Ain Ghazal, Jordan', *Journal of Field Archaeology*, xix (1992), pp. 443–70.

2. K. J. McNamara, 'Fossil Echinoids from Neolithic and Iron Age Sites in Jordan', in *Echinoids: Munich*, ed. T. Heinzeller and J. Nebelsick (Rotterdam, 2004), pp. 459–66.

3. J. Black, 'Ancient Mesopotamia', in *Mythology: The Illustrated Anthology of World Myth and Storytelling*, ed. C. S. Littleton (San Diego, ca, 2002), pp. 82–133 (p. 5).

4. L. Liu et al., 'Fermented Beverage and Food Storage in 13,000-y-old Stone Mortars at Raqefet Cave, Israel: Investigating Natufian Ritual Feasting', *Journal of Archaeological Sciences: Reports*, xxi (2018), pp. 783–93.

5. A. Arranz-Otaegui et al., 'Archaeobotanical Evidence Reveals the Origins of Bread 14,400 Years Ago in Northeastern Jordan', *PNAS*, cxv/31 (2018), pp. 7925–30.

6. P. C. Edwards, 'Visual Representations in Stone and Bone', in *Wadi Hammeh 27: An Early Natufian Settlement at Pella in Jordan*, ed. P. C. Edwards (Leiden, 2013), pp. 287–320.

7. P. C. Edwards et al., 'The Natural Inspiration for Natufian Art: Cases from Wadi Hammeh 27, Jordan', *Cambridge Archaeological Jour-*

nal, xxix (2019), pp. 607–24.

8. 同 fig. 2.

9. 同 fig. 5.

10. 同 figs 3, 4.

11. 同 figs 6, 7.

12. K. P. Oakley, 'Animal Fossils as Charms', in *Animals in Folklore*, ed. J. R. Porter and W.M.S. Russell (Cambridge, 1978),pp. 208–40.

13. C. Ankel, 'Ein fossiler Seeigel vom Euzenberg bie Duderstadt (Süd Hanover)', *Die Kunde. Niedersächsischer Landesverein für Urgeschichte. Sonerdruck*, ix (1958), pp. 130–35.

14. M. Connolly, *Discovering the Neolithic in County Kerry: A Passage Tomb at Ballycarty* (Wicklow, 1999).

15. 同

16. P. N. Wyse and M. Connolly, 'Fossils as Neolithic Funereal Adornments in County Kerry, South-west Ireland', *Geology Today*, xviii (2002), pp. 139–43.

17. H. O. Hencken, 'A Tumulus at Carrowlisdooaun, County Mayo', *Journal of the Royal Society of Antiquaries of Ireland*, v (1935), pp. 74–83.

18. A. Lynch et al., 'Newgrange Revisited: New Insights from Excavations at the Back of the Mound in 1984–8', *Journal of Irish Archaeology*, xxiii (2014), pp. 13–82.

19. E. Lhwyd, 'Several Observations Relating to the Antiquities and Natural History of Ireland, made by Mr Edw. Lhwyd, in his Travels thro' that Kingdom. In a Letter to Dr. Tancred Robinson, Fellow of the College of Physicians and Royal Society', *Philosophical Transactions*, xxvii (1710), pp. 503–6.

20. J. Feliks, 'The Impact of Fossils on the Development of Visual Representation', *Rock Art Research*, xv (1998), pp. 109–34.

21. R. White, 'The Earliest Images: Ice Age "Art" in Europe', Expedition, xxxiv (1992), pp. 37–51, and R. White, 'Technological and Social Dimensions of "Aurignacian-age" Body Ornaments across Europe',in *Before Lascaux: The Complex Record of the Early Upper Paleolithic*, ed. H. Knecht et al. (Boca Raton, fl, 1993), pp. 277–99.

22. K. P. Oakley, 'Folklore of Fossils', *Antiquity*, xxxix (1965), pp. 117–25.

23. A. Leroi-Gourhan, *Treasures of Prehistoric Art* (New York, 1967), p. 515.

24. 同 p. 514.

6章　魂を救済する化石

1. このウニの化石は、トリノのエジプト博物館で〈標本番号 2761〉として所蔵されている。

2. E. Scamuzzi, 'Fossile Eocenico con Iscrizione Geroglifica rinvenuto in Eliopoli', *Bolletino della Societa Piemontese di Archeologia e di Belle Arte*, n.s. 1 (1947), pp. 11–14.

3. I. M. Schumacher, *Der Gott Sopdu – der Herr der Fremvölker*, (Fribourg, 1988).

4. Susanne Binder, personal communication, 2006.

5. I. Shaw and P. Nicholson, *British Museum Dictionary of Ancient Egypt* (London, 1995), pp. 275–6.

6. Pyramid text 357; 929; 935; 1707. This translation from the Pyramid text, like subsequent ones in this book, is from *The Ancient Egyptian Pyramid Texts*, trans. R. O. Faulkner (Oxford, 1969).

7. D. J. Brewer and E. Teeter, *Egypt and the Egyptians* (Cambridge, 1999).

8. その 10 基のピラミッドとは、第 5 王朝のウナス、第 6 王朝のテティ、ペピ 1 世、メルエンラー 1 世、ペピ 2 世、アンクネスペピ 2 世（女王）、ペピ 2 世のネイトとウジェブテンというふたりの王妃、イプト 2 世(女王)、そして第 8 王朝のイビィのものだ。

9. D. Price, 'Minerals and Fossils', in *The Egyptian Mining Temple at Timna*, ed. B. Rothenberg (London, 1988), pp. 266–7.
10. W. M. Flinders Petrie, *Researches in Sinai* (New York, 1906), p. 69.
11. 同 p. 70.
12. P. du Chatellier, *Les Époques Préhistoriques et Gauloises dans la Finistère* (Paris, 1907).
13. G. Chauvet, 'Ovum anguinum', *Revue Archéologique*, i (1900), pp. 281–5.
14. R. J. Schulting, '" . . . Pursuing a Rabbit in Burrington Combe": New Research on the Early Mesolithic Burial Cave of Aveline's Hole', *Proceedings of the University of Bristol Spelaeological Society*, xxiii (2005), pp. 171–265.
15. J. A. Davies, 'Fourth Report on Aveline's Hole', *Proceedings of the University of Bristol Spelaeological Society*, ii (1925), pp. 104–14.
16. D. T. Donovan, 'The Ammonites and Other Fossils from Aveline's Hole (Burrington Combe, Somerset)', *Proceedings of the University of Bristol Spelaeological Society*, xi (1968), pp. 237–42.
17. 同
18. E. Salin, *La Civilisation Mérovingienne*, vol. iv (Paris, 1959), pp. 69 and 70.
19. L. Gardeła and C. Larrington, eds, *Viking Myths and Rituals on the Isle of Man* (Nottingham, 2014), p. 33.
20. D. Krausse et al., 'The "Keltenblock" Project: Discovery and Excavation of a Rich Hallstatt Grave at the Heuneburg, Germany', *Antiquity*, xci (2017), pp. 108–23.
21. 同 p. 117.
22. S. West, *The Anglo-Saxon Cemetery at Westgarth Gardens, Bury St Edmunds, Suffolk*, East Anglian Archaeology, Report No. 38 (1988),p. 32, figs 42, 73h.
23. B. Ó Donnchadha, 'The Oldest Church in Ireland's Oldest Town', *Archaeology Ireland* (Spring 2007), pp. 8–10.
24. F. Demnard and D. Néraudeau, 'L'utilisation des oursines fossilies de la Préhistoire à l' époque gallo-romaine', *Bulletin de la Société préhistorique Française*, xcviii (2001), pp. 693–715.
25. B. Schmidt, 'Die spate Völkerwanderungszeit in Mitteldeutschland', *Veröffentlichungen des Landesmuseums für Vorgeschichte in Halle*, xxv (1970), pl. 3, fig. 2.
26. L.H.D. Buxton, 'Excavations at Frilford', *Antiquaries Journal*, i (1921), pp. 87–97.
27. B. Arnold, '"Soul Stones": Unmodified Quartz and Other Lithic Material in Early Iron Age Burials', in *Archaeological, Cultural and Linguistic Heritage: Festschrift for Erzsébet Jerem in Honour of her 70th Birthday*, ed. P. Anreiter et al. (Budapest, 2012), pp. 47–56.
28. 同
29. T. Malim and J. Hines, 'The Anglo-Saxon Cemetery at Edix Hill (Barrington A), Cambridgeshire: Excavations 1989–1991 and a Summary Catalogue of Material from the 19th Century Interventions', *Council for British Archaeology Research Reports*, cxii (1998), pp. 1–343.
30. E. C. Curwen, *The Archaeology of Sussex* (London, 1954), p. 82.
31. 同 pp. 81-82.
32. W. G. Smith, *Man, the Primeval Savage* (London, 1894).
33. 同 p. 338.
34. この円墳は〈ウッドチェスター・ビーカー・バーロウ〉とも呼ばれている。
35. K. P. Oakley, 'Animal Fossils as Charms', in *Animals in Folklore*, ed. J. R. Porter and W.M.S. Russell (Cambridge, 1978), p. 213.
36. P. Raymond, 'L'oursin fossile et les idées religieuses à l'époque préhistorique', *La Revue Préhistorique, Annales de Paléoethnologie*, ii (1907), pp. 133–9.

37.『ベーオウルフ：中世イギリス英雄叙事詩』忍足欣四郎訳、1990 年岩波文庫刊

38. K. Boyadziev, 'Real Arrows or "Darts from Heaven"? Some Ideas on the Interpretation of Belemnites from Neolithic and Chalcolithic Sites in Bulgaria', in *Geoarchaeology and Archaeomineralogy*, ed. R. I. Kostov, B. Gaydarska and M. Gurova (Sofia, 2008), pp. 288–90.

7章　身を護るための化石

1. W・L・ヒルボー（W. L. Hildburgh）の『Psychology Underlying the Employment of Amulets in Europe（ヨーロッパにおける護符の根底にある心理)』には「護符とは一般的に、自然の法則を超越する手段によって、その所有者に好ましくない事態が生じないようにし、もしくは好ましい結果をもたらす物体と定義されている。所有する主目的は、護符に宿っているとされる厄払いと医療と呪術の力を行使することにある」とある。

2. S. A. Barrett, 'The Blackfoot Iniskim or Buffalo Bundle, Its Origin and Use', *Year Book of the Public Museum of the City of Milwaukee*, I (1921), pp. 80–84, fig. 46.

3. T. R. Peck, 'Archaeologically Recovered Ammonites: Evidence for Long-term Continuity of Nitsitapii [sic] Ritual', *Plains Anthropologist*, xlvii (2002), pp. 147–64; B. Reeves, 'Iniskim: A Sacred NitsitapiiReligious Tradition', in *Kunaitupii: Coming Together on Native Sacred Sites, Their Sacredness, Conservation, and Interpretation* (Calgary, 1993), pp. 194–259.

4. C. Wissler and D. C. Duvall, 'Mythology of the Blackfoot Indians', *Anthropological Papers of the American Museum of Natural History*, ii (1909), pp. 1–164.

5. Barrett, 'The Blackfoot Iniskim'.

6. Reeves, 'Iniskim'.

7. R. Scriver, *The Blackfeet: Artists of the Northern Plains* (Kansas City, ks, 1990).

8. A. L. Kroeber, 'Ethnology of the Gros Ventre', *American Museum of Natural History, Anthropological Papers*, i/4 (1908).

9. Peck, 'Archaeologically Recovered Ammonites'.

10. K. Akerman, 'Two Aboriginal Charms Incorporating Fossil Giant Marsupial Teeth', *Western Australian Naturalist*, xii/6 (1973), pp. 139–41.

11. Kim Akerman, personal communication, 21 January 2019.

12. 同

13. R. Vanderwal and R. Fullagar, 'Engraved Diprotodon Tooth from the Spring Creek Locality, Victoria', *Archaeology in Oceania*, xxiv (1989), pp. 13–16.

14.『プリニウスの博物誌（縮刷版　第Ⅵ巻)』中野定雄・中野里美・中野美代訳、2013 年雄山閣刊

15. G. Zammit-Maempel, 'Fossil Sharks' Teeth: A Medieval Safeguard Against Poisoning', *Melita Historica*, vi (1975), p. 394.

16. C. Duffin, '*Natternzungen Kredenz:* Tableware for the Renaissance Nobility', *Jewellery History Today* (Spring 2012), p. 4.

17. M. Karamanou et al., 'Toxicology in the Borgias Period: The Mystery of the *Cantarella* Poison', *Toxicology Research and Application*, ii (2018), p. 2.

18. M. E. Taylor and R. A. Robison, 'Trilobites in Utah folklore', *Brigham Young University Geology* Studies, xxiii (1976), pp. 1–5.

19. 同 p. 2.

20. 同 p. 3.

21. H. Toms, 'Wear a Porosphaera?', *Sussex Daily News*, Thursday 26 May 1932, p. 6.

22. H. Toms, 'An Early Bead Necklace found at Higham, Kent', *The Rochester Naturalist* (May 1932), pp. 1–8; C. Duffin, 'Herbert Toms (1874–1940), Witch Stones, and Poros-

phaera Beads', *Folklore*, cxxii (2011), p. 95.

23. A. L. Meaney, 'Anglo-Saxon Amulets and Curing Stones', *bar British* Series, no. 96 (1981), p. 115.

24. 同 p. 116.

25. 同

26. W. G. Smith, *Man, the Primeval Savage* (London, 1894).

27. S. Rigaud et al., 'Critical Reassessment of Putative Acheulean Porosphaera globularis Beads', *Journal of Archaeological Science*, xxxvi (2009), pp. 25–34.

28. R. G. Bednarik, 'Middle Pleistocene Beads and Symbolism', *Anthropos*, c (2005), pp. 537–52.

29. H. Toms, 'Shepherds' Crowns in Archaeology and Folklore', unpublished presentation to the meeting of the Brighton Natural History Society, 6 January 1940.

30. G. E. Evans, *The Pattern Under the Plough: Aspects of the Folk-life of East Anglia* (London, 1966).

31. K. J. McNamara, *The Star-crossed Stone: The Secret Life, Myths and History of a Fascinating Fossil* (Chicago, il, 2011), p. 131.

32. J. H. Pull, 'Shepherds' Crowns – The Survival of Belief in their Magical Virtues in Sussex', *West Sussex Geological Society Occasional Publication*, no. 3 (2003), pp. 33 and 35.

33. McNamara, *The Star-crossed Stone*, p. 119.

34. Mikael Siversson, personal communication, 2005.

35. C. Blinkenberg, *The Thunderweapon in Religion and Folklore: A Study in Comparative Archaeology* (Cambridge, 1911), p. 81.

36. 同 p. 82.

37. Pull, 'Shepherds' Crowns', pp. 33 and 35.

38. 同

39. N. H. Field, 'Fossil Sea-echinoids from a Romano-British Site', *Antiquity*, xxxix (1965), p. 298.

40. McNamara, *The Star-crossed Stone*, p. 18.

41. G. S. Tyack, *Lore and Legend of the English Church*, ed. William Andrews (London, 1899).

42. A. and B. Smith, personal communication, 2004.

8章　薬としての化石

1. George Fabian Lawrence quoted in the *Daily Herald* (1937), quoted in H. Forsyth, *The Cheapside Hoard* (London, 2003).

2. Forsyth, *The Cheapside Hoard*.

3. J. Jonstonus, *An History of the Wonderful Things of Nature: Set Forth in Ten severall Classes . . . And now Rendered into English by a Person of Quality* (London, 1657), p. 116.

4. C. J. Duffin, 'Fossils as Drugs: Pharmaceutical Palaeontology', *Ferrantia*, liv (2008), p. 44.

5. Forsyth, *The Cheapside Hoard*.

6. 同

7. ★ウィリアム・シェイクスピア『お気に召すまま』小田島雄志訳、1983年白水社刊

8. J. Evans, *Magical Jewels of the Middle Ages and the Renaissance Particularly in England* (Oxford, 1922), p. 19.

9. E. Topsell, *The History of Four-footed Beasts and Serpents* (London, 1658), p. 727.

10. D. Wyckoff, *Albertus Magnus Book of Minerals* (Oxford, 1967), p. 76.

11. C. Leonardus, *The Mirror of Stones: in which the Nature, Generation, Properties, Virtues and Various Species of More Than 200 Different Jewells, are Distinctly Described* (London, 1750), p. 77.

12. S. Batman, *Uppon Bartholome, His Booke de Proprietatibus Rerum* (London, 1582), p. 263.

13. Duffin, 'Fossils as Drugs', p. 43.
14. アンダーソン『黄土地帯』
15. 〈魂〉は精神を支える陽の気で、〈魄〉は肉体を支える陰の気とされる。
16. Yang Shouzhong, trans., *The Divine Farmer's Materia Medica* (Boulder, co, 1998).
17. Yang Yifang, *Chinese Herbal Medicines: Comparisons and Characteristics* (London, 2002).
18. G.J.B. Moura and U. P. Albuquerque, 'The First Report on the Medicinal Use of Fossils in Latin America', *Evidence-based Complementary and Alternative Medicine*, Article id 69171 (2012), p. 2.
19. S. Natarajan et al., 'Nandukkal, A Fossil Crab used in Siddha Medicine and its Therapeutic Usage – A Review', *Malaya Journal of Biosciences*, ii (2015), pp. 110–14.
20. J. Woodward, *An Attempt Towards a Natural History of the Fossils of England: In a Catalogue of the English Fossils in the Collection of J. Woodward*, vol. i, Pt 2 (London, 1729), p. 109.
21. [J. Woodward], *Brief Instructions for Making Observations in all Parts of the World: As also for Collecting, Preserving, and Sending over Natural Things. Being an Attempt to settle an Universal Correspondence for the Advancement of Knowledge both Natural and Civil* (London, 1696).
22. Woodward, *An Attempt Towards a Natural History of the Fossils of England*, p. 109.
23. Gasterophilus というウマバエの幼虫が〈ボッツ〉とされている。
24. M. Martin, *A Description of the Western Islands of Scotland* (London, 1703), p. 134.
25. H. Miller, *The Old Red Sandstone* (London, 1841), pp. 10–13.
26. R. Plot, *The Natural History of Oxford-shire, Being an Essay Toward the Natural History of England*, 2nd edn (Oxford, 1705), p. 96.
27. J. Woodward, *Fossils of all Kinds, Digested into a Method, Suitable to their Mutual Relation and Affinity* (London, 1729), p. 17.
28. Duffin, 'Fossils as Drugs', p. 12.
29. P. Tahil, *De Virtutibus Lapidum: The Virtues of Stones Attributed to Damigeron* (Seattle, wa, 1989), p. 4.
30. Dioscorides quoted in Duffin, 'Fossils as Drugs', p. 13.
31. P. Riethe, *Das Buch von den Steinen. Hildegard von Bingen; nach den Quellen übersetzt und erläutert von Peter Riethe* (Salzburg, 1997), p. 110.
32. Duffin, 'Fossils as Drugs', p. 23.
33. 同
34. T. Nicols, *A Lapidary; or, The History of Pretious Stones: With Cautions for the Undeceiving of All Those That Deal with Pretious Stones* (Cambridge, 1652), p. 203.
35. Woodward, *An Attempt Towards a Natural History of the Fossils of England*, p. 8.
36. C. O. van Regteren Altena, 'Molluscs and Echinoderms from Palaeolithic Deposits in the Rock Shelter of Ksar'Akil, Lebanon', *Zoologische Mededelingen*, xxxviii (1962), pp. 87–99.
37. E. Lev, 'Reconstructed *materia medica* of the Medieval and Ottoman al-Sham', *Journal of Ethnopharmacology*, lxxx (2000), pp. 167–79; E. Lev and Z. Amar, 'Ethnopharmacological Survey of Traditional Drugs Sold in the Kingdom of Jordan', *Journal of Ethnopharmacology*, lxxxii (2002), pp. 131–45.
38. O. Fraas, 'Geologisches aus dem Libanon', *Jahrbuch des Vereins für Vaterländische Naturkunde in Württemburg*, xxxiv (1878), pp. 257–81.
39. R. T. Gunther, *The Greek Herbal of Dioscorides Illustrated by a Byzantine ad 512, Englished by John Goodyer ad 1655* (London, 1968), p. 655.

40. 同
41. C. J. Duffin, 'Lapis Judaicus or the Jews' Stone: The Folklore of Fossil Echinoid Spines', *Proceedings of the Geologists' Association*, cxvii (2006), pp. 265–75.
42. W. Bruel, Praxis Medicinae, or, *The Physicians Practice Wherein are Contained Inward Diseases from the Head to the Foote*, 2nd edn (London, 1639), p. 334.
43. Duffin, 'Lapis Judaicus', p. 267; Duffin, 'Fossils as Drugs', p. 31.
44. C. Wirtzung, *The General Practise of Physicke. Conteyning all inward and outward parts of the body, with all the accidents and infirmaties that are incident upon them, even from the crowne of the head to the sole of the foote*, trans. Jacob Mosan (London, 1617), p. 456.
45. Duffin, 'Fossils as Drugs', p. 32.
46. D. Pickering, T*he Statutes at Large from the Thirty-ninth Year of Q. Elizabeth, to the Twelfth Year of K. Charles ii. Inclusive. To Which is Prefixed, a Table Containing the Titles of all the Statutes During That Period*, vol. vii (Cambridge, 1763).
47. Duffin, 'Fossils as Drugs', p. 33; P. Faridi et al., 'Elemental Analysis, Physicochemical Characterization and Lithontriptic Properties of *Lapis judaicus*', *Pharmacognosy Journal*, v (2013), pp. 94–6.
48. S. Muntner, *The Medical Writings of Moses Maimonides*, vol. ii: *Treatise on Poisons and Their Antidotes* (Philadelphia, pa, 1966), p. 14.
49. J. Woodward, *A Catalogue of the Foreign Fossils in the Collection of J. Woodward md*, part ii (London, 1728), p. 19.
50. J. M. Levine, *Dr Woodward's Shield: History, Science, and Satire in Augustan England* (Los Angeles, ca, 1977), pp. 36–40.
51. S. Dale, *Pharmacologia, seu Manuductio ad Materiam Medicam* (Leiden, 1793).
52. Faridi et al., 'Elemental Analysis', pp. 94–6.
53. P. Faridi et al., 'Randomized and Double-blinded Clinical Trial of the Safety and Calcium Stone Dissolving Efficacy of Lapis judaicus', *Journal of Ethnopharmacology*, clvi (2014), pp. 82–7.
54. T. Browne, *Pseudodoxia Epidemica; or, Enquiries into Very Many Received Tenents, and Common'y Presumed Truths* (London, 1646).

9章　化石のダークサイド

1. Kim Akerman, personal communication, 21 January 2019.
2. K. Akerman, 'Two Aboriginal Charms Incorporating Fossil Giant Marsupial Teeth', *Western Australian Naturalist*, xii/6 (1973), p. 139.
3. 同 p. 141.
4. K. J. McNamara and P. Murray, Prehistoric Mammals of Western Australia (Perth, 2010), p. 35.
5. C. Singer, 'Early English Magic and Medicine', *Proceedings of the British Academy*, ix (1919–20), p. 357; A. Hall, 'Calling the Shots: The Old English Remedy and Anglo-Saxon "Elf-shot"', *Neuphilologische Mitteilungen: Bulletin of the Modern Language Society*, cvi (2005), pp. 195–209.
6. A. L. Meaney, 'Anglo-Saxon Amulets and Curing Stones', *bar British* Series, No. 96 (1981), p. 109.
7. 同
8. T. Pennant, *A Tour in Scotland in 1769* (London, 1771), p. 99.
9. R. Plot, *The Natural History of Oxfordshire: Being an Essay Towards the Natural History of England*, 2nd edn (Oxford, 1705), p. 94.
10. Meaney, 'Anglo-Saxon Amulets', p. 111.

11. T. Browne, *Pseudodoxia Epidemica; or, Enquiries into Very Many Received Tenents, And Common'y Presumed Truths* (London, 1658), p. 104.

12. K. J. McNamara, *The Star-crossed Stone: The Secret Life, Myths, and History of a Fascinating Fossil* (Chicago, il, 2011).

13. G. E. Evans, *The Pattern Under the Plough: Aspects of the Folk-life of East Anglia* (London, 1966), p. 129.

14. G. Mantell, *The Medals of Creation* (London, 1844), p. 350.

15. Rod Long, personal communication, 2009.

16. Mantell, *The Medals of Creation*, p. 344.

17. H. S. Toms, '*Shepherds' Crowns* in Archaeology and Folklore', unpublished presentation to the meeting of the Brighton Natural History Society, 6 January 1940.

18. C. J. Duffin and J. P. Davidson, 'Geology and the Dark Side', *Proceedings of the Geologists' Association*, cxxii (2011), p. 10.

19. J. Woodward, *A Catalogue of the Additional English Native Fossils, in the Collection of J. Woodward MD*, vol. ii (1728), p. 51.

20. T. Keightley, *The Fairy Mythology: Illustrative of the Romance and Superstition of Various Countries* (New York, 1968).

21. Evans, *The Pattern Under the Plough*.

22. J. McInnes, 'Celtic Deities and Heroes', in *Mythology: The Illustrated Anthology of World Myth and Storytelling*, ed. C. S. Littleton (San Diego, ca, 2002), pp. 248–73.

23. Duffin and Davidson, 'Geology and the Dark Side', p. 10.

24. P. Mietto, M. Avanzini and G. Rolandi, 'Human Footprints in Pleistocene Volcanic Ash', *Nature*, ccccxxii (2003), p. 133.

25. A. Mayor and W.A.S. Sarjeant, 'The Folklore of Footprints in Stone: From Classical Antiquity to the Present', *Ichnos*, viii (2001), pp. 143–63.

26. G. Zammit-Maempel, 'The Folklore of Maltese Fossils', *Papers in Mediterranean Social Studies*, i (1989), p. 12.

27. J. Hála, 'Fossils in the Popular Traditions in Hungary', *Annals of the History of Hungarian Geology*, Special Issue 1 (Rocks, Fossils and History) (1987), p. 206.

28. F. Kendall, *A Descriptive Catalogue of the Minerals, and Fossil Organic Remains of Scarborough, and the Vicinity* (Scarborough, 1816), p. 303.

29. Hála, 'Fossils in the Popular Traditions in Hungary', p. 206.

30. Duffin and Davidson, 'Geology and the Dark Side', pp. 7–15.

31. See M. Rudwick, *The Meaning of Fossils: Essays in the History of Paleontology* (New York, 1972).

32. F. D. Adams, *The Birth and Development of the Geological Sciences* (New York, 1954), p. 179.

33. 同 pp. 106 -107.

34.『プリニウスの博物誌（縮刷版　第Ⅴ巻）』中野定雄・中野里美・中野美代訳、2012 年雄山閣刊

35. D. Siculus, *The Library of History of Diodorus Siculus*, Book V, Section 31, para. 3, vol. iii of the Loeb Classical library Edition (1939).

10 章　時の戯れ

1. A. Whittle, *Europe in the Neolithic: The Creation of New Worlds* (Cambridge, 1996), p. 317.

2. T. Zammit, *Prehistoric Malta: The Tarxien Temples* (Oxford, 1930).

3. S. Stoddart et al., 'Cult in an Island Society: Prehistoric Malta in the Tarxien Period', *Cambridge Archaeological Journal*, iii (1993), pp. 3–19.

4. Zammit, *Prehistoric Malta.*
5. J. D. Evans, *The Prehistoric Antiquities of the Maltese Islands: A Survey* (London, 1971), p. 115.
6. 同 Pl. 52, fig. 15.
7. 同 Pl. 57, figs 1–3.
8. F. Legge, trans., *Philosophumena or the Refutation of all Heresies, Formerly Attributed to Origen, but now to Hippolytus, Bishop and Martyr, who Flourished about 220 AD* (London, 1921), p. 50.
9. F. D. Adams, *The Birth and Development of the Geological Sciences* (New York, 1954), p. 13.
10. M. M. Al-Rawi, 'The Contribution of Ibn Sina (Avicenna) to the Development of Earth Sciences', *Foundation for Science Technology and Civilisation*, no. 4039 (2002), p. 5.
11. G. Zammit-Maempel, 'The Folklore of Maltese Fossils', *Papers in Mediterranean Studies*, i (1989), pp. 1–29.
12. 同
13. 同
14. 同 p. 19.
15. 同
16. 同 p. 21, Pl. 3, figs 1–3.
17. G. Zammit-Maempel, 'Two Contra-veleno Cups made from Terra Sigillata Melitensis', *The St Luke's Hospital Gazette, Malta*, x/2 (1975), p. 85.
18. British Museum, Hans Sloane Collection, no. 541.
19. p. 394; G. Zammit-Maempel, 'Fossil Sharks' Teeth: A Medieval Safeguard against Poisoning', *Melita Historica*, vi (1975), pp. 391–410.
20. Zammit-Maempel, 'The Folklore of Maltese Fossils', p. 24.
21. B. Accordi, 'Agostino Scilla, Painter from Messina (1629–1700), and his Experimental Studies on the True Nature of Fossils', *Geologica Romana*, xvii (1978), p. 129.
22. 1670年のシッラの原著はイタリア語で書かれているが、のちにラテン語版が何度も出版されている。近代古生物学の扉を開いた重要な書であるにもかかわらず、英語に訳されたのはごく最近のことだ。図版を含んだ英訳全文はケンブリッジ大学セジウィック博物館のウェブサイトからダウンロード可能だ。
23. A. Cutler, *The Seashell on the Mountaintop: A Story of Science, Sainthood, and the Humble Genius Who Discovered a New History of the Earth* (Cambridge, 2003), p. 58.
24. [William Wotton], '*La vana speculazione disingannata dal senso: Lettera Risponsiva Circa i Corpi Marini, che Petrificati si trovano in varii luoghi terrestri. Di Agostino Scilla Pittore Academico della Fucina*, in Napoli, 1670. 4to. With short Notes, by a Fellow of the Royal Society', *Philosophical Transactions*, xix (1695–7), pp. 181–201.
25. P. Findlen, 'The Specimen and the Image: John Woodward, Agostino Scilla, and the Depiction of Fossils', *Huntington Library Quarterly*, lxxviii (2015), pp. 217–61.
26. R. Hooke, *Micrographia: Or Some Physiological Descriptions of Minute Bodies Made by Magnifying Glasses, with Observations and Inquiries Thereupon* (London, 1665), p. 112. ★ロバート・フック『ミクログラフィア図版集：微小世界図説』板倉聖宣・永田英治訳、1984年仮説社。ただしこの箇所と原注29. および30. については未訳
27. S. Kusukawa, 'Drawings of Fossils by Robert Hooke and Richard Waller', *Notes and Records of the Royal Society*, lxvii (2013), https://doi.org/10.1098/rsnr.2013.0013.
28. R. Waller, *The Posthumous Works of Robert Hooke, M.D., S.R.S., Geom. Prof. Gresh. Ec. Containing his Cutlerian Lectures, and other Discourses read at the meetings of the illustrious Royal Society;* facsimile reprint (New

York, 1969), p. 284.
29. Hooke, *Micrographia*, p. 111.
30. 同
31. S. Inwood, *The Man Who Knew Too Much: The Strange and Inventive Life of Robert Hooke*, 1635–1703 (London, 2002), p. 32.
32. 同 p. 86.
33. Correspondence, John Woodward to Johann Scheuchzer, 22 June 1717, Ms H 294, S. 67 Zentralbibliothek Zürich.

終章

1. S. W. Salisbury et al., 'The Dinosaurian Ichnofauna of the Lower Cretaceous (Valanginian–Barremian) Broome Sandstone of the Walmadany Area (James Price Point), Dampier Peninsula, Western Australia', *Journal of Vertebrate Paleontology*, xxxvi, Suppl. 1 (2016), pp. 1–152.
2. S. McLoughlin, 'Early Cretaceous Macrofloras of Western Australia', *Records of the Western Australian Museum*, xviii (1996), pp. 19–65.
3. Salisbury et al., 'Dinosaurian Ichnofauna', p. 2.
4. D. M. Welch, 'Fossilised Human Footprints on the Coast of North Western Australia', *The Artefact*, xxii (1999), pp. 3–19.
5. Kim Akerman, personal communication, 6 April 2019.
6. A. S. George, *William Dampier in New Holland: Australia's First Natural Historian* (Melbourne, 1999).
7. 同 p. 17.
8. ダンピアがジョン・ウッドワードに渡した植物標本は、植物学者のジョン・レイとレナード・プルークネットが描写した。数年後、標本はやはり植物学者のウィリアム・シェラードの手に渡り、その死後はオックスフォード大学に遺贈された。現在でも同大学植物園の植物標本室で完璧な状態で保管されている。

索引

【さ行】

【た行】

【な行】

【は行】

【ま行】

【や行】

【ら行】

【わ行】